Wächter

# DB-Fachbuch

Herausgegeben vom Eisenbahn-Fachverlag

Jürgen Janicki

# Fahrzeugtechnik

## DB-Fachbuch

Eisenbahn-Fachverlag
Heidelberg · Mainz

Jürgen Janicki

**Fahrzeugtechnik, Teil 2**

Die Bearbeitung dieses Bandes wurde im Oktober 01 abgeschlossen.



Herausgeber: Eisenbahn-Fachverlag GmbH in Zusammenarbeit mit dem Dienstleistungszentrum Bildung der DB AG.

Eisenbahn-Fachverlag, Heidelberg · Mainz

ISBN 3-9801093-8-0

# Inhaltsverzeichnis

# Einführung

Liebe Leserin, lieber Leser,

das vor Ihnen liegende Fachbuch **Fahrzeugtechnik Teil 2 – Triebfahrzeuge und Triebwagen** gibt Ihnen einen Einblick in die Technik der Triebfahrzeuge und Triebwagen sowie einen Überblick über die zum Einsatz kommenden Fahrzeuge. Leider machte es die Vielzahl von Fahrzeugen unmöglich, auf alle technischen Details und Besonderheiten einzugehen.

Dieses Fachbuch ergänzt die zu jedem Fahrzeug herausgegebenen Beschreibungen und Bedienungsanleitungen. Darüber hinaus bietet es Ihnen aber auch in der täglichen Praxis eine wichtige Hilfestellung indem es viele Informationen für Sie bereithält.

Dabei habe ich mich bemüht, den sehr umfangreichen Wissensstoff so allgemein verständlich wie möglich darzustellen. Die Darstellungen und Beschreibungen geben deshalb immer nur einen kleinen und sehr vereinfachten Ausschnitt aus der Fahrzeugtechnik wieder. Wenn Sie technische Grundkenntnisse mitbringen, werden Sie dieses Fachbuch auch im Selbststudium durcharbeiten können.

Ich wünsche Ihnen dabei viel Erfolg.

*Der Autor*

# 1. Allgemeine Grundlagen

## 1.1. Einteilung der Triebfahrzeuge, Triebzüge und Triebwagen

### 1.1.1. Rechtliche Rahmenbedingungen

*Schienengebundene Systeme*

Die Schienenfahrzeuge wurden seit Bestehen der Eisenbahnen immer wieder den wechselnden Aufgaben und Anforderungen angepasst. Grundsätzlich muss zwischen verschiedenen Bahn-Systemen im Schienenverkehr unterschieden werden.

*Abbildung: Systeme des schienengebundenen Verkehrs in Deutschland.*

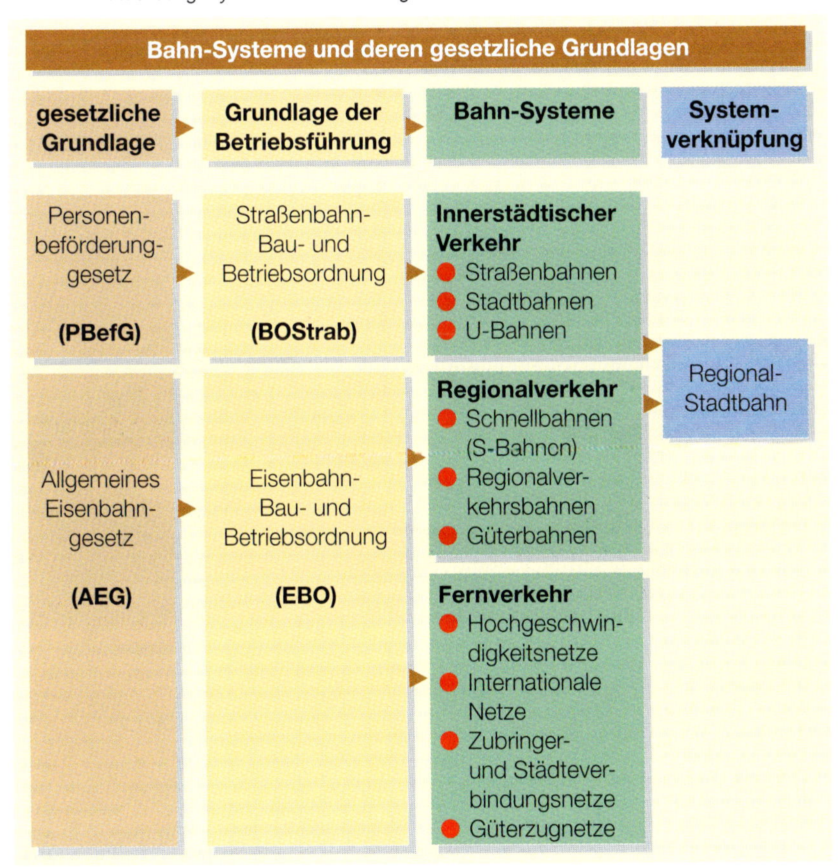

Auf der einen Seite steht die Gruppe von Bahnsystemen, die unter das allgemeine Eisenbahngesetz (AEG) fallen und neben den Zügen des Regional- und Fernverkehrs auch regionale Eisenbahnen sonstiger Betreiber umfassen z.B. wenn sie aus städtischen Verkehrsnetzen in EBO-Netze herausfahren. Bau der Fahrzeuge und die Betriebsführung dieser Systeme sind in der EBO (Eisenbahn-Bau- und Betriebsordnung) geregelt.

Demgegenüber stehen die im allgemeinen von regionalen Anbietern entsprechend des Personenbeförderungsgesetzes (PBefG) betriebenen Straßenbahnen, Stadtbahnen und U-Bahnen deren Bau und die Betriebsführung der BOStrab (Straßenbahn-Bau- und Betriebsordnung) unterliegen (siehe Kapitel 3).

## Mischbetrieb

Ein Mischbetrieb zwischen beiden Betriebsordnungen entsteht bei Regionalstadtbahnen dadurch, dass Fahrzeuge sowohl auf BOStrab- als auch EBO-Strecken verkehren. Sie müssen deshalb für beide Betriebsarten zugelassen sein.

*Abbildung: Zweisystemfahrzeug (rechts) für den Mischbetrieb auf BOStrab-Strecken.*

## 1.1.2. Einteilung nach der EBO

*Nach der Zweckbestimmung*

Entsprechend ihrer Zweckbestimmung unterscheidet die Eisenbahn-Bau- und Betriebsordnung (EBO) die Fahrzeuge nach Regelfahrzeugen und Nebenfahrzeugen.

### Regelfahrzeuge

Regelfahrzeuge sind die für den regelmäßigen Betrieb einer Bahn notwendigen Fahrzeuge. Sie müssen hinsichtlich ihrer Ausrüstung den in der EBO beschriebenen Bauvorschriften entsprechen. Hier sind die Anforderungen und Ausrüstungen der Fahrzeuge mit technischen Einrichtungen, wie z.B. Sicherheitseinrichtungen oder Bremse, beschrieben sowie grundlegende Maße und Bestimmungen über Abnahmen und Untersuchungen.

*Mit oder ohne Antrieb*

Nach der EBO werden Regelfahrzeuge in Triebfahrzeuge und Wagen unterschieden. Während Triebfahrzeuge mit angetriebenen Radsätzen ausgerüstet sind und deshalb zur Zugförderung benutzt werden oder selbsttätig als Züge fahren können, besitzen Wagen keinen eigenen Antrieb und werden deshalb in Züge eingestellt.

Die EBO unterteilt die Triebfahrzeuge in Lokomotiven, Triebwagen und Kleinlokomotiven. In Bezug auf den Antrieb kann eine weitere Unterteilung in Diesel- und Elektrotriebfahrzeuge vorgenommen werden.

Wagen dienen der Beförderung von Personen, Gepäck und Gütern aller Art. Die EBO unterteilt sie nach ihren jeweiligen Verwendungszweck in Güter- und Reisezugwagen.

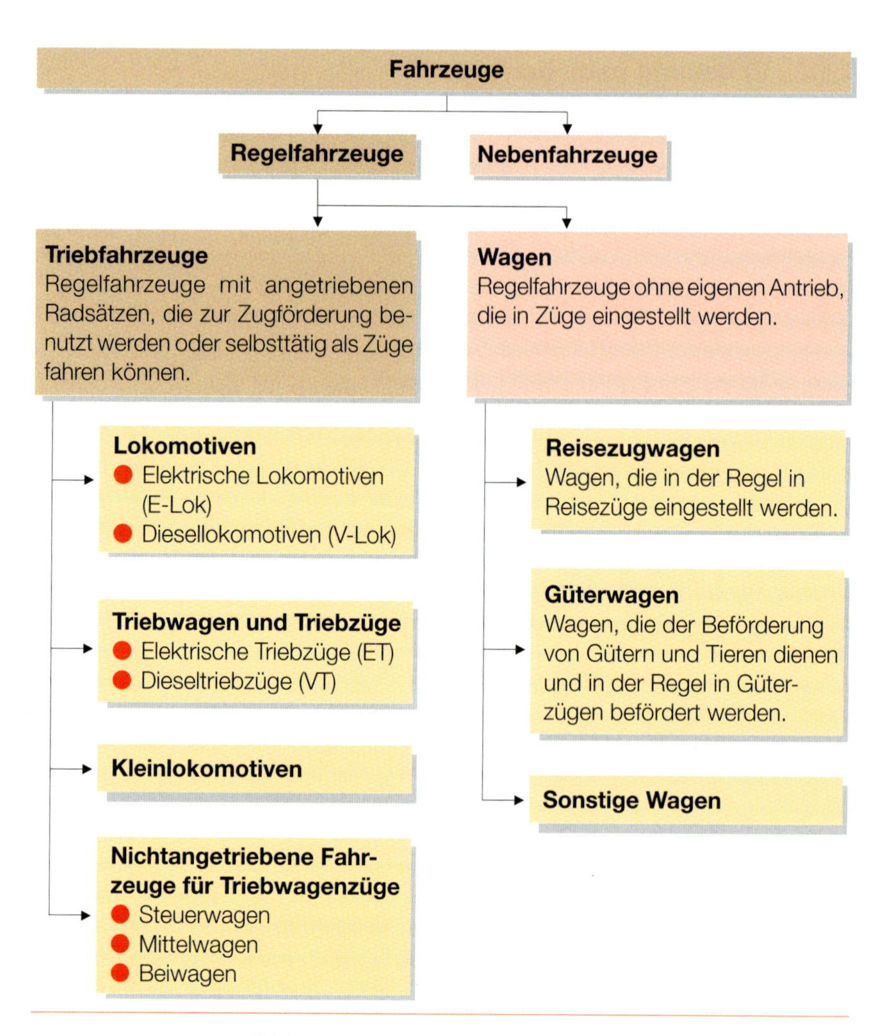


*Abbildung: Einteilung der Schienenfahrzeuge.*

## Nebenfahrzeuge

*Fahrzeuge für besondere Zwecke*

Nebenfahrzeuge sind Sonderfahrzeuge, die einem besonderen Zwecke dienen. Meistens werden sie – wie die Beispiele Gleisbaumaschine oder Turmtriebwagen zeigen – zur Instandhaltung der Bahnanlagen eingesetzt. Nebenfahrzeuge dürfen nur dann in Züge eingestellt oder fahrdienstlich wie Züge behandelt werden, wenn dies besonders zugelassen ist. Deshalb müssen sie den Bauvorschriften der EBO nur insoweit entsprechen, wie es für ihren Sonderzweck erforderlich ist.

### Triebfahrzeuge

Zur Gruppe der Triebfahrzeuge gehören neben den angetriebenen Fahrzeugen auch die nicht angetriebenen Steuer-, Mittel- und Beiwagen.

*Unterscheidung*

*Abbildung: Unterscheidung/Einteilung der Triebfahrzeuge.*

**Triebfahrzeug:** Regelfahrzeug mit angetriebenen Radsätzen.

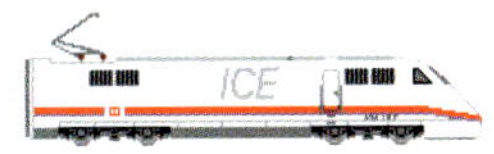


**Triebkopf:** Triebfahrzeug an der Spitze bzw. am Ende einer Triebwageneinheit.

**Triebwagen:** Mit eigenem Antrieb versehenes Fahrzeug zur Beförderung von Personen, Gepäck oder Gütern.

**Triebwageneinheit:** Feste Fahrzeugzusammenstellung aus mehreren Triebwagen; oft auch in Verbindung mit Mittel-, Steuer- oder Beiwagen.

**Triebzug:** Eine von der Bauart her aufeinander abgestimmte Fahrzeuggruppe bestehend aus einer oder mehrerer Triebwageneinheiten.

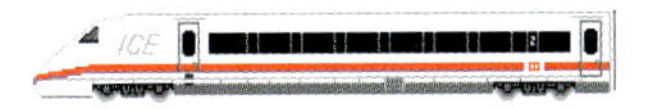


**Steuerwagen:** Endwagen eines Wende- oder Triebzuges ohne eigenen Antrieb aber mit eigenem Führerstand.

**Mittelwagen:** Wagen eines Triebzuges ohne eigenen Antrieb.

## 1.1.3. Bauarten und Bauartnummern

*Siebenstellig*

Das Triebfahrzeug-Nummernsystem der DB AG ist ein auf Zahlenfolgen aufgebautes System zur Kennzeichnung und Unterscheidung der Triebfahrzeuge hinsichtlich ihrer Bauart, Einsatzmöglichkeit und Identität. Dabei hat jedes Triebfahrzeug eine sechsstellige Nummer bestehend aus der dreistelligen Baureihenbezeichnung und der ebenfalls dreistelligen Ordnungsnummer. Ihr folgt durch einen Bindestrich getrennt eine Kontrollziffer. Bei anderen Bahnen werden meist eigene Nummernsysteme verwendet.

*Triebfahrzeugart und Baureihe*

Die unterschiedlichen Bauarten der Triebfahrzeuge werden durch die erste Ziffer – die Triebfahrzeugart – unterschieden. Unter dem Begriff „Baureihe" versteht man das Zusammenfassen von gleichartigen Triebfahrzeugen wie z.B.

**BR 101** = Elektrisches Triebfahrzeug für schnellfahrende Reisezüge.
**BR 365** = Funkferngesteuerte Dieselkleinlok für den Rangierdienst.

*Abbildung: Zusammensetzung der Triebfahrzeugnummer.*

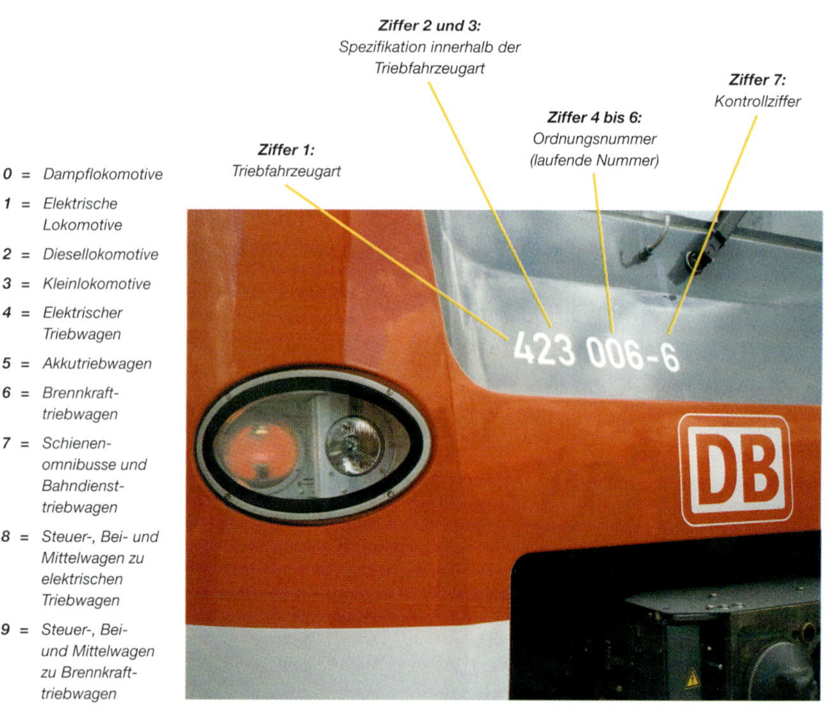

# 1.2. Traktionsarten

## 1.2.1. Dampflokomotiven

*In England entwickelt*

Die Geschichte der Eisenbahnen ist untrennbar mit der Entwicklung der Dampfmaschinen verbunden. Das Dampflokzeitalter begann 1813 mit der Entwicklung der ersten brauchbaren Dampflokomotive in England und endete in Deutschland im regulären Betriebseinsatz Ende der 80er Jahre.

Das Zeitalter der Eisenbahn in Deutschland wurde am 7. Dezember 1835 auf der Strecke Nürnberg – Fürth eröffnet. Die dort eingesetzte Dampflokomotive war eine englische Lokomotive aus der Fabrik George Stephensons und hieß „Adler“.

Von wenigen Ausnahmen abgesehen kommen Dampflokomotiven heute nur noch als Museumsfahrzeuge zum Einsatz.

*Abbildung:*
*Der Adler (1835).*

*Die Dampfmaschine*

Dampflokomotiven sind Maschinen, die Wärmeenergie in Bewegungsenergie umwandeln. Dazu wird Wasser im Kessel der Lokomotive erwärmt bis es siedet und Dampf entsteht. Der Dampf sammelt sich im Dampfdom. Von dort wird er in einen Dampfzylinder geleitet wo er abwechselnd mal der einen und mal der anderen Kolbenseite zugeführt wird. Der Kolben bewegt sich dadurch hin und her und treibt über eine Treibstange die Treibachse an. Die Lokomotive setzt sich in Bewegung.

*Abbildung: Dampflokomotive (Museumsbetrieb).*

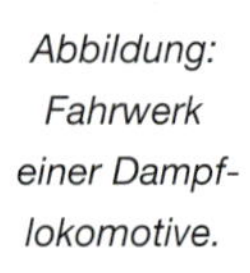

*Abbildung: Fahrwerk einer Dampflokomotive.*

### Dampfspeicherlokomotiven

*Feuerlose Lokomotive*

Im Gegensatz zur normalen Dampflokomotive erzeugen die feuerlosen Dampfspeicherlokomotiven den Dampf nicht selbst, sondern nutzen die Fähigkeit des Wassers, große Energiemengen unter hohem Druck zu speichern. Sie werden deshalb überall dort eingesetzt, wo Dampf zur Verfügung steht, oder andere Lokomotiven aufgrund einer vorhandenen Brand- und Explosionsgefahr nicht benutzt werden können.

Bei der Dampfspeicherlokomotive wird hochgespannter Dampf einer ortsfesten Anlage entnommen und im Kessel der Lokomotive gespeichert. Der nutzbare Energievorrat hängt vom Mindestkesseldruck ab, der die Größe der Schlepplast in Abhängigkeit vom Fahrweg bestimmt. Die Bedienung einer Dampfspeicherlokomotive ist sehr einfach, da sie sich nur auf die Dampfverteilung und Steuerung beschränkt.

## 1.2.2. Diesellokomotiven

*Geschichtliche Entwicklung*

Die Brennkraftmaschine, die zuerst als ortsfeste Maschine und später auch als Antrieb für Straßenkraftfahrzeuge gebaut worden ist, wurde als Otto- oder Dieselmotor schon frühzeitig zum Antrieb von Schienenfahrzeugen verwendet.

Die Anfänge reichen bis in das letzte Jahrzehnt des 19. Jahrhunderts zurück, als eine kleine Motorlokomotive und auch schon einige Triebwagen mit Benzinmotoren entstanden waren. Von diesen ersten Versuchsfahrzeugen ausgehend bedurfte es noch jahrzehntelangen ernsthaften Bemühens, bis die neue Konkurrenz zur Dampflokomotive planmäßig Dienst leisten konnte.

Der Bau von Dieseltriebfahrzeugen konzentrierte sich bei der damaligen Deutschen Reichsbahn auf Triebwagen, obwohl die deutsche Industrie sich auch in den 20er und 30er Jahren sehr um die Entwicklung der Diesellokomotiven bemühte und auch an das Ausland lieferte. Eine in der ganzen Welt vielbeachtete Pioniertat war 1933 die Eröffnung des Schnelltriebwagenverkehrs mit dem „Fliegenden Hamburger“ zwischen Berlin und Hamburg mit einer planmäßigen Höchstgeschwindigkeit von 160 km/h.

In den Jahren nach dem zweiten Weltkrieg kam der Aufschwung der Diesellokomotive. Zum Beispiel verdrängte sie in den USA die Dampflokomotive innerhalb weniger Jahre fast vollständig. Mitte der 50er Jahre begann die DB, eine Reihe von Diesellokomotiven und -triebwagen neu zu entwickeln. Einige der damals konstruierten Bauarten sind auch heute noch im Einsatz (Beispiel: BR 360).

*Abbildung: Historische Dieselfahrzeuge der 60er Jahre.*

## Vor- und Nachteile

*Rückblick*

Diesellokomotiven sind Maschinen, welche die chemische Energie des Kraftstoffes in Wärmeenergie und diese in mechanische Arbeit umwandeln. Da sie im Gegensatz zu elektrischen Lokomotiven ihren Energievorrat im Fahrzeug mit sich führen, können sie unabhängiger im Streckennetz eingesetzt werden.

Für elektrische Lokomotiven hingegen muss ein aufwändiger Energietransport vom Kraftwerk bis zur Lokomotive betrieben werden.

*Abbildung: Dieseltriebfahrzeuge der Baureihen 232/241.*

Der Wirkungsgrad der Dieselfahrzeuge ist mit 24% nicht wesentlich schlechter als bei den elektrischen Fahrzeugen unter Berücksichtigung der Verluste bei der Energieerzeugung. Ein entscheidender Nachteil der Diesel-Traktion ist jedoch die installierte Leistung. Sie lässt sich nicht beliebig vergrößern, da das Motorgewicht und die mitzuführende Kraftstoffmenge hier Grenzen setzen. Der Einsatz der Dieselfahrzeuge wird wohl in Zukunft auf Strecken, auf denen sich eine Elektrifizierung nicht lohnt, beschränkt werden.

## Dieselkraftstoff

*Kohlen- und Wasserstoff*

Dieselkraftstoff ist eine Kohlenstoffverbindung, die aus Rohöl gewonnen wird und etwa 86 – 88 % an Kohlenstoff sowie 12 – 13 % an Wasserstoff enthält. Nach DIN 51601 darf Dieselkraftstoff höchstens 0,1 % seines Volumens an Wasser, höchstens 0,6 % seines Gewichtes an Schwefel und höchstens 0,02 % an Aschebestandteilen enthalten.

Der im Dieselkraftstoff enthaltene Paraffinanteil wird bei Temperaturen unter -15 °C ausgeschieden und verstopft Kraftstoffleitungen und Filter. Kann der Dieselkraftstoff nicht wärmer als -15 °C gehalten werden, so muss für eine störungsfreien Winterbetrieb das Ausscheiden von Paraffin durch Beimischung von Petroleum hinausgeschoben werden. Die Menge dieser Beimischung richtet sich nach der Außentemperatur. Unnötig hohe Petroleumbeimischungen beeinflussen die Leistung des Dieselmotors und sind daher zu vermeiden. Bei Fahrzeugen mit Warmhalteeinrichtungen des Dieselkraftstoffes entfallen die Petroleumbeimischungen. Vereinzelt werden auch Fahrzeuge eingesetzt, die mit Biodiesel betrieben werden.

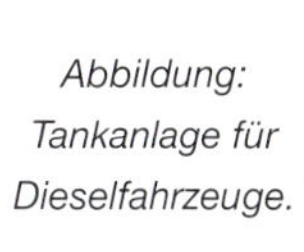

*Abbildung: Tankanlage für Dieselfahrzeuge.*

## 1.2.3. Elektrische Lokomotiven

*Leistungs-fähiges System*

Ein leistungsfähiges Bahnsystem wäre ohne elektrischer Traktion nicht möglich. Die ersten Versuche, elektrisch zu fahren, reichen dabei weit ins 19. Jahrhundert zurück. Nur elektrische Fahrzeuge lassen die Installation einer hohen Leistung mit vertretbaren Aufwand zu.

*Abbildung: Elektrischer Zugbetrieb.*

### Geschichtliche Entwicklung

*Rückblick*

Als 1835 die erste Eisenbahn Deutschlands von Nürnberg nach Fürth dampfte, hatte die Geschichte der elektrischen Bahnen schon begonnen. Auf einer Ausstellung in Springfield zeigte der Amerikaner Thomas Davenport das erste Fahrzeug der Welt, das sich elektrisch fortbewegen konnte. In den nächsten Jahren folgten weitere Versuche verschiedener Erfinder die jedoch alle scheitern mussten weil zwar der Elektromotor erfunden war, als Stromquelle jedoch nur galvanische Elemente zur Verfügung standen, deren geringe Kapazität für größere Anwendungen nicht ausreichten.

Erst als in den 80er Jahren des 19. Jahrhunderts die ersten Kraftwerke entstanden, wurden die Versuche, die elektrische Energie auch für Schienenfahrzeuge nutzbar zu machen, von Erfolg gekrönt. Hier begann man zunächst mit dem Bau elektrischer Straßenbahnen und Werksbahnen. Die erste elektrische Eisenbahn fuhr 1879 auf der Gewerbeausstellung Berlin. Als erste öffentliche elektrische Bahn der Welt gilt die „City & South London Railway", die schon am 4. November 1890 auf einen 5 km langen Abschnitt eröffnet wurde. Auch in Deutschland begannen Überlegungen zum Bau von Hoch- und

Untergrundbahnen. Um die Jahrhundertwende setzte auch die Elektrifizierung der Vollbahnen ein.

Am 16. Mai 1881 wurde in Berlin die erste öffentliche elektrische Bahn mit einer Streckenlänge von 2,45 km vorgestellt. Im Jahre 1889 wurde der erste Einphasen-Wechselstrommotor gebaut.

*Weltrekord 1903*

Bereits 1903 stellten auf der Militärbahn Marienfelde – Zossen bei Berlin zwei von der AEG und Siemens gebaute Drehstromschnelltriebwagen einen Geschwindigkeits-Weltrekord mit der für damaligen Verhältnisse enormen Geschwindigkeit von 210 km/h auf.

Neben den fahrzeugbedingten Problemen wie Stromart, Stromzuführung, Motor- und Fahrzeugkonstruktion stellte sich bei jeder Planung einer elektrischen Bahn auch die Frage nach der geeigneten Stromquelle. Als Werner von Siemens 1897 in Berlin die erste elektrische Lokomotive vorführte, musste er den Strom noch an Ort und Stelle durch eine dampfgetriebene Dynamomaschine erzeugen lassen da es noch kein Stromnetz gab das zur Lieferung elektrischer Energie zur Verfügung gestanden hätte.

*Bahnstrom*

So ist es nicht verwunderlich, dass die Eisenbahnen später bei der Verbreitung des elektrischen Stromes eine besondere Rolle gespielt haben. Bereits 1899 wurde in Verbindung mit dem Bau der Bahnlinie von Murnau nach Oberammergau das weltweit erste Elektrizitätswerk in Betrieb genommen, das Einphasenwechselstrom für den Bahnbetrieb geliefert hat. Das bemerkenswerte daran: Dieses Werk ist noch heute in Betrieb und speist Bahnstrom in das Netz der Deutschen Bahn ein.

*Unterschiedliche Systeme*

Aus den Erfahrungen mit Strassen- und Grubenbahnen versuchte man anfangs den bewährten Gleichstrommotor beizubehalten. Deshalb erfolgte in Europa die Elektrifizierung zunächst mit 1500 V (Südfrankreich, Niederlande) und später auch mit 3000 V (Belgien, Italien). Die erforderlichen hohen Aufwendungen für die Stromversorgungsanlagen und die begrenzte Leistungsfähigkeit der Triebfahrzeuge verhinderten eine Ausweitung der Gleichstromnetze.

*Vorteile von Wechselstrom*

Wesentliche Vorteile bot hier die Verwendung von Wechselstrom. Damit bestand die Möglichkeit, hohe Fahrdrahtspannungen zu benutzen, Leiterquerschnitte und Übertragungsverluste gering zu halten und auf der Lokomotive jede gewünschte Motorspannung auf induktivem Weg, also nahezu verlustfrei erzeugen zu können. Leider war in den ersten Jahren nach der Jahrhundertwende der Bau von leistungsfähigen Einphasen-Wechselstrommotoren nur mit niedriger Frequenz möglich. Bei Motoren, die mit der Industriefrequenz 50 Hz betrieben wurden, bildeten sich bei hohen Motorströmen starke Lichtbögen, die schwere Schäden verursachten.

*Unterschiedliche Systeme*

Im Jahre 1912 einigten sich die Länder Preußen, Bayern und Baden deshalb auf eine einheitliche Verwendung von Einphasenwechselstrom 16 2/3 Hz und 15 kV für die Oberleitung. Die Schweiz, Österreich, Schweden und Norwegen schlossen sich dem Vertrag an.

Seit dem Ende der 30er Jahre ist es möglich, leistungsfähige Bahnstrommotoren auch für 50 Hz Wechselstrom zu bauen. Länder, die ihre Strecken später elektrifizierten, konnten deshalb gleich mit 25 kV 50 Hz anfangen, die direkt dem öffentlichen Netz entnommen werden konnten.

*Abbildung: Fahrdrahtspannungen in Europa.*

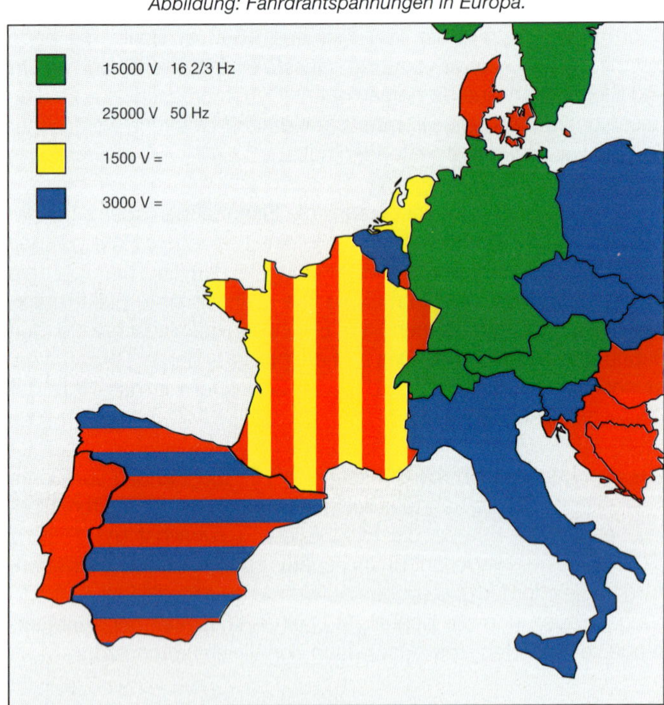


## Vorteile der elektrischen Traktion

Den wesentlichen Vorteil der Einphasen-Wechselstrom-Systeme bildet die Möglichkeit, hohe Fahrdrahtspannungen zu benutzen, Leiterquerschnitte und Übertragungsverluste gering zu halten und auf der Lokomotive jede gewünschte Motorspannung auf induktivem Weg, also nahezu verlustfrei erzeugen zu können.

| Vorteile | Nachteile |
| --- | --- |
| ● Hohe Leistungsfähigkeit, die auf einem relativ kleinen Raum installiert werden kann,<br>● hohe Beschleunigungswerte,<br>● geringer Wartungsaufwand in der Werkstatt,<br>● geringe Stand- und Ausfallzeiten durch Werkstattaufenthalte und<br>● höhere Umweltverträglichkeit als bei der Dieseltraktion. | ● Aufwändiger Energietransport,<br>● notwendige Schutzmaßnahmen durch hohe Spannungen und<br>● Störanfälligkeit der Oberleitung für Naturgewalten. |

*Abbildung: Historische E-Lok der Baureihe E19.*

## Bahnstromerzeugung

Transportiert man Strom über größere Wegstrecken, dann muss die Spannung hoch genug sein, um die Übertragungsverluste in Grenzen zu halten. Deshalb beträgt die Spannung in der Oberleitung 15 kV. Hinzu kommt, dass eine niedrige Spannung einen entsprechend hohen Strom zur Folge hätte. Eine hohe Stromstärke bedingt hohe Querschnitte und die Beherrschung hoher Temperaturen. Der Fahrdraht müsste hier erheblich dicker sein. Der technische und damit finanzielle Aufwand wäre unvertretbar hoch.

Abweichend vom öffentlichen Netz, das mit der üblichen Industriefrequenz von 50 Hz betrieben wird, beträgt die Frequenz $16\,^{2}/_{3}$ Hz ($^{1}/_{3}$ von 50 Hz).

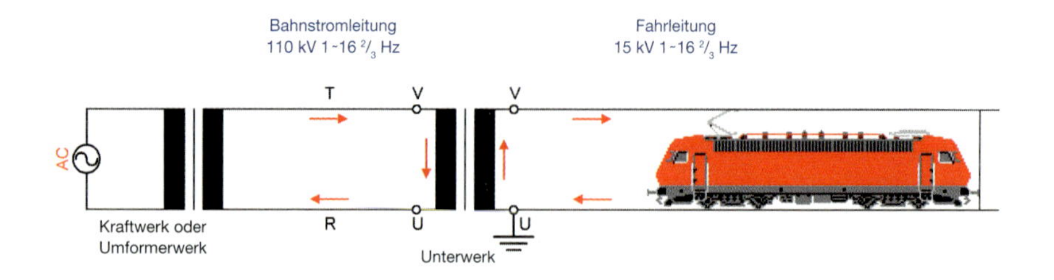


*Abbildung: Einphasen-Wechselstsrom.*

*Kraftwerke*

Es gibt verschiedene Arten zur Erzeugung von Bahnstrom:

- **Wärmekraftwerke** erzeugen den Strom mit Dampfturbinen. Der Dampf kann mit Öl, Gas, Kohle oder Atomkraft erzeugt werden. Wärmekraftwerke sind überall im Bereich der DB AG im Einsatz.
- **Wasserkraftwerke** nutzen die Energie der Wassermassen aus Stauseen (Speicherkraftwerke).
- **Umformerwerke** erzeugen selbst keinen Strom. Sie haben nur die Aufgabe, den vom Energieversorgungsunternehmen (EVU) gelieferten Strom in Bahnstrom umzuwandeln.

Von den Kraftwerken mit Einphasenerzeugung befinden sich nur wenige im Eigentum der DB. Die übrigen sind vorwiegend Gemeinschaftskraftwerke, in denen Drehstrommaschinen für den öffentlichen Strom und Einphasenmaschinen für den Bahnstrom aufgestellt sind.

## Bahnstromverteilung

*110 kV – 15 kV*

Die von der üblichen Landesversorgung abweichende Stromart der Bahn bedingt den Bau eigener Bahnstromverteilungsleitungen. In dieses Verteilungssystem speisen die Kraftwerke 110 kV (Kilovolt) ein und transportieren den Strom über die Bahnstromleitung zu den Unterwerken. Diese sind gleichmäßig über das gesamte elektrifizierte Netz der Bahn verteilt. Sie haben die Aufgabe, den Strom auf 15 kV umzuspannen und die Energie über die Speiseleitungen an die Oberleitungen des Unterwerksspeisebezirkes abzugeben.

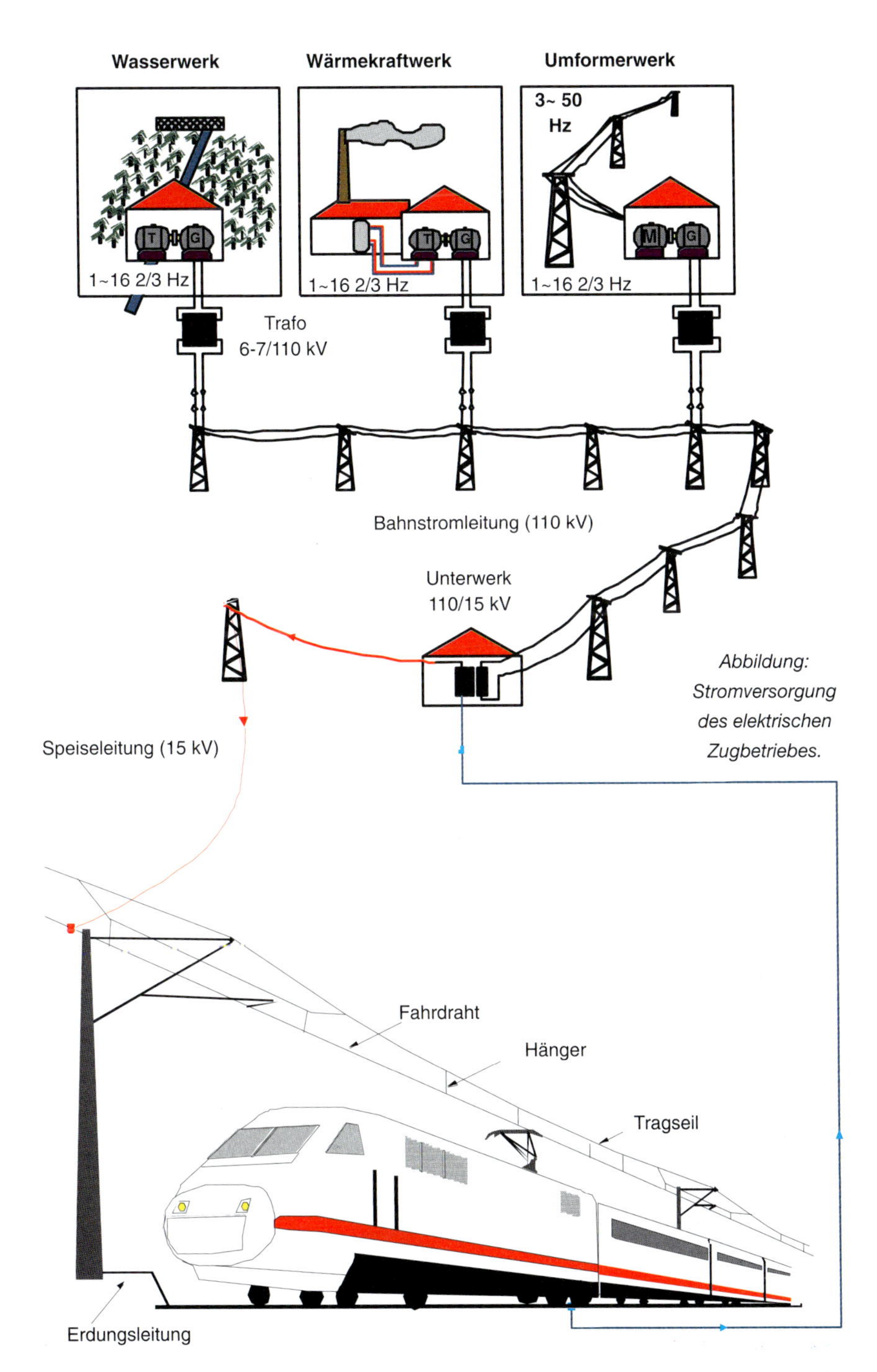


*Abbildung: Stromversorgung des elektrischen Zugbetriebes.*

## Gleichstrombahnen

*Betrieb mit Stromschiene*

Die S-Bahnen in Hamburg und Berlin werden genauso wie die U-Bahnen mit Gleichstrom betrieben. Da die Strecken in der Regel völlig kreuzungsfrei ausgebaut sind, konnten diese Gleichstrombahnen mit Stromschiene betrieben werden. Die Stromschiene ist seitlich unten, außerhalb des Lichtraumprofils angeordnet. Sie benötigt im Gegensatz zum Fahrdraht keine Erweiterung des Lichtraumprofils nach oben und eignet sich deshalb besonders gut für S- und U-Bahn-Strecken, bei denen im Allgemeinen viele Brücken, Überführungsbauwerke und Tunnel vorhanden sind.

Die Stromschiene liegt auf Stützisolatoren, die mit Isolatorböcken auf den Schwellen befestigt sind. Zum Schutz gegen Berührung erhält sie eine Abdeckung, durch deren Schlitze die Stromabnehmerschleifschuhe hindurchgreifen. Auf jeder Triebzugseite sind jeweils zwei Stromabnehmer parallel geschaltet. Damit können Stromschienenlücken in Weichenverbindungen und bei schienengleichen Überwegen überbrückt werden.

*Abbildung: Stromschiene.*

## 1.2.4. Sonstige

*Akkufahrzeuge*

Ab 1894 wurde in Deutschland mit Triebwagen experimentiert, deren Fahrmotoren durch mitgeführte Akkumulatoren gespeist wurden. Mit ihren schweren Batterien konnten sich Akkufahrzeuge jedoch gegenüber dem Diesel- und Fahrleitungsbetrieb nicht durchsetzen. Die letzten Akkutriebwagen der Deutschen Bahn wurden 1995 ausgemustert. Zurzeit werden noch einige batteriebetriebene Kleinlokomotiven im internen Werksverkehr eingesetzt.

*Hybridfahrzeuge*

Hybridfahrzeuge besitzen einen Dieselmotor und zusätzlich Einrichtungen für den elektrischen Betrieb. Damit ist sowohl der Einsatz in elektrifizierten Netzen wie auch auf nichtelektrifizierten Streckenabschnitten möglich.

*Abbildung: Hybridfahrzeug für den Werksverkehr.*

# 2. Fahrzeugtechnik der EBO-Fahrzeuge

## 2.1. Fahrzeugaufbau

### 2.1.1. Übersicht

*Beispiel: BR 185*

Der Lokomotivkasten ist eine selbsttragende Struktur bestehend aus dem Brückenrahmen mit mittragenden Aufbau, der Abstützung auf und Ankopplung an beide Drehgestelle, den Aufnahmen des in Lokomotivmitte befindlichen Unterflur-Transformators, den beiden Endführerräumen, dem Maschinenraum und drei abnehmbaren Dachhauben.

**Lokomotivkasten**

*Konstruktion*

Der Lokomotivkasten ohne Dachhauben ist als komplette Stahlbau-Schweisskonstruktion ausgelegt der zur Erhöhung der Stabilität mit dem Brückenrahmen verschweißt ist. Die Dachhauben bestehen aus Aluminiumblechen. Sie sind lediglich angebaut und bilden keine tragenden Elemente der Kastenstruktur. Die beiden äußeren Dachteile sind für die Aufnahme der Stromabnehmer vorgesehen.

*Fahrzeugrahmen*

Der Fahrzeugrahmen (Brückenrahmen) besteht aus dem Untergestell und den Kopfstücken mit der Zug- und Stoßeinrichtung. Das Untergestell besteht aus äußeren und mittleren Langträgern, die durch Querstreben und die Kopfstücke verbunden sind.

*Fahrwerk*

Das Fahrwerk der Lokomotive besteht aus zwei zweiachsigen Drehgestellen, auf die sich der Lokomotivkasten abstützt. Die Zug- und Bremskraft wird mittels Zug-Druck-Stange vom Drehgestell zum Lokomotivkasten übertragen.

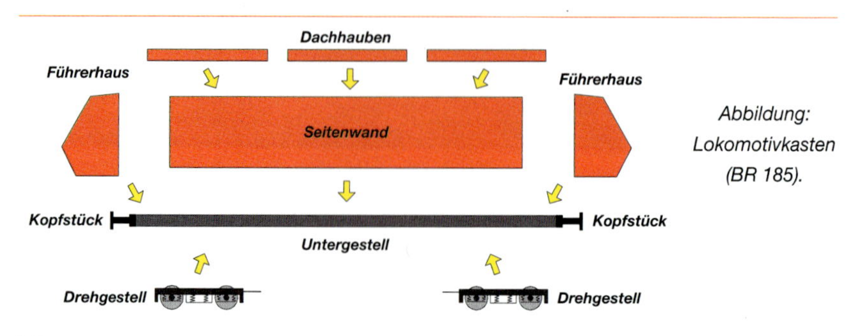


*Abbildung: Lokomotivkasten (BR 185).*

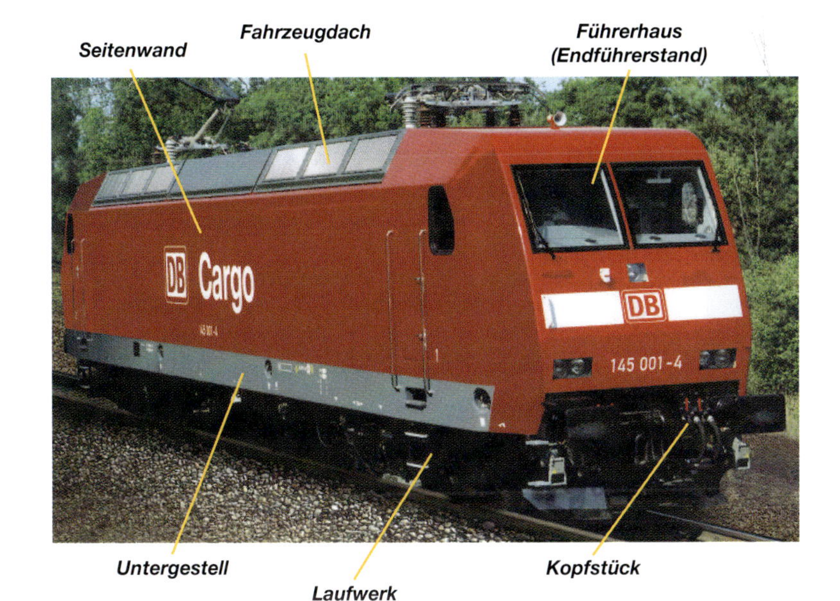


*Abbildung: Fahrzeugaufbau am Beispiel einer elektrischen Lokomotive.*

---

*Abbildung: Fahrzeugaufbau am Beispiel einer Diesellokomotive mit Mittelführerstand.*

*Abbildung: Fahrzeugaufbau am Beispiel eines elektrischen Triebwagens.*

## 2.1.2. Fahrzeugrahmen

*Lokomotive mit Drehgestellen*

Der Fahrzeugrahmen ist als Brückenträger von hoher Druck- und Biegefestigkeit ausgebildet und besteht aus verschweißten Breitflanschträgern. Nach oben ist der Fahrzeugrahmen durch Deckplatten abgeschlossen. Bei Dieseltriebfahrzeugen sind zwei Öffnungen zur Aufnahme von Motor und Getriebe freigelassen. Die Aufbauten aus Hohlprofilen und die Blechbespannung werden am Grundrahmen angebracht. Die Zug- und Stoßeinrichtungen ist direkt mit dem Rahmen verschraubt.

*Abbildung: Untere Lokrahmenansicht.*

Querträger
Drehturm ohne Drehzapfen
(Der Drehzapfen ist hier noch nicht angebaut)
Aussparung für
Motor und Getrieb
Aussparung für die Gelenkwelle
Längsträger
Auflage der seitlichen
Abstützung
Kopfträger mit Aufnahme für die
Zug und Stoßeinrichtung

### Fahrzeugrahmen bei Lokomotiven ohne Drehgestelle

Der Fahrzeugrahmen besteht aus verschweißten Blechträgern. Nach oben ist er durch Deckplatten abgeschlossen, die zwei Öffnungen zur Aufnahme von Motor und Getriebe freilassen.

Zum Schutz des Fahrzeugrahmens gegen Verformung bei Aufstößen sind die Puffer auf Verschleißpufferbohlen montiert.

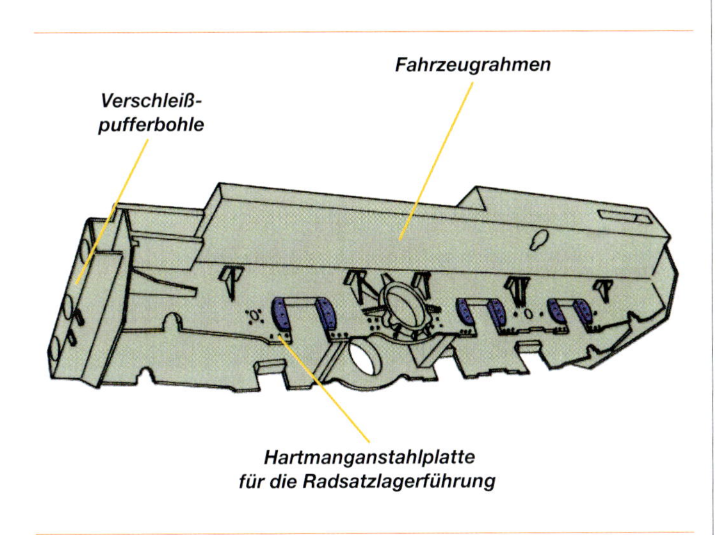


*Abbildung: Fahrzeug ohne Drehgestell (BR 365).*

## 2.1.3. Zug- und Stoßeinrichtung

*Aufgabe*

Die Zug- und Stoßeinrichtung soll die in Längsrichtung des Fahrzeuges auftretenden Kräfte federnd aufnehmen. Neben der von Hand zu kuppelnden Zug- und Stoßeinrichtung werden heute zunehmend automatische Kupplungen eingesetzt.

### Regel-Zug- und Stoßeinrichtung

*Regel-einrichtung*

Die Verbindung der Fahrzeuge untereinander übernimmt die Schraubenkupplung. Sie besteht aus der Kupplungsspindel, dem Kupplungsbügel, dem Kupplungsschwengel und den Kupplungslaschen.

Die bei den Fahrzeugen auftretenden waagerechten Stoßkräfte werden von den Puffern aufgenommen, die mit vier Schrauben am Pufferträger (Kopfstück) befestigt sind.

*Abbildung: Zug- und Stoßeinrichtung.*

## Scharfenbergkupplung

*Schaku*

Die bei vielen Triebwagen eingebaute Scharfenbergkupplung (Schaku) ermöglicht ein selbsttätiges mechanisches Kuppeln beim Zusammenfahren zweier Fahrzeuge. Das Kuppeln in Gleisbögen ist möglich. Während des Kuppelvorganges wird die Verbindung der Luftleitungen automatisch hergestellt. Die notwendigen elektrischen Signale zwischen den Fahrzeugen werden dabei über seitlich angeordnete Kontaktkupplungen übertragen.

Die Trennung der Kupplung kann sowohl automatisch durch einen Schlüsselschalter im Führerraum als auch manuell erfolgen. Das ordnungsgemäße Entkuppeln wird durch einen Leuchtmelder auf dem Führerpult angezeigt.

Mit Hilfe einer separaten Übergangskupplung besteht die Möglichkeit, die Mittelpufferkupplung mit der Regel-Zug- und Stoßeinrichtung (UIC-Kupplung) zu kuppeln.

*Abbildung: Scharfenbergkupplung.*

Bei einigen Fahrzeugen befindet sich die Scharfenbergkupplung hinter zwei Bugklappen aus glasfaserverstärkten Kunststoff die vor dem Zusammenkuppeln zweier Fahrzeuge seitlich horizontal hinter die Bugverkleidung weggeklappt werden. Die Betätigung dieser Bugklappen erfolgt normalerweise elektropneumatisch vom Führerstand aus. Sie kann im Störungsfall auch manuell vorgenommen werden.

*Hinter einer Bugklappe*

*Abbildung: ICE3 mit geschlossener Bugklappe.*

*Abbildung: ICE2 mit geöffneter Bugklappe.*

### Automatische Kupplung

*Abkürzung: AK oder Z-AK*

Automatische Kupplungen (AK) erlauben nicht nur ein automatisiertes Verbinden zweier Fahrzeuge, sondern auch die Anwendung hoher Zuglasten. Dabei werden die Luftleitungen automatisch mitgekuppelt.

Das Verbinden der Kupplung erfolgt selbsttätig. Zum Trennen muss ein Handgriff betätigt werden, der über ein Betätigungssystem die Kupplung entriegelt.

*Abbildung, rechts: Z-AK ungekuppelt.*

*Abbildung, unten: Z-AK gekuppelt.*

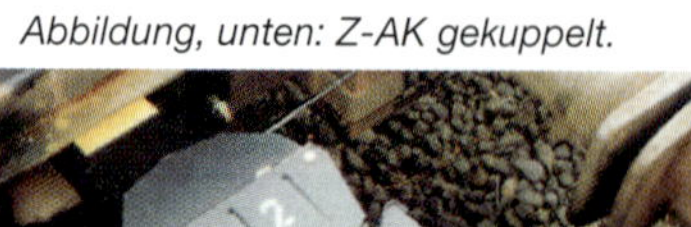

Während die Z-AK nur Zugkräfte aufnehmen kann und mit der normalen Zugeinrichtung kompatibel ist, kann die ältere Mittelpufferkupplung (AK) auch die Druckkräfte aufnehmen und abfedern.

### Automatische Rangierkupplung

*Bei Rangierlokomotiven*

Um den Lokrangierführer das manuelle Kuppeln bzw. Entkuppeln zu ersparen, ist jede Funklok (siehe Kapitel 2.6.10) beidseitig mit einer automatischen Rangierkupplung ausgerüstet. Zum Entkuppeln müssen am Fernsteuerbediengerät zwei Tasten bedient werden, und zwar eine für die Wahl der Kupplung, die angesteuert werden soll, und die andere zum Öffnen der gewählten Kupplung (Zweitastenbedienung). Anschließend bleibt die Rangierkupplung ca. 30 Sekunden geöffnet. In dieser Zeit kann die Lok vom Wagen weg bewegt werden.

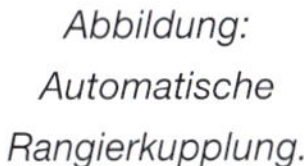

*Abbildung: Automatische Rangierkupplung.*

## 2.1.4. Laufwerk

*Grundsätzliche Aufgabe*

Das Laufwerk übernimmt die Übertragung der Last und deren Federung. Mit Ausnahme einiger Rangierlok-Baureihen und Triebwagen werden Drehgestell-Laufwerke verwendet.

Der Radsatz stellt die Verbindung zwischen dem Fahrzeug und der Schiene her. Hier wird unterschieden zwischen Räder mit Radreifen (bereifte Räder) und Vollräder (Monoblocräder).

*Abbildung: Drehgestell-Laufwerk.*

*Abbildung: Einzelachs-Laufwerk.*

Durch Betriebsbeanspruchung oder Abnutzung verändern sich die Maße am Radsatz, die einen Einfluss auf den betriebssicheren Lauf und die Laufruhe haben. Deshalb werden die Radsatzmaße regelmäßig überprüft. Beim Erreichen eines Betriebsgrenzmaßes werden Radsätze entweder auf einer Unterflurdrehbank bearbeitet oder getauscht.

*Abbildung: Radsatz einer Antriebsachse.*

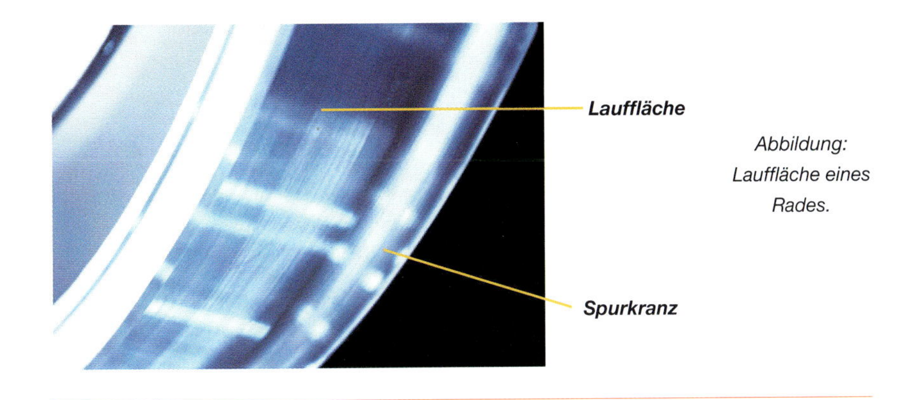


*Abbildung: Lauffläche eines Rades.*

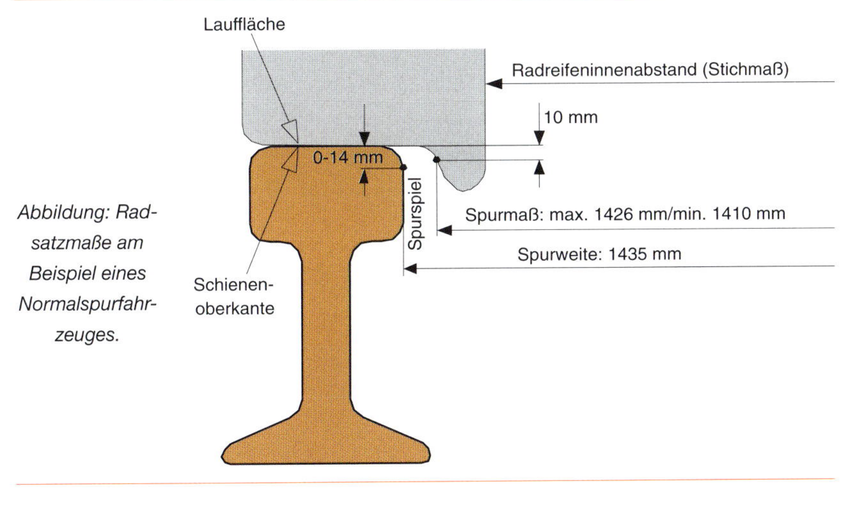


*Abbildung: Radsatzmaße am Beispiel eines Normalspurfahrzeuges.*

## Radsatzanordnung

*Achsfolge*

Benennung:

| | | |
|---|---|---|
| **A, B, C** | (Großbuchstaben) | 1, 2, oder 3 miteinander gekuppelte Treibachsen im Hauptrahmen |
| **1, 2, 3** | (Arabische Ziffern) | Zahl der aufeinander folgenden Laufradsätze im Hauptrahmen. |
| *o* | (kleine Null) | Wird als Zusatz angegeben, wenn die gemeinsam gelagerten Treibradsätze nicht miteinander gekuppelt sind. |
| **'** | (Apostroph) | Wird als Zusatz verwendet, wenn die Radsätze nicht im Fahrzeughauptrahmen, sondern z.B. im Drehgestellrahmen gelagert sind. |

| | | |
|---|---|---|
| **( )** | (Klammer) | Wird verwendet, wenn in einem Drehgestellrahmen Lauf- und Treibradsätze enthalten sind. |
| **+** | | Wird als Verbindungszeichen bei Fahrzeugen verwendet, die aus einzeln verfahrenden Teilen ohne gemeinsamen Überbau bestehen. |
| _ | (Unterstreichung) | Wird verwendet, wenn nicht alle im gleichen Rahmen gelagerten Treibradsätze miteinander gekuppelt sind. |

Elektrische Lokomotive:  Achsfolge **Bo'Bo'**

Elektrische Lokomotive:  Achsfolge **Co'Co'**

Diesellokomotive:  Achsfolge **B'B'**

Rangierlokomotive:  Achsfolge **C**

Triebwagen:  Achsfolge **Bo'2'Bo'**

*Abbildung: Beispiele für die Bezeichnung der Radsatzanordnung.*

**Drehgestell**

Es kommen folgende Ausführungsformen zum Einsatz:

- Bei den **Triebdrehgestellen** sind beide Achsen angetrieben und gebremst.
- Dagegen sind **Laufdrehgestelle** antriebslos, aber in der Regel gebremst.
- Die **Jakobstriebdrehgestelle** befinden sich jeweils zwischen zwei Wagen, deren Kästen auf dem Drehgestell aufliegen. Beide Achsen sind angetrieben und gebremst.
- Dagegen sind **Jakobslaufdrehgestelle** antriebslos. Die Achsen sind nur zum Teil gebremst.

*Abbildung: Jakobslaufdrehgestell.*

## Drehgestellaufbau (Beispiel: Baureihe 145)

*Mechanischer Aufbau*

Wie der Brückenrahmen besteht der Drehgestellrahmen aus Längs- und Querträgern, die zusammen einen geschlossenen Rahmen ergeben. Sie sind aus Einzelblechen zu Kastenprofilen zusammengeschweißt.

*Kraftübertragung*

Die Übertragung der Zug-, und Bremskräfte vom Drehgestell zum Brückenrahmen erfolgt bei den meisten neueren Fahrzeugen über verschleißfrei gelagerte Zug-/Druckstangen. Diese bestehen jeweils aus zwei Lagern, die mit einem Rohr verbunden sind. Der niedrige Angriffspunkt der Kräfte gewährleistet weitgehend auch bei schweren Anfahrten weitgehend gleiche Belastung der Radsätze und damit eine optimale Zugkraftübertragung.

*Abstützung und Federung*

Der Drehgestellrahmen stützt sich über Schraubenfedern auf den Radsatzlagern ab, womit auch die Führung der Radsätze in Querrichtung bewirkt wird. Bei einigen Radsätzen sind parallel hydraulische Dämpfer geschaltet.

*Längsführung*

Horizontal angeordnete Radsatzlenker leiten die Zugkräfte von den Radsätzen in den Drehgestellrahmen ein und übernehmen die Längsführung der Radsätze im Gleis.

Im Drehgestell sind die Radsätze mit Zylinderrollenlagern eingebaut. Bei dreiachsigen Drehgestellen läuft der mittlere Radsatz gegenüber den äußeren Radsätzen mit erhöhtem freiem Querspiel, um in Kurven die Führungskräfte insbesondere des jeweils führenden Radsatzes zu reduzieren.

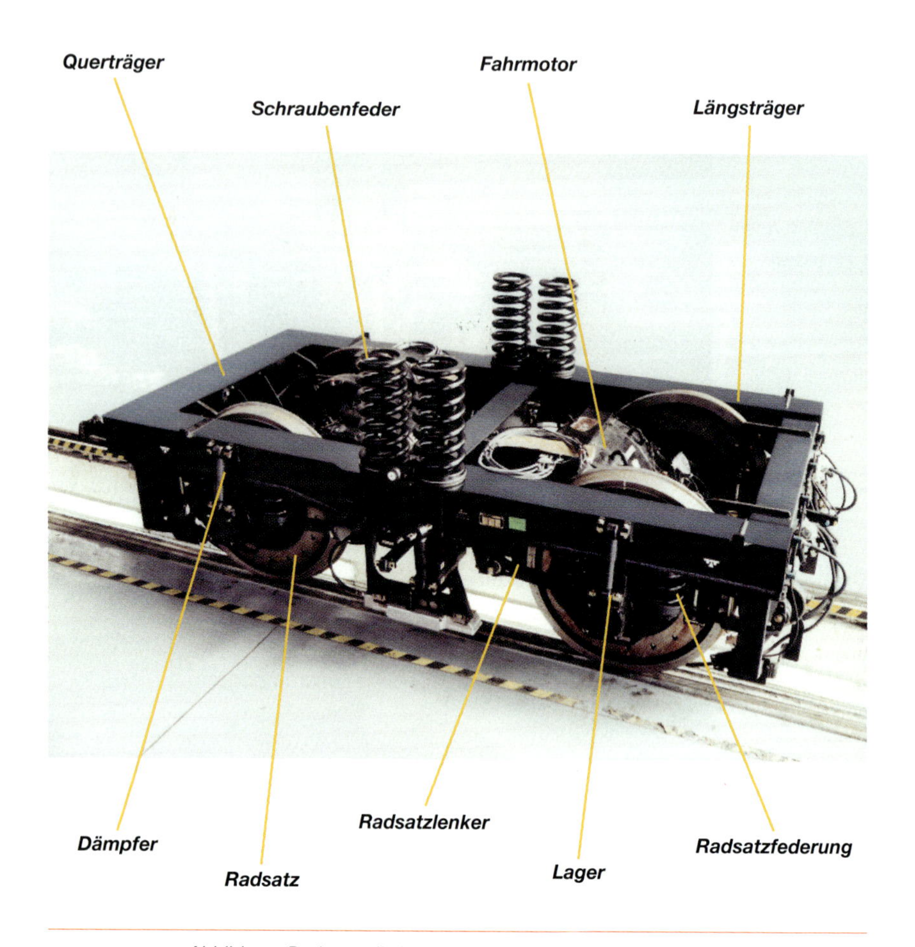


*Abbildung: Drehgestell einer elektrischen Lokomotive (BR 145).*

Die Drehstrom-Asynchron-Fahrmotoren der Baureihe 145 sind in Tatzlagerbauweise ausgeführt. Sie stützen sich auf der Radsatzwelle ab und hängen mit einer gummigelagerten Drehmomentstütze pendelnd am jeweils dahinterliegenden Drehgestellquerträger. Die beiden Drehgestelle mit je zwei Fahrmotoren bilden getrennte Antriebsgruppen. Damit kann die Lokomotive mit verminderter Leistung weiterfahren, wenn eine Gruppe ausfällt.

*Antrieb und Bremsen*

Die Druckluftbremse wirkt über Bremszylinder und Bremszangen auf alle acht Räder. Die zugehörigen Bremsscheiben sind in die Monoblockräder integriert. Zwei Bremseinheiten in jedem Drehgestell sind mit Federspeichern ausgerüstet. Mit ihnen lässt sich die abgestellte Lokomotive zuverlässig sichern.

Geber für Indusi/LZB und Sifa sind auf je einer Achse angebracht (Geber am Achslager). Am ersten und letzten Radsatz der Lokomotive befinden sich Spurkranzschmierung (siehe 2.1.6) und Sandstreueinrichtung (siehe 2.2.3).

*Zusatzeinrichtungen*

### Drehzapfen

Bei vielen älteren Fahrzeugen erfolgt die Kraftübertragung über einen Drehzapfen mit entsprechender Lagerung. Im mittleren Querträger ist – nach unten gezogen – das Drehzapfenlager angeordnet (Tiefanlenkung). Die Angriffspunkte der Kräfte am Radreifen und Drehzapfenlager liegen nicht in einer Ebene. Der Unterschied der Angriffspunkte ergibt einen Hebelarm wodurch eine Ent- bzw. Belastung der Radsätze in Abhängigkeit der Zug- oder Bremskraft entsteht.

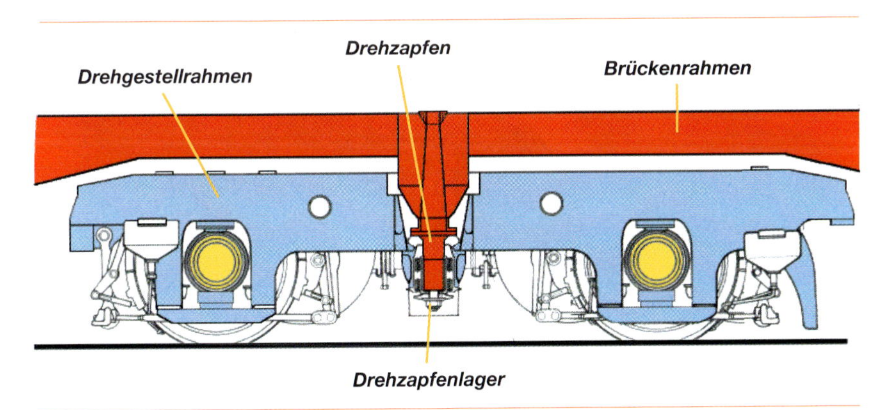


*Abbildung: Drehgestell mit Tiefanlenkung.*

### Luftgefederte Drehgestelle

Viele Triebwagen sind mit Luftfedern als Sekundärfederung ausgerüstet, die zur Körperschallhemmung beitragen und so den Fahrkomfort für die Fahrgäste erhöhen. Die Luftfedern, die den Wagenkasten tragen, liegen auf den Drehgestellrahmen auf. Sie stellen die Mittellage des Wagenkastens dadurch sicher, das sie Rückstellkräfte ausüben.

*Mit Luftfeder*

Bei vielen Fahrzeugen werden die Luftfederbälge von Luftfederungsventilen so gespeist, dass die Fahrzeuge – den Lastzustand berücksichtigend – immer in einer mittleren Höhenlage gehalten werden. Auch der Bremszylinderdruck wird hier in Abhängigkeit von der Fahrzeugbesetzung geregelt. Dazu wird der mittlere Druck in den Luftfederbälgen von Mitteldruckventilen zu den regelbaren Lastbremsventilen (RLV) geleitet.

*Berücksichtigung der Belastung*

*Höhenlage*

Die richtige Höhenlage des Wagenkastens zeigen Anzeigeeinrichtungen kombiniert mit Schwingungsdämpfern an jeder Seite eines Drehgestelles an. Bei Störungen zeigt der Höhenstandsanzeiger nicht auf das weiße, sondern auf eines der roten Felder.

*Abbildung: Luftgefedertes Jakobsdrehgestell (BR 644).*

*Abbildung: Höhenstandanzeige.*

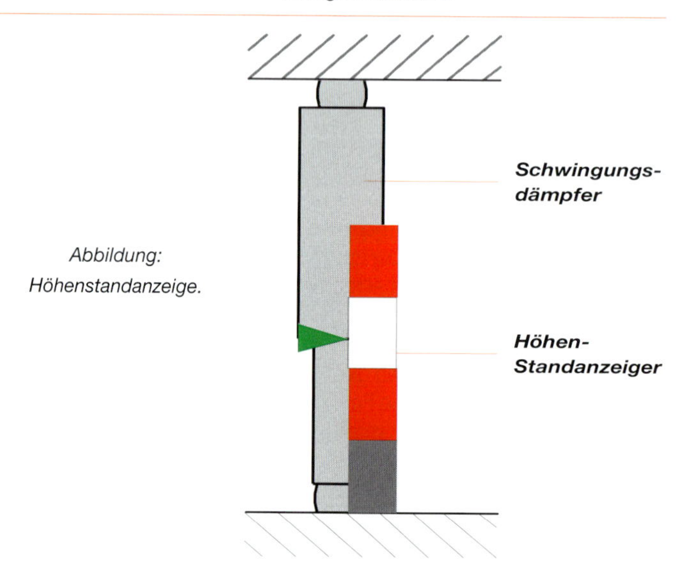

## Laufwerk einer Lokomotive ohne Drehgestell

*Beispiel BR 360*

Das aus drei Radsätzen bestehende Laufwerk wird in Rahmenausschnitten über verschleißarme und wartungsfreie Hartmanganstahlplatten ohne Nachstellmöglichkeit geführt. Der mittlere Radsatz ist zur Verbesserung der Kurvenläufigkeit und zur Minderung des Spurkranzverschleißes um + 30 mm seitenverschiebbar. Die innenliegenden Radsatzlager sind Doppelzylinderrollenlager mit Dauerfettschmierung. Die Radsätze sind untereinander und mit der Blindwelle des Nachschaltgetriebes durch Stangen gekuppelt.

*Federung*

Der Rahmen stützt sich über sechs außenliegende Blattfedern auf die Radsatzlagergehäuse ab. Die Federn der Radsätze 1 und 2 sind durch Ausgleichshebel verbunden, damit beim Befahren von Ausrundungen im Oberbau (Befahren vom Ablaufberg usw.) jeder Radsatz gleichmäßig belastet wird.

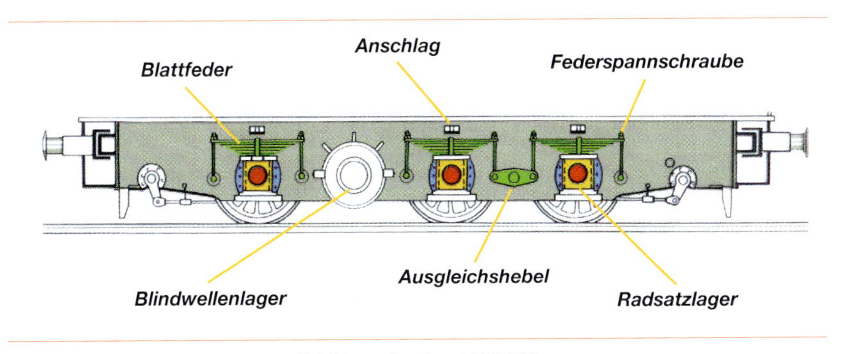


*Abbildung: Laufwerk BR 360.*

## 2.1.5. Stangenantrieb

*Bei älteren Fahrzeugen*

Während bei neueren Diesellokomotiven zum Antrieb der Radsätze meist Gelenkwellen verwendet werden, kommen bei den älteren Rangierlokomotiven der Baureihen 346 sowie 360 bis 365 noch die von den Dampflokomotiven bekannten Kuppelstangen zum Einsatz.

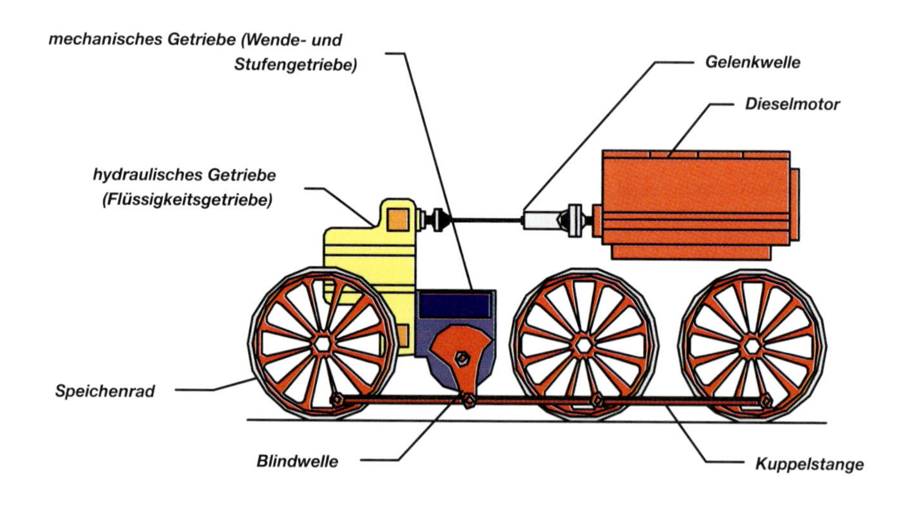


*Abbildung: Stangenantrieb einer Rangierlokomotive.*

## 2.1.6. Spurkranzschmieranlage

*Verschleiß-minderung*

Die Spurkranzschmieranlage bringt während der Fahrt gezielt eine genau abgemessene Schmierstoffmenge auf die Spurkränze des Schienenfahrzeuges auf und reduziert dadurch merklich die Reibung und damit den Verschleiß an Fahrzeugen und Schienen.

Dabei findet keine Beeinträchtigung der Traktion und des Bremsverhaltens statt. Eine Verunreinigung der Fahrzeuge oder Belastung der Umwelt durch Schmierstoffe unterbleibt.

*Abbildung: Düsen-Anordnung der Spurkranzschmieranlage.*

## Ausführungsformen

*Zeit- oder Wege-abhängige Steuerung*

Es gibt verschiedene Ausführungsvarianten von Spurkranzschmieranlagen. Sie sind immer vom entsprechenden Schienenfahrzeugtyp abhängig. Bei allen Anlagentypen wird eine genau dosierte Schmierstoffmenge mit Druckluft vermischt und in bestimmten Weg- oder Zeitabständen auf den Spurkranz aufgesprüht.

Spurkranzschmieranlagen sind Hochdruckanlagen. Eine pneumatische Pumpe übersetzt die Druckluft vom Schienenfahrzeug im Verhältnis 1:12 und fördert den Schmierstoff mit einem Druck von bis zu 120 bar zu den Sprühdüsen.

*Abbildung: Spurkranzschmiereinrichtung.*

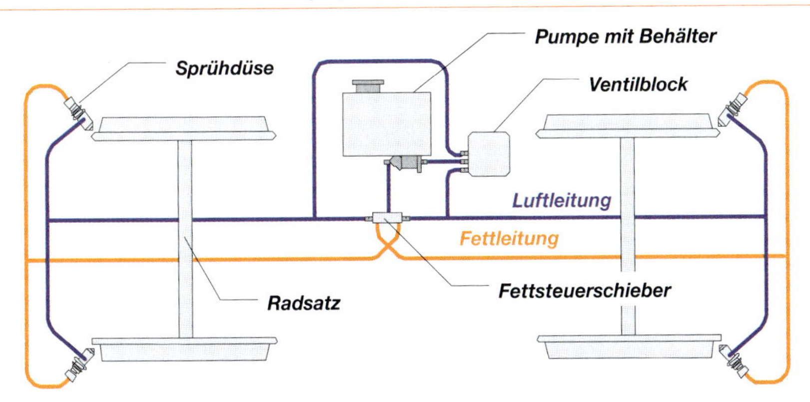

## 2.1.7. Neigetechnik

*Kurvenfahrt*

Fahrzeuge mit Neigetechnik können Kurven schneller befahren, als herkömmliche Fahrzeuge. Die im Drehgestell untergebrachte Technik neigt den Wagenkasten bei Kurvenfahrt nach innen in den Gleisbogen womit die bei höheren Geschwindigkeiten stark anwachsende Seitenbeschleunigung ausgeglichen wird. Die Neigetechnik dient somit dem besseren Komfort der Reisenden.

*Abbildung: ICE T mit Neigetechnik.*

*Aktiv oder Passiv*

Bei der aktiven Neigetechnik wird der Wagenkasten durch hydraulische oder elektro-mechanische Stellantriebe geneigt und am Ende des Gleisbogens wieder in die Horizontale gelenkt. Bei der passiven Steuerung werden für die Neigung des Fahrzeuges allein die bei der Bogenfahrt auftretenden Fliehkräfte genutzt (System Talgo).

### Aktive Neigetechnik

*Beispiel: ICE TD*

Die aktive Neigetechnik lässt eine Neigung der Wagenkästen von bis zu 8° zu beiden Seiten zu. Durch höhere Geschwindigkeiten in den

Gleisbögen werden Fahrzeitverkürzungen von 15 bis 20% möglich. Darüber hinaus wird der Fahrkomfort für die Reisenden spürbar verbessert.

*Drehgestellaufbau*

Das beim ICE TD eingebaute Drehgestell besitzt einen H-förmigen Drehgestellrahmen, der sich aus zwei in der Mitte durchgekröpften Längsträgern zusammensetzt.

*Federung*

Der Radsatz wird über eine Schwinge geführt, die am Längsträger elastisch angelenkt ist. Die Primärfederung besteht aus je zwei Stahlfedern je Radsatzlager, die mit Gummischichtfedern in Reihe geschaltet sind. Sie wird unterstützt durch je einen vertikal wirkenden hydraulischen Dämpfer.

In der Sekundärstufe sind je Drehgestell zwei Luftfedern mit integrierter Notfeder zwischen dem Drehgestellrahmen und dem Pendelträger vorgesehen; der aus Stahlblechen zusammengeschweißte Pendelträger dient zugleich als Zusatzluftbehälter.

*Abbildung: Komponenten der Neigetechnik (BR 605).*

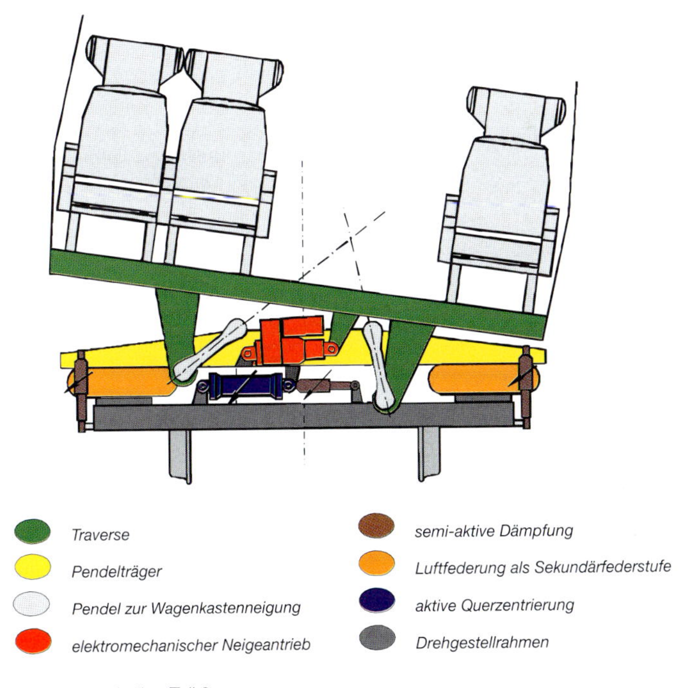

Die Traverse stützt sich auf vier, am Pendelträger montierten Pendeln ab und wird mit dem Wagenkasten verschraubt. Durch ihre konstruktive Gestaltung umgibt die Traverse den Pendelträger; an ihrer Unterseite befindet sich der Drehzapfen, der über eine Lemniskate mit dem Drehgestellrahmen verbunden ist und so, unter Umgehung der Neigestufe, die Längsmitnahme des Wagenkastens sicherstellt.

*Neigeantrieb*

Der elektromechanische Neigeantrieb ist an der linken Seite an dem Pendelträger, an der rechten Seite an der Traverse im Bereich der rechten Pendellager befestigt. Geführt durch die Pendelkinematik kann er den Wagenkasten bis ± 8° gegen den Drehgestellrahmen neigen.

Beidseitig der Neigemechanik sind aktiv gesteuerte Pneumatikzylinder angebracht, die zur Querzentrierung des Wagenkastens dienen. Gegenüber diesem Querzentrierungszylinder sind zusätzlich Schwingungsdämpfer angebracht. Diese Einrichtung dient der Komfortverbesserung in Fahrzeugquerrichtung bei schneller Bogenfahrt. Die Einhaltung der zulässigen Neigungskoeffizienten werden durch zwei Wankstützen gewährleistet.

*Abbildung: Triebdrehgestell (BR 605).*

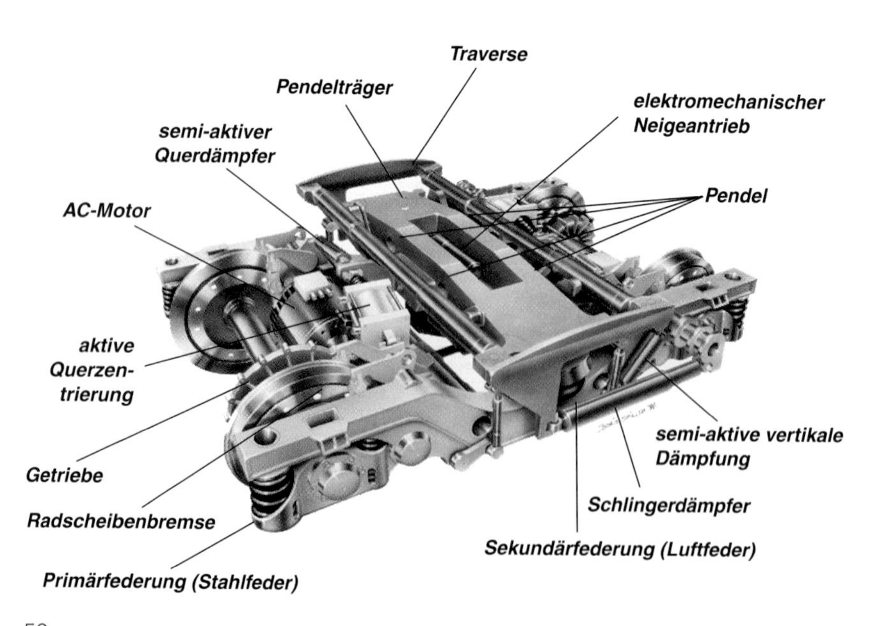

*Neigesteuerung*

Von einem zentral angeordneten, elektrischen Stellantrieb wird die Wiege entsprechend den Steuersignalen verzögerungsfrei angesteuert. Die maximale Neigung der Wiege gegenüber dem Drehgestell wird durch einstellbare Anschläge begrenzt. Bei Ausfall des Stellantriebs oder der Steuerung zentriert sich der Wagenkasten durch seine Schwerpunktlage. Zur Stabilisierung im oberen Geschwindigkeitsbereich sind Schlingerdämpfer vorhanden.

Die Neigung wird aktiv durch ein elektromechanisches Stellglied je Drehgestell gesteuert. Die für die Regelung notwendigen Regler sind in digitaler Form in einem Zentralrechner KSG (Komfortzug-Steuergerät) eingebaut. Die Kommunikation des KSG mit den Sensoreinheiten (AISP), der Neigesteuerung (NST), der Steuerung der aktiven Querzentrierung (AQZ) und mit der übergeordneten Leittechnik des Zuges geschieht über einen eigenen Multi-Vehicle-Bus (MVB).

Sensoreinheiten ermitteln den Bewegungszustand eines jeden Wagenkastens bzw. des Drehgestellrahmens. Daten wie Querbeschleunigung oder Rollwinkel des Wagenkastens gelangen über den MVB zum KSG. Die NST setzt die vom KSG ankommenden Stellbefehle in elektrische Leistungssignale zur Speisung der Servomotoren der beiden Neigeantriebe eines Wagens bzw. der Pneumatikzylinder der aktiven Querzentrierung um.

## 2.1.8. Fahrzeugübergang

*Von Fahrzeug zu Fahrzeug*

Die normalerweise mit Faltenbälgen verkleideten Übergänge sind bei neueren Triebwagen-Bauarten relativ breit ausgeführt. Der Innenraum wirkt dadurch großzügig und licht. Das ermöglicht dem Reisenden einen freien Blick durch das gesamte Fahrzeug und vermittelt ihm ein gewisses Sicherheitsgefühl.

Triebzüge die auf Schnellfahrstrecken (SFS) mit hohem Tunnelanteil verkehren (ICE), sind mit einen speziellen druckdichten Übergang ausgerüstet. Dieser soll das Eindringen von Druckwellen in das Fahrzeug verhindern.

Ältere Triebzüge sind vereinzelt noch mit Gummiwulstübergängen ausgerüstet.

*Abbildung: Fahrzeugübergang.*

*Abbildung: Druckdichter Übergang beim ICE.*

## 2.1.9. Zahnradbahnen

*Zahnrad und Zahnstange*

Der zwischen den angetriebenen Achsen eines Fahrzeuges und der Schiene zu berücksichtigende Reibungsbeiwert setzt der Kraftübertragung (Traktion) enge Grenzen. Dies führt überall dort zu Problemen, wo große Steigungen überwunden werden müssen. Die Anwendung des Zahnstangenantriebes macht ohne aufwändige Trassierungsmaßnahmen Steigungen bis zu 250 ‰ möglich.

*Abbildung: Triebwagen mit Zahnstangenantrieb (Bayrische Zugspitzbahn).*

*Abbildung: Zahnstangen-System Riggenbach.*

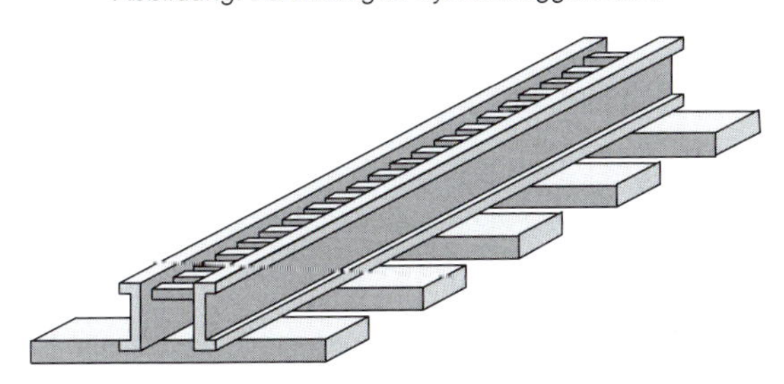

## Systeme

*Riggenbach und Strub*

Es gibt verschiedene Systeme von Zahnradbahnen, alle benannt nach ihrem jeweiligen Erfinder. Das Riggenbach'sche Leiterstangensystem als ältestes System wird vorwiegend bei kurzen, reinen Zahnradstrecken und auch bei gemischten Linienabschnitten verwendet. Bei diesem System greift das Zahnrad des Fahrzeuges in eine Art Leiter bestehend aus zwei parallelen Eisenträgern, die wiederum in gleichmäßigen Abständen durch Metallbolzen miteinander verbunden sind. Ähnlich funktioniert das System Strub, allerdings besteht dort die „Leiter" aus einer an der Oberseite entsprechend geformten Zahnstange. Weitere Systeme haben heute für den öffentlichen Verkehr in Deutschland keine Bedeutung mehr.

## 2.2. Druckluftanlagen

### 2.2.1. Drucklufterzeugung

*Druckluft-verteilung*

Triebfahrzeuge und Triebwagen besitzen eine Druckluftanlage, die neben der Druckluftbremse auch noch eine Reihe anderer Einrichtungen mit Druckluft versorgen.

**Mögliche Druckluftverbraucher:**

- Durchgehende Bremse
- Zusatzbremse
- Schleuderschutz
- Anlassschalter für Hilfsbetriebe
- Schütze
- Hauptschalter
- Signaleinrichtung (Pfeife)
- Luftfeder
- Sandstreueinrichtung
- Fahr-Brems-Wender
- Stromabnehmer
- Scheiben-Wisch-Waschanlage
- Einstieg-, Übergangs- und Zwischentüren
- Geschlossene Toilettensysteme
- Spurkranzschmiereinrichtung

#### Kompressor

Für die Drucklufterzeugung stehen verschiedene Kompressoren (Luftpresser) zur Verfügung. Sie versorgen die Hauptluftbehälterleitung (HBL) mit einem Druck von meist 8,5 – 10 bar. Von der HBL werden die vorstehend genannten Verbraucher gespeist.

*Weitere Bauteile*

Damit bei dem stark schwankenden Bedarf immer genügend Druckluft vorhanden ist, sind entsprechende Vorratsluftbehälter eingebaut.

*Abbildung: Luftpresser.*

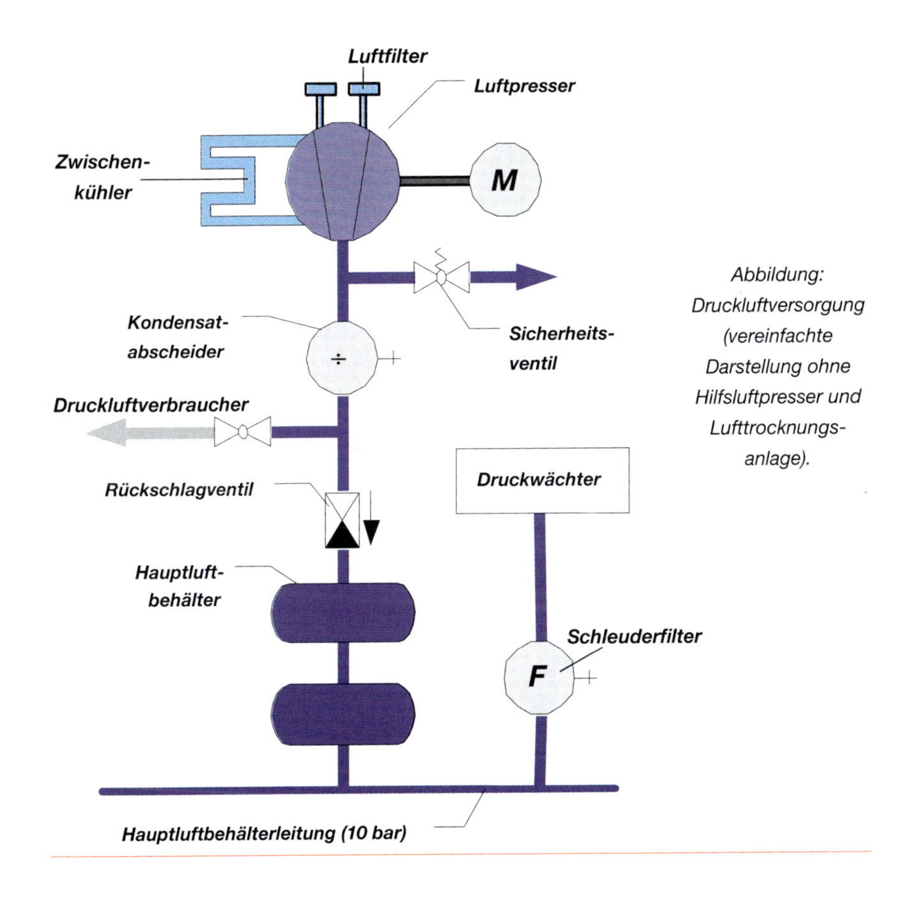


*Abbildung: Druckluftversorgung (vereinfachte Darstellung ohne Hilfsluftpresser und Lufttrocknungsanlage).*

Beim Unterschreiten eines Druckes von 8,5 bar schaltet ein Druckwächter den Kompressor ein, und bei Erreichen von 10 bar wieder aus. Zum Schutz der Anlage ist ein Sicherheitsventil eingebaut, dass bei ca. 11 bar anspricht.

Ein Rückschlagventil trennt den Kompressor von den Vorratsluftbehältern. Die vom Kompressor verdichtete Luft enthält Wasser und mitgerissenes Öl. Das Öl-Wasser-Gemisch setzt sich im Kondensatabscheider ab. Dieser muss von Zeit zu Zeit mittels eines außen am Fahrzeuges angebrachten Hahnes entwässert werden. Neuere Fahrzeuge haben eine automatische Entwässerung.

## Hauptluftpresser

*Bei elektrischen Fahrzeugen*

Der Hauptkompressor wird bei elektrischen Fahrzeugen aus der Hilfsbetriebewicklung des Transformators gespeist. Dazu muss der Stromabnehmer gehoben und der Hauptschalter eingeschaltet sein.

*Hilfsluftpresser*

Zum Heben des Stromabnehmers und Einschalten des Hauptschalters ist Druckluft erforderlich.

Damit das Fahrzeug aufgerüstet werden kann, wird Druckluft in einem Sonderluftbehälter bzw. Hauptluftbehälter gespeichert. Sollte dieser Behälter leer sein, übernimmt ein Hilfsluftpresser die Luftversorgung für Stromabnehmer und Hauptschalter. Dieser Hilfsluftpresser wird mit Strom aus der Fahrzeugbatterie versorgt.

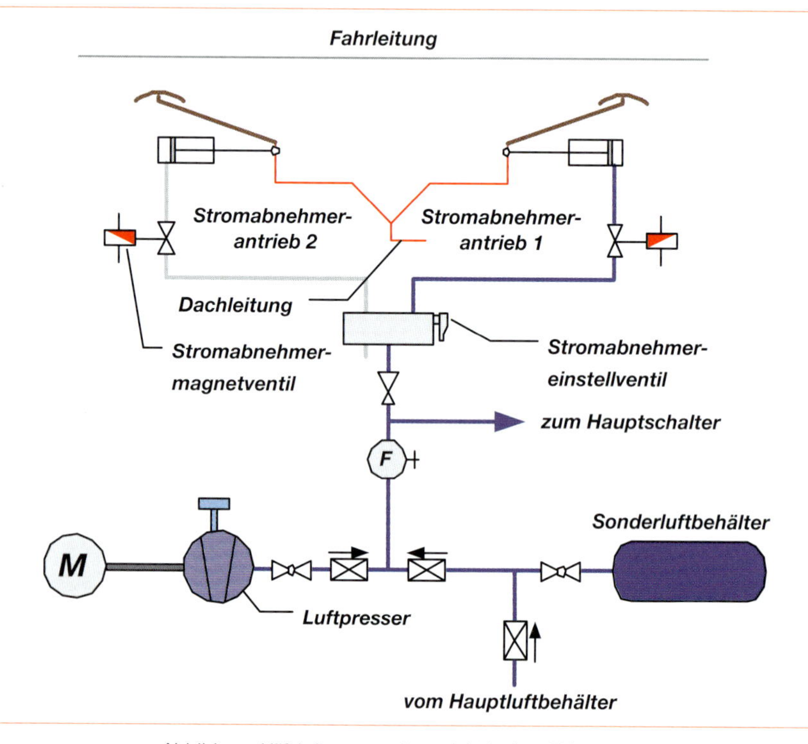


*Abbildung: Hilfsluftpresser eines elektrischen Fahrzeuges.*

Bei neueren Fahrzeugen schaltet sich der Hilfskompressor selbsttätig ein.

## Lufttrocknungsanlage

Eine Lufttrocknungsanlage entzieht der vom Luftpresser kommenden Luft die Feuchtigkeit sowie die Verunreinigungen und das mitgerissene Öl. Die ausgeschiedenen Stoffe werden in einem Sammelbehälter gesammelt und können in der Abstellanlagen mit einer speziellen Absauganlage umweltgerecht entsorgt werden.

## 2.2.2. Druckluftbehälter

*Pufferbehälter*

Die Einrichtungen im Fahrzeug werden über Pufferbehälter mit Druckluft versorgt. Entsprechend ihrer Aufgabe erhalten diese Druckbehälter verschiedene zusätzliche Bezeichnungen:

- **Hauptluftbehälter** dienen der Speicherung der vom Luftpresser geförderten Druckluft.
- **Hilfsluftbehälter** wirken in Verbindung mit der Hauptluft- bzw. Bremsleitung an einlösigen Steuerventilen steuernd und füllen die Bremszylinder.
- **Vorratsluftbehälter** speichern, wenn sie nicht steuernd wirken, lediglich die Vorratsluft für die Bremszylinder. Sie werden normalerweise über das Steuerventil gefüllt, können bei Fahrzeugen mit Zweileitungsbremse auch zusätzlich aus der Hauptluftleitung gespeist werden.
- **Ausgleichsbehälter** dienen bei Führerbremsventilen in der Regel als Vorsteuerbehälter für die nachgeschaltete Ausgleichseinrichtung oder das Relaisventil. Beim Bremsen wird dort ein Druckabbau erzeugt, der sich über die Ausgleichseinrichtung beziehungsweise das Relaisventil auf die Hauptluft- oder Bremsleitung überträgt. Der Einfluss der Zuglänge auf die Bedienungsweise des Führerbremsventils ist damit ausgeschaltet.
- **Zeitbehälter** haben bei Führerbremsventilen die Aufgabe, Löse- und Angleichvorgänge (Überladung) zeitabhängig zu regeln.
- **Vorsteuerbehälter** für Relaisventile und Druckübersetzer sind zur Anpassung der Steuerzeiten und zur Erzielung einer guten Regulierbarkeit dieser Geräte notwendig.
- **Sonderluftbehälter** werden für die Bevorratung von Druckluft besonders wichtiger Nebeneinrichtungen eingesetzt.
- **Verzögerungsbehälter** werden verwendet, um Schaltvorgänge zeitlich zu verschieben.

## 2.2.3. Sandstreueinrichtung

*Verbesserung der Reibverhältnisse*

Durch die gewählte Fahrtrichtung wird die erste (vorauslaufende) Achse des Fahrzeuges gesandet. Die Sandstreueinrichtung wird vom besetzten Führerpult mit einem Taster aktiviert. Dabei kann bei einem Teil der Fahrzeuge zwischen der Taststellung „Sanden“ oder der Raststellung „Dauersanden“ gewählt werden.

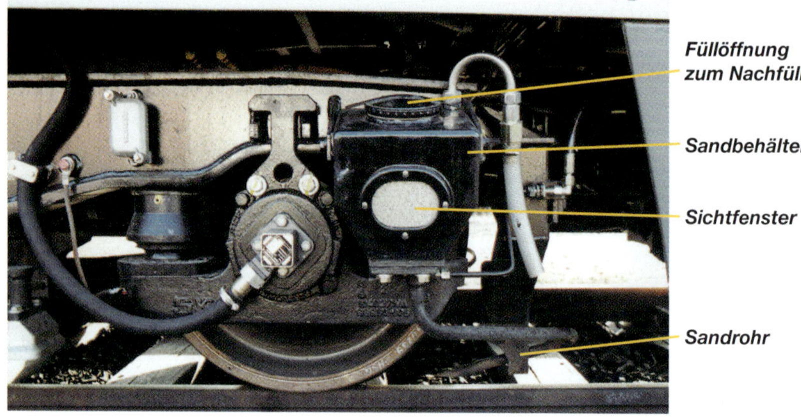


*Abbildung: Sandstreueinrichtung.*

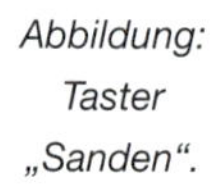

*Abbildung: Taster „Sanden“.*

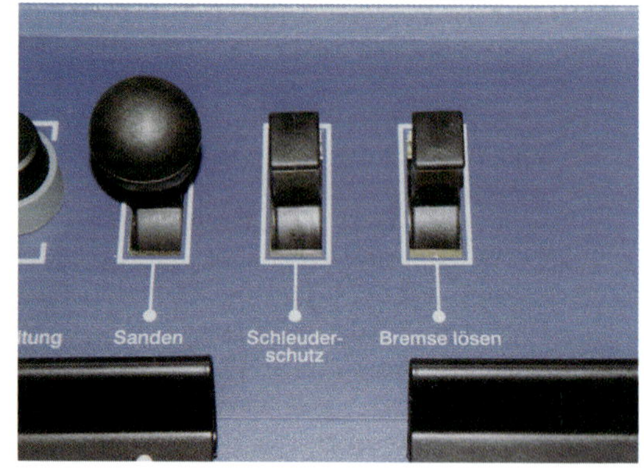


Neuere Anlagen verfügen zusätzlich über eine beheizte Sandtreppe, eine Belüftung des Sandes mit Warmluft und eine temperaturabhängige Sandrohrheizung.

Hier erfolgt das Nachfüllen des Sandes meist mit Druckluftbesandungsanlagen über ein Sandeinfüllstutzen an der Fahrzeugseite.

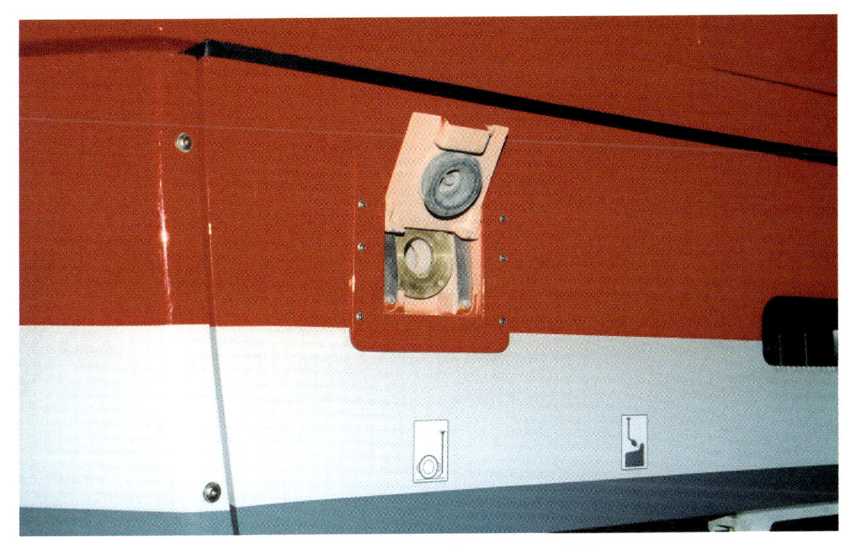

*Abbildung: Sandeinfüllstutzen eines neueren Triebwagens.*

# 2.3. Bremseinrichtungen

## 2.3.1. Bremssysteme

In der Regel sind Triebfahrzeuge und Triebwagen mit mehreren Bremssystemen ausgerüstet:

### Indirekte Druckluftbremse

*Funktionsweise*

Die indirekte Druckluftbremse eines Triebfahrzeuges bzw. Triebwagens setzt sich zusammen aus dem Druckluftteil zur Versorgung und Bedienung der Bremsen des Zuges über die Hauptluftleitung (HL) und den Einrichtungen zur Bremsung des eigenen Fahrzeuges.

Im Lösezustand wird die HL über das Führerbremsventil mit Druckluft von 5 bar gefüllt. Ein Regler am Führerbremsventil sorgt dafür, dass dieser Druck auch bei zulässigen Undichtigkeiten in der HL gehalten wird. Über das Steuerventil wird der Vorratsluftbehälter ebenfalls auf 5 bar gefüllt. Der Bremszylinder ist über das Steuerventil entlüftet.

Wird nun der Druck in der HL über das Führerbremsventil gesenkt, steuert das Steuerventil in die Bremsstellung um. Es wird eine Verbindung zwischen Vorratsluftbehälter und Bremszylinder hergestellt. Die Verbindung von der HL wird unterbrochen.

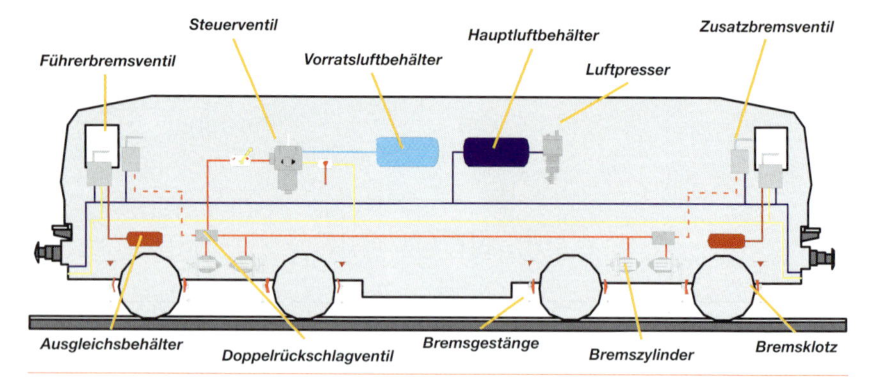


*Abbildung: Schema der Druckluftbremse.*

- Das **Führerbremsventil** hat die Aufgabe, die durchgehende indirekt wirkende Druckluftbremse des Triebfahrzeuges und der Wagen zu steuern.
- Bei der **Zusatzbremse** handelt es sich um eine direkte Druckluftbremse, die nur auf die Bremseinrichtung des jeweiligen Fahrzeuges wirkt und ohne Steuerventil arbeitet.
- Die beiden Druckluftbremsen sind durch das **Doppelrückschlagventil** gegeneinander abgesichert. Es verbindet entweder das Steuerventil oder das Zusatzbremsventil mit den Bremszylindern.
- Das zentrale Bauteil der indirekt wirkenden, selbsttätigen Druckluftbremse ist das **Steuerventil**. Es füllt die Vorratsluftbehälter mit Druckluft aus der Hauptluftleitung und setzt herbeigeführte Druckänderungen in Brems- und Lösevorgänge um.

*Abbildung: Anordnung des Steuerventiles KE im Luftgerüst auf der Bremsgerätetafel.*

## 2.3.2. Radbremsen

Radbremsen gehören zur Grundausrüstung jedes Schienenfahrzeuges. Die Bremskräfte werden entweder durch Bremsklötze unmittelbar auf die Laufflächen der Räder (Klotzbremse) oder durch Bremsbacken auf Bremsscheiben (Scheibenbremse) übertragen.

*Reibungsbremse*

### Klotzbremse

Die Bremsklotzsohle besteht entweder aus Grauguss oder Verbundstoffen (Komposition-Bremsklotzsohle).

*Grauguss*

Beim Grauguss-Bremsklotz sinkt der Reibwert mit zunehmender Geschwindigkeit erheblich. Damit beim Bremsen die Radsätze nicht blockieren, darf die Bremskraft die Haftkraft nicht übersteigen (siehe Fachbuch Fahrzeugtechnik Teil 1). Dadurch wird aber bei hohen Geschwindigkeiten die Bremskraft nicht voll genutzt. Fahrzeuge mit Höchstgeschwindigkeiten über 120 km/h sind deshalb mit Hochleistungsbremsen ausgerüstet, bei denen die Bremskräfte beim Überschreiten einer Geschwindigkeit von 55 km/h erheblich erhöht, und beim Unterschreiten wieder verringert werden (hohe Abbremsung – niedrige Abbremsung).

*Abbildung: Klotzbremse mit Bremsklötzen aus Grauguss.*

*Kunststoff*

Beim Kunststoff-Bremsklotz ist der Reibwert höher als beim Grauguss-Bremsklotz und außerdem weniger geschwindigkeitsabhängig. Auch hat er eine wesentlich längere Lebensdauer. Da Bremsklötze aus Kunststoff schlecht wärmeleitend sind, wird die beim Bremsen erzeugte Wärme fast ausschließlich über das Rad abgeleitet. Das kann bei bereiften Rädern zu losen Radreifen führen. Die Laufflächen werden außerdem glatt und oberflächenverhärtet. Bei Feuchtigkeit lässt außerdem die Bremskraft nach, da sich auf der glatten Lauffläche ein Wasserfilm länger hält.

## Scheibenbremse

Bei der Scheibenbremse wird die Bremskraft durch Bremsbacken auf gusseiserne Bremsscheiben übertragen. Die Bremsscheiben sind auf der Radsatzwelle zwischen den Rädern angeordnet (Wellenbremsscheibe) oder am Radkörper befestigt (Radbremsscheibe). Über zahlreiche Kühlrippen wird bei der Wellenbremsscheibe die entstehende Reibungswärme an die vorbeiströmende Luft abgegeben.

Der Reibwert der Kunststoffbeläge auf das Gussmaterial der Bremsscheiben ist sehr hoch und nahezu geschwindigkeitsunabhängig.

*Abbildung: Radbremsscheibe.*

## 2.3.3. Schienenbremsen

Schienenbremsen nehmen nicht die Haftung zwischen Rad und Schiene in Anspruch und werden deshalb zusätzlich zu Radbremsen zur Erreichung höherer Verzögerungen verwendet.

### Magnetschienenbremse

*Funktion*

Bei der Magnetschienenbremse hängt ein Bremsmagnet in Ruhestellung über der Schienenoberkante. Wird die Magnetschienenbremse wirksam geschaltet, werden die Bremsmagnete pneumatisch durch

*Abbildung: Anordnung der Magnetschienenbremse.*

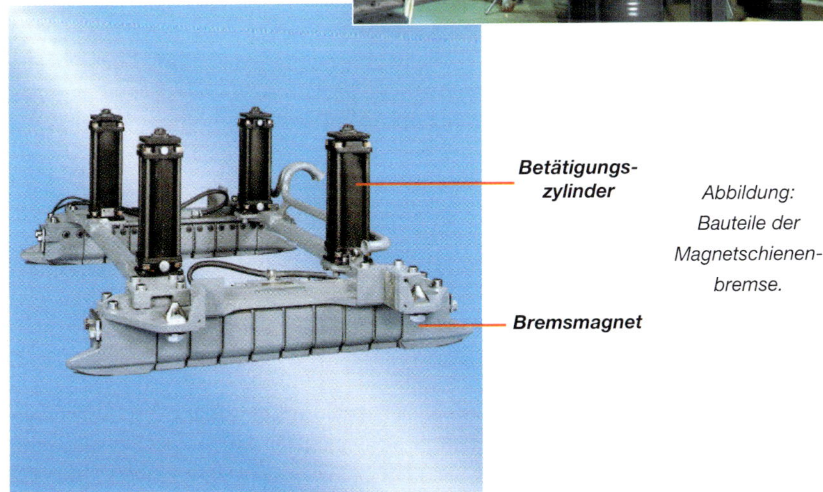


*Abbildung: Bauteile der Magnetschienenbremse.*

die Betätigungszylinder abgesenkt und elektrisch erregt. Die magnetische Zugkraft bewirkt eine Reibkraft zwischen Bremsmagnet und Schiene, wodurch die Fahrzeugbewegung zusätzlich zur Radbremse abgebremst wird.

Die Magnetschienenbremse wird wirksam durch:

- Betätigen des Kippschalters „Magnetschienenbremse" am Führerpult (nur bei Triebwagen).
- Einleiten einer Schnellbremsung über einen Schalter am Führerbremsventil.
- Ansprechen der Sifa oder Indusi.
- Betätigen der Notbremse (nicht beim ICE).

Um den starken Halteruck zu vermindern, werden die Magnetschienenbremsen bei den meisten Fahrzeugen nur bei Geschwindigkeiten ≥ 50 km/h eingesetzt, sofern sie infolge einer Schnellbremsung oder aufgrund einer Druckabsenkung in der Hauptluftleitung unter 3 bar aktiviert wurden. Bei manueller Ansteuerung der Magnetschienenbremse über einen Schalter mit Taststellung im Führerpult bei Fahrzeugen des Nahverkehrs bleibt die Magnetschienenbremse bis zu einer Geschwindigkeit von 3 km/h aktiviert.

Die Magnetschienenbremsen in den Mittelwagen der Triebzüge ICE 1/2 besitzen eine andere Steuerung, als sie bei Triebwagen zum Einsatz kommt. Hier wirkt die Magnetschienenbremse ausschließlich im hohen Geschwindigkeitsbereich und das auch nur bei einer Schnell-, Not- oder Zwangsbremsung.

### Wirbelstrombremse

*Berührungslos*

Im Gegensatz zur Magnetschienenbremse arbeitet die lineare Wirbelstrombremse (LWB) haftwertunabhängig und berührungslos. Ihre völlige Verschleißfreiheit erlaubt den Einsatz auch als Betriebsbremse wodurch die Scheibenbremsen weitgehend geschont werden.

Wird die LWB zum Bremsen elektrisch angesteuert, ergibt sich ein Magnetfeld mit wechselnder Polarität. Bei der geradlinigen Bewegung der Wirbelstrombremse über der Schiene ergeben sich elektrische Spannungen und Wirbelströme. Dieses sekundäre Magnetfeld ist dem Magnetfeld der Wirbelstrombremse entgegengerichtet. Daraus ergibt sich eine Bremskraft, die der Fahrtrichtung entgegengesetzt wirkt.

*Einschränkungen*

Da das elektromagnetische Feld der LWB eine Reihe von Gleisschaltmitteln stört, ist ihr Einsatz auf Strecken mit ertüchtigter Signalausrüstung beschränkt. Aufgrund der zusätzlich zu erwartenden Temperaturanhebung der Schiene muss als zusätzliche Vorraussetzung der Oberbau eine besondere Gleisstabilität aufweisen.

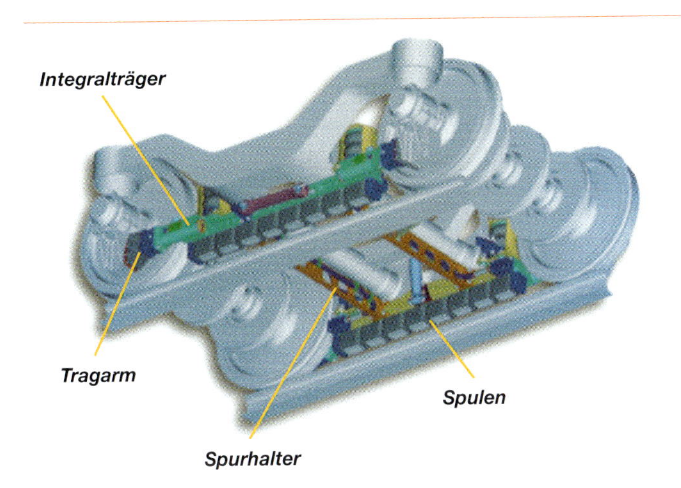


*Abbildung: Bauteile der Wirbelstrombremse im Drehgestell.*

*Abbildung: Bremsanzeigeeinrichtungen und Prüfknopf zum Prüfen der Wirbelstrombremse beim ICE 3.*

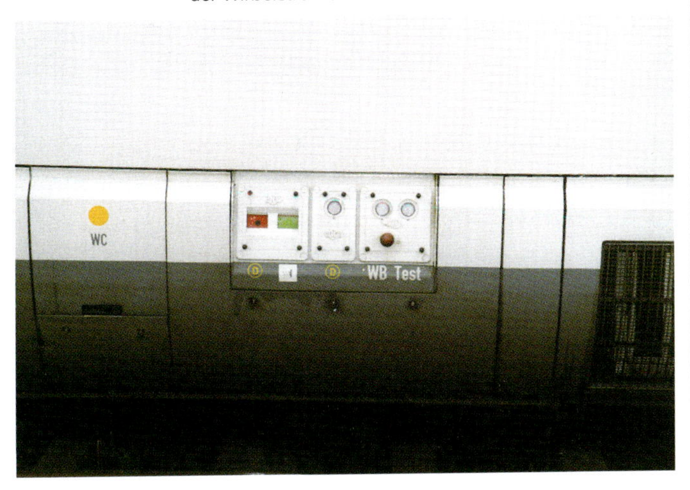


## 2.3.4. Dynamische Bremsen

Bei den dynamische Bremsen werden die Bremskräfte unmittelbar im Triebwerk erzeugt; bei elektrischen Fahrzeugen im Fahrmotor, bei Dieselfahrzeugen im hydraulischen Getriebe.

### Elektrische Bremse

*Nutzung des Antriebes zur verschleißlosen Bremsung*

Bei elektrischen Triebfahrzeugen und Triebwagen können die Fahrmotoren zur verschleißlosen Bremsung benutzt werden. Die elektrische Bremse kann fahrdrahtabhängig oder fahrdrahtunabhängig sein und sie kann als Widerstandsbremse oder als Kombination von Nutz- und Widerstandsbremse wirken. Bei Widerstandsbremsen wird die vom als Generator wirkenden Fahrmotor erzeugte elektrische Energie über Widerstände in Wärme umgewandelt während sie bei der Nutzbremse ins Fahrleitungsnetz zurückgespeist wird (siehe Kapitel 2.4.9).

Die elektrische Bremse wird über den Fahrschalter oder über einen Bremssteller, der mit dem Führerbremsventil gekuppelt ist, bedient. Bei einigen Triebfahrzeugen geschieht die Sollwertvorgabe über einen Druckmessumformer (BR 143, 155). Die Kupplung mit dem Führerbremsventil kann aufgehoben werden, so dass bei Bedarf Druckluft- und elektrische Bremse unabhängig voneinander betätigt werden können.

Wesentlich ist, dass beim Zusammenwirken beider Bremsen die mit Rücksicht auf den Kraftschluss zwischen Rad und Schiene zulässige Bremskraft nicht überschritten wird. Vorrangig wird stets die elektrische Bremse eingesetzt. Wegen ihrer mit abnehmender Fahrgeschwindigkeit abfallenden Bremswirkung muss in einem gewissen Geschwindigkeitsbereich die mechanische Bremse zugeschaltet werden.

| Vorteile | Nachteile |
|---|---|
| ● Verschleißfrei<br>● Thermische Schonung von Bremsbauteilen und Radreifen<br>● Gute Wärmeabfuhr<br>● Rückgewinnung der Antriebsenergie<br>● Starke Bremskraft im hohen Geschwindigkeitsbereich<br>● Reduzierung des Bremsstaubes | ● Haftkraftabhängig<br>● Geringe Bremswirkung bei geringen Geschwindigkeiten*<br>● Zusätzliche Druckluftbremse erforderlich |

** gilt nicht für Fahrzeuge mit Drehstromantriebstechnik*

Lokomotiven mit Drehstromantriebstechnik besitzen elektrische Bremsen, die fast bis zum Stillstand die volle Bremskraft bieten, so dass der Einsatz der verschleißbehafteten mechanischen Bremse auf ein Minimum reduziert wird.

## Hydraulische Bremse

Bei Triebfahrzeugen mit hydraulischer Kraftübertragung kann eine besondere Bremskupplung (Rearder) als verschleißlose zusätzliche Bremse eingebaut werden. Hier wird die Bremskraft durch Regelung der Füllung gesteuert.

Für die Zusammenarbeit mit der Druckluftbremse gibt es ähnliche Möglichkeiten wie bei der elektrischen Bremse. Die hydraulische Bremse kann im einfachsten Fall völlig unabhängig von der Druckluftbremse betätigt werden und wirken.

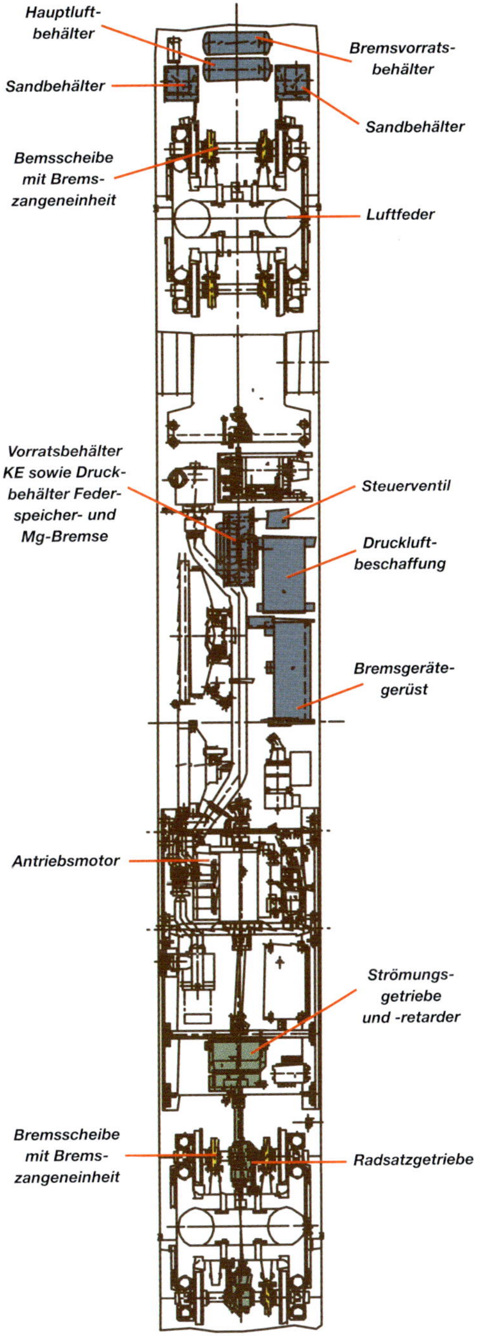

Hauptluftbehälter
Bremsvorratsbehälter
Sandbehälter
Sandbehälter
Bemsscheibe mit Bremszangeneinheit
Luftfeder
Vorratsbehälter KE sowie Druckbehälter Federspeicher- und Mg-Bremse
Steuerventil
Druckluftbeschaffung
Bremsgerätegerüst
Antriebsmotor
Strömungsgetriebe und -retarder
Bremsscheibe mit Bremszangeneinheit
Radsatzgetriebe

*Abbildung: Anordnung der Bremsbauteile (Beispiel: VT 612).*

## 2.3.5. Führerbremsventil

*Steuerung der Druckluftbremse*

Das Führerbremsventil ist ein Bediengerät zur Steuerung der Druckluftbremse. Vom Führerbremsventil müssen mehrere Aufgaben erfüllt werden:

- Die Hauptluftleitung muss gefüllt und der Hauptluftleitungsdruck von 5 bar (Regeldruck) muss auch bei geringen Luftverlusten durch Undichtigkeiten aufrechterhalten werden.
- Die Nachspeisung der Hauptluftleitung muss abgesperrt werden können.
- Die Hauptluftleitung (HL) wird bei einer Betriebsbremsung stufenweise entlüftet. Im Falle einer Gefahr wird sie schnell über einen großen Querschnitt entleert (Schnellbremsung).

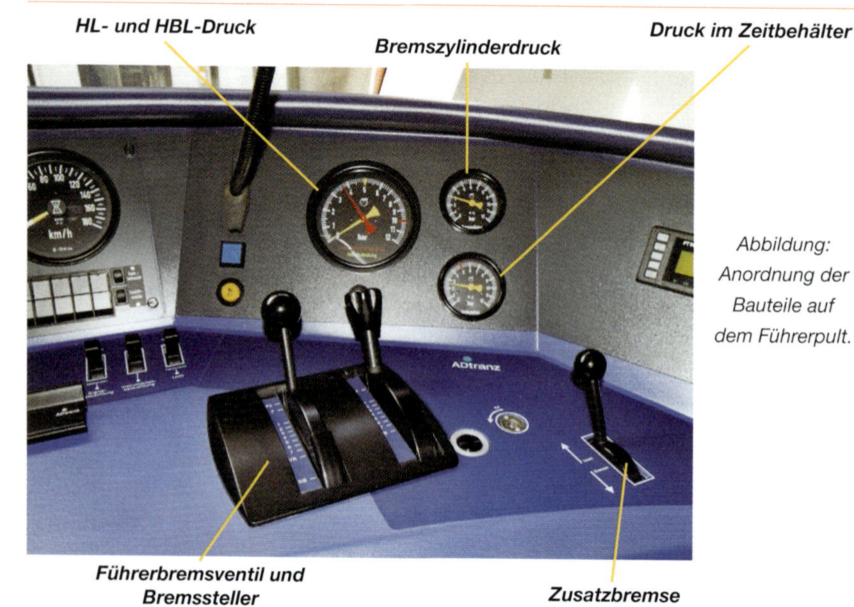


*Abbildung: Anordnung der Bauteile auf dem Führerpult.*

*Unterscheidung*

Grundsätzlich ist zu unterscheiden nach der Art der damit zu steuernden Bremse sowie der Art der Bedienung.

Bei der **zeitabhängigen Steuerung** muss der Hebel zur Erzielung einer Brems- oder Lösestufe in eine Brems- oder Lösestellung bewegt und nach Erzielung der gewünschten Wirkung in die Abschlussstellung zurückgelegt werden.

Bei der **stellungsabhängigen und selbstabschließenden Steuerung** ist jeder Hebelstellung eine Brems- beziehungsweise Lösestufe zugeordnet, die selbsttätig eingesteuert wird.

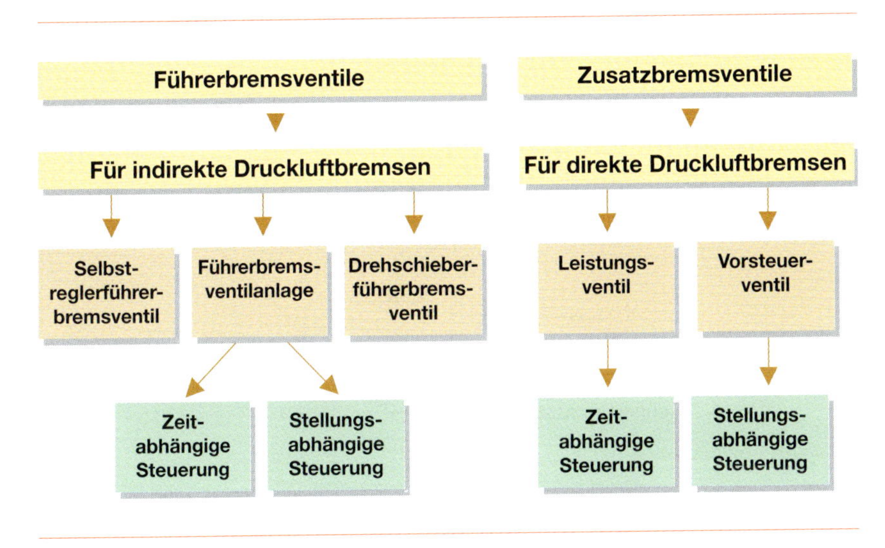


*Abbildung: Bauarten der Führerbremsventile.*

## Drehschieber-Führerbremsventile

*Zeitabhängige Steuerung*

Ältere Ausführungsform, bei der die Druckänderungen in der Hauptluftleitung zum Bremsen und Lösen weitgehend von Hand geregelt werden muss. Drehschieber-Führerbremsventile arbeiten zeitabhängig.

Sie bieten den Nachteil, dass in der Bremsstellung keine Nachspeisung der Hauptluftleitung erfolgt und dass eine Überladung nur durch manuelles Regeln am Schnelldruckregler (Angleicher) beseitigt werden kann.

## Selbstregler-Führerbremsventil

*Stellungsabhängige Steuerung*

Stellungsabhängig wirkende ventilgesteuerte Bauart, bei der nach der Einleitung der Brems- und Lösevorgänge der gewünschte HL-Druck automatisch eingesteuert und gehalten wird.

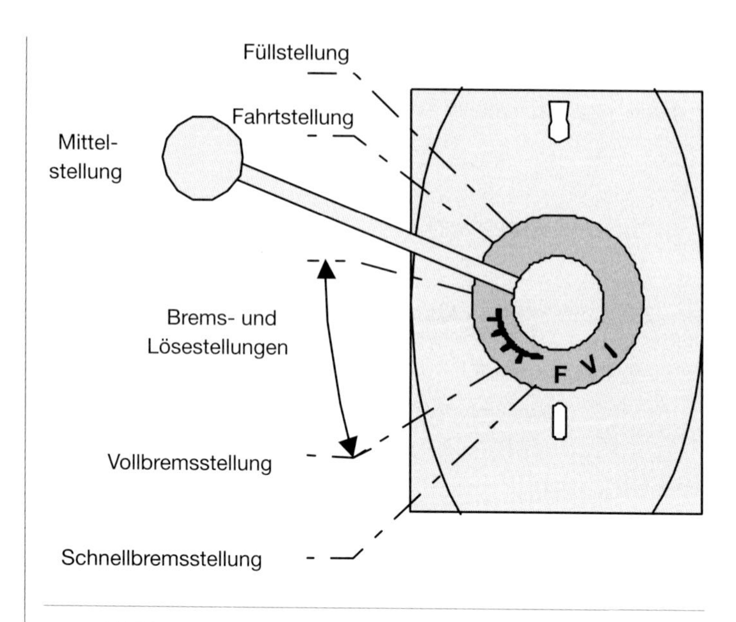


*Abbildung: Führerbremsventil (Beispiel: Selbstregler Knorr EE 4).*

### Führerbremsventilüberwachung

*Fahrzeuge mit zwei Führerständen*

Bei Triebfahrzeugen mit zwei Führerständen werden die Führerbremsventile mit einem Schloss versehen, damit sie in der Mittelstellung festgestellt werden können. Damit ist sichergestellt, dass das unbenutzte Ventil auch tatsächlich in Mittelstellung gelegt ist. In dieser Stellung lässt sich der Schlüssel herausziehen, der benötigt wird, um das Ventil auf dem anderen Führerstand aufschließen und bedienen zu können.

Die meisten Rangierlokomotiven besitzen zwei Führerstände in einem gemeinsamen Führerhaus. Hier wird durch eine elektropneumatische Absperreinrichtung sichergestellt, dass die mit dem einen Führerbremsventil eingeleitete Bremsung nicht mit dem anderen Führerbremsventil aufgehoben oder vermindert wird.

### Führerbremsventilanlage

*Zusätzliche Relaiseinheit*

Neuere Triebfahrzeuge und Steuerwagen sind mit einer Führerbremsventilanlage ausgerüstet. Hier sind die Führerbremsventile auf den Führerständen mit einer Relaiseinheit im Luftgerüst pneumatisch verbunden. Durch das Betätigen eines Schlüsselventils wird die Verbindung vom Führerbremsventil zum Relaisventil hergestellt. Die Anlage ist leichtgängig bedienbar. Alle Brems- und Lösevorgänge werden über die Relaiseinheit gesteuert. Nur bei einer Schnellbremsung wird die Hauptluftleitung direkt durch das Führerbremsventil entlüftet. Deshalb ist die Schnellbremsstellung unabhängig vom Schlüsselventil immer wirksam.

Mit dem Führerbremsventil ist der Bremssteller für die E-Bremse gekuppelt. Er kann selbsttätig oder gekuppelt betätigt werden. Das Führerbremsventil hat keine Abschlussstellung. Deshalb muss das Ventil beim Prüfen des Füllzustandes in der Fahrtstellung abgeschlossen werden. Wie beim „Selbstregler" hat auch hier ein Zeitbehälter die Aufgabe, die Löse- und Angleichvorgänge zeitabhängig zu regeln. Bei Sifa- und Indusi-Zwangsbremsungen verhindert ein Absperrventil die Nachspeisung der Hauptluftleitung.

*Abbildung: Führerbremsventilanlage.*

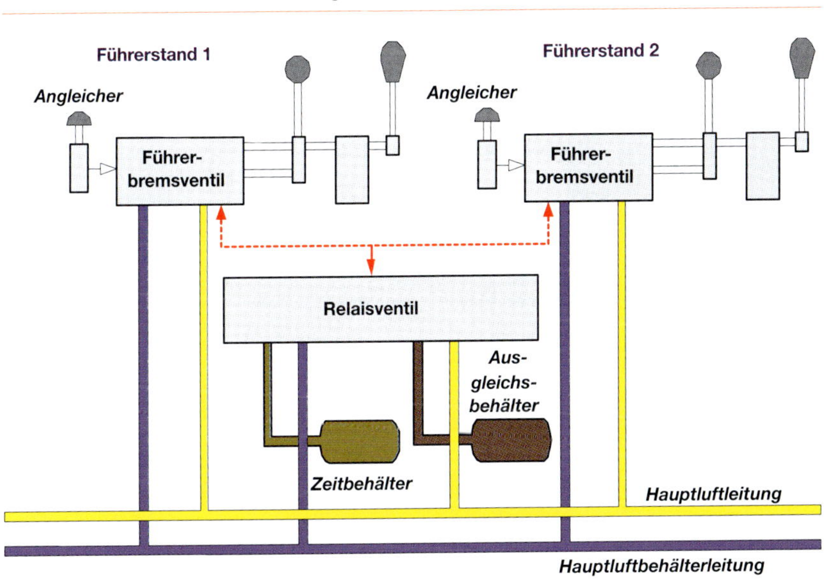


## Elektronische Führerbremsventilanlage

*Bremsrechner*

Bei neueren Triebfahrzeugen werden sämtliche Funktionen der Druckluftsteuerung und -überwachung, einschließlich des Zusammenwirkens mit der elektrischen Bremse durch einen Bremsrechner gesteuert. Die Umsetzung in entsprechende Hauptluftleitungsdrücke und damit die Steuerung des Relaisventiles übernimmt ein Analogwandler. Die Steuerung der Triebfahrzeugbremse wiederum geschieht konventionell über ein Steuerventil.

Elektronische Führerbremsventilanlagen gewährleisten einen effektiven Einsatz der Netzbremse.

*Abbildung: Elektronische Führerbremsventilanlage.*

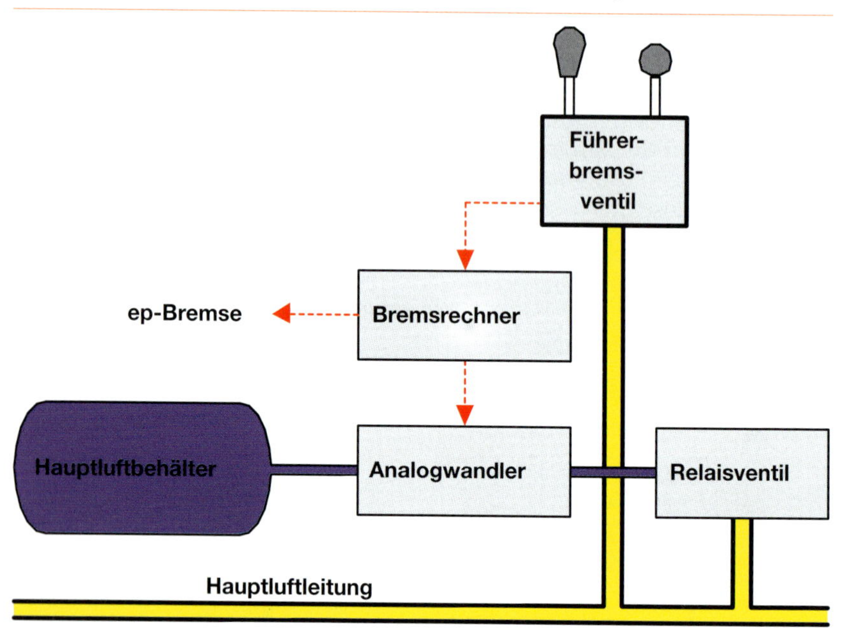


## 2.3.6. Gleitschutz und Lastabbremsung

*Gleitschutz*

Neuere Triebwagen und Triebfahrzeuge sind in der Regel mit einer Gleitschutzanlage ausgerüstet. Dazu sind zwischen den Bremssteuergeräten und den Bremszylindern spezielle Gleitschutzventile installiert. Der Gleitschutz tritt in Aktion wenn die Gleitschutzelektronik an einer Achse eine kritische Verzögerung feststellt, die wesentlich höher als die maximale Bremsverzögerung ist. Daraufhin wird der Bremszylinder ent- und anschließend wieder belüftet, so dass der augenblickliche Haftwert zwischen dem Rad und der Schiene optimal genutzt werden kann.

### Automatische Lastabbremsung

*Regelbares Lastbremsventil RLV*

Bei der automatischen Lastabbremsung messen Luftfederungsventile die Belastung des Fahrzeuges und geben dieses Ergebnis pneumatisch über das Mitteldruckventil an das Regelbare Lastbremsventil

(RLV) weiter. Dieses regelt je nach Fahrzeugbelastung den Bremszylinderdruck. Die Automatische Lastabbremsung ist in der Regel nur bei Triebwagen eingebaut.

*Abbildung: Automatische Lastabbremsung (mit RLV) und Gleitschutz (Beispiel VT 628).*

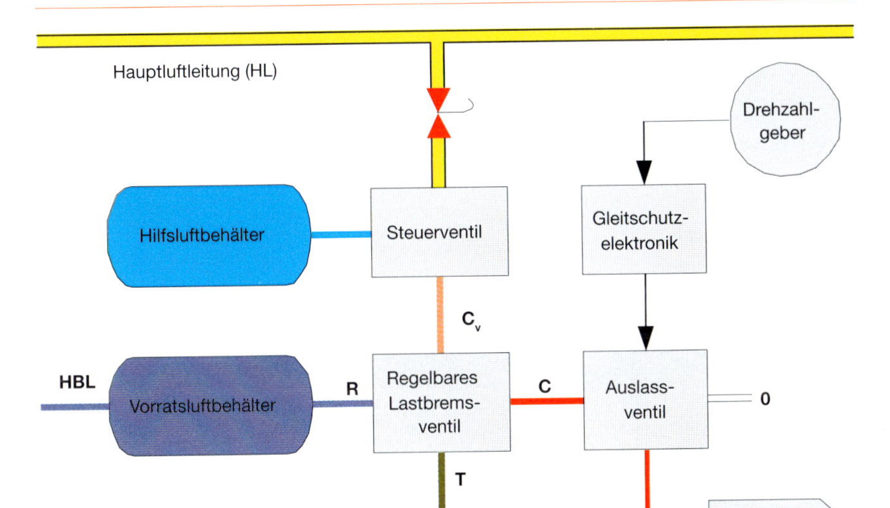


## 2.3.7. Bremsanzeigeeinrichtungen

*Bei Scheibenbremsen*

Bei Fahrzeugen mit Scheibenbremse ist meist an jeder Fahrzeugseite eine Anzeigeeinrichtung mit Schauzeichen angebracht, die den Zustand der zugehörigen Bremse anzeigen.

- Bei gelöster Bremse zeigt das Schauzeichen grün.
- Bei angelegter Bremse zeigt das Schauzeichen rot mit schwarzem Punkt.

Die Anzeigeeinrichtung zeigt auch den Zustand der Hand- bzw. Federspeicherbremse mit an, wenn dafür keine eigene Anzeigeeinrichtung vorhanden ist.

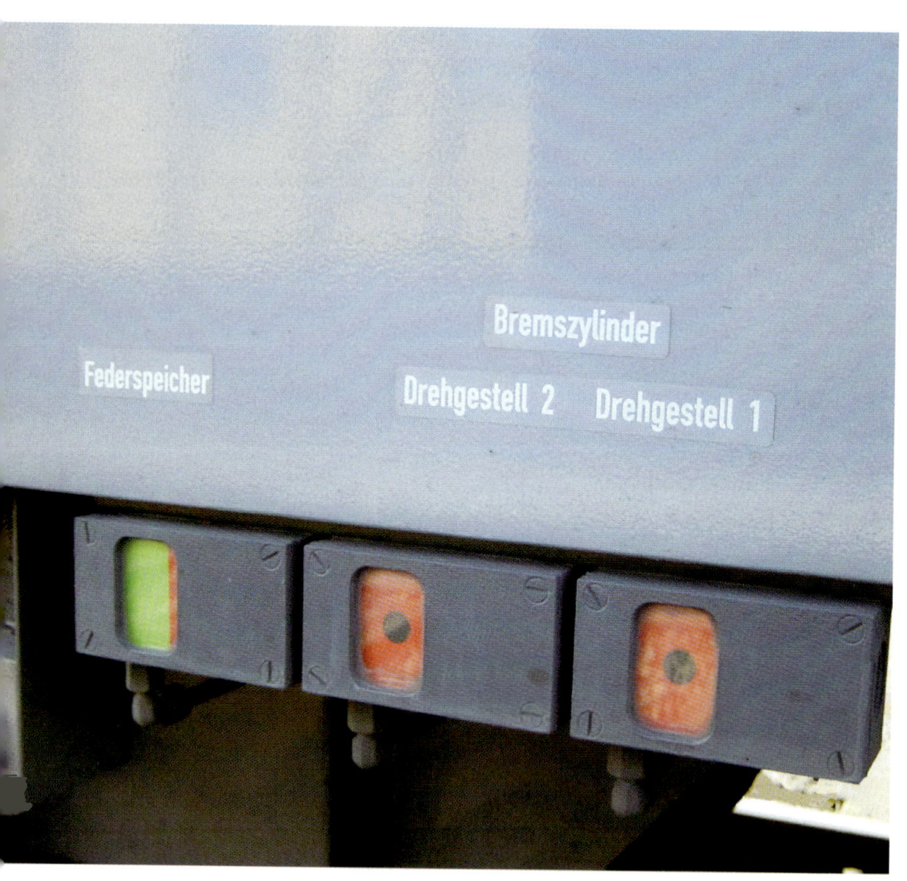


*Abbildung: Bremsanzeigeeinrichtung bei Fahrzeugen mit Scheibenbremsen (Beispiel BR 145).*

*Zentrale Anzeigeeinrichtung*

Die zentrale Bremsanzeigeeinrichtung einiger Triebwagen gibt Auskunft über den Zustand aller an die Hauptluftleitung angeschlossenen Bremsen und Federspeicherbremsen. Meist wird dazu ein Bremszylinder pro Drehgestell abgetastet.

Der Zustand der Bremsen wird durch folgende Leuchtmelder angezeigt:

- **Am Führerpult:** Die Leuchtmelder „Bremse angelegt" oder „Bremse gelöst" zeigen den angelegten oder gelösten Zustand der Bremsen im Zug an.
- **Am Langträger:** Die gelben Anzeigeleuchten leuchten, wenn die Bremse des zugehörigen Drehgestells angelegt ist.

Die Funktion der Magnetschienenbremse wird in der Regel durch einen eigenen Leuchtmelder auf dem Führerstand dargestellt. Dieser leuchtet weiß, wenn die MG-Bremse wirkt und er leuchtet gelb, wenn sie gestört ist.

## 2.3.8. Kdi-Bremse

*Direkte und indirekte Bremse kombiniert*

Bei der Kdi-Bremse handelt es sich um eine Kombination einer direkten Bremse für die Lokomotive mit Steuerung der indirekten Bremse des Wagenzuges. Angewendet wird die Kdi-Bremse bei einfachen Betriebsverhältnissen, insbesondere für Rangierlokomotiven.

Zum Bremsen wird bei Betätigung des Führerbremsventils der Bremszylinder der Lok aus dem Hauptluftbehälter unter Zwischenschaltung eines Druckminderventils direkt belüftet und beim Bremsen entlüftet. Der Bremszylinderdruck steuert dann über ein Relaisventil den Druck in der Hauptluftleitung des Zuges.

*Abbildung: Kdi-Bremse.*

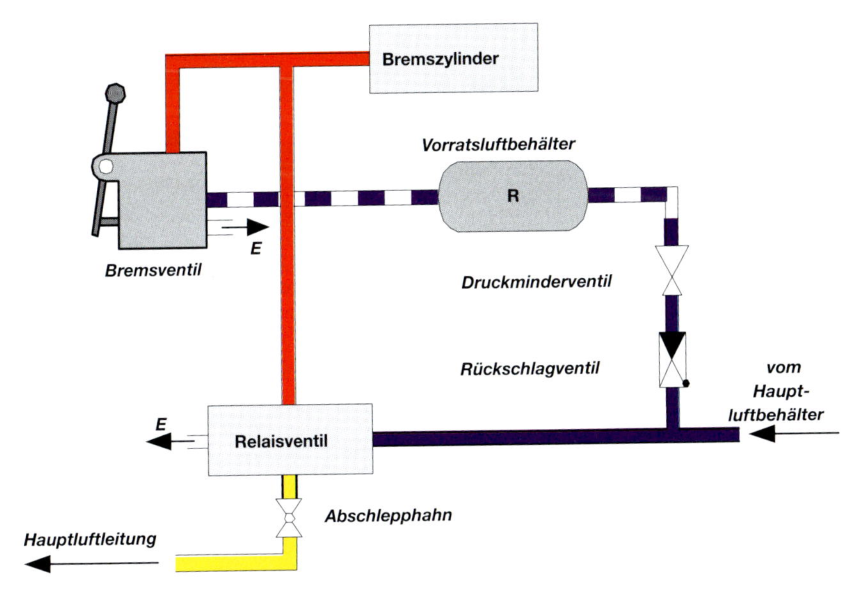

## 2.3.9. Federspeicherbremse

*Bremskraft-erzeugung durch Speicherfeder*

Jedes Triebfahrzeug muss im Betrieb abrollsicher abgestellt werden können. Dazu bedarf es der Feststellbremse. Bisher dient dieser Funktion überwiegend die Handbremse. Diese wird jedoch zunehmend von der einfacher zu bedienenden Federspeicherbremse ersetzt, bei der die Bremskraft von einer Speicherfeder erzeugt wird.

Die Federspeicherbremse wird auf die Druckluftbremszylinder aufgesattelt. Die Ansteuerung erfolgt entweder elektronisch von einem Schalter auf dem Führerstand oder über ein Betätigungsventil. Das Einbremsen erfolgt durch Entlüften der Federspeicherleitung. Beim Beaufschlagen mit Druckluft wird die Bremse wieder gelöst. Eine mechanische Lösevorrichtung ermöglicht ein Lösen der Bremse auch bei völlig entlüfteten Fahrzeug. Die Betätigung dieser „Notlöseeinrichtung" erfolgt zum Beispiel bei der BR 101 mittels Bowdenzug durch einfaches „Ziehen". Das Vorhandensein von Druckluft versetzt die Federspeicherbremse in erneute Bereitschaft.

*Abbildung: Federspeicherbremse angelegt.*

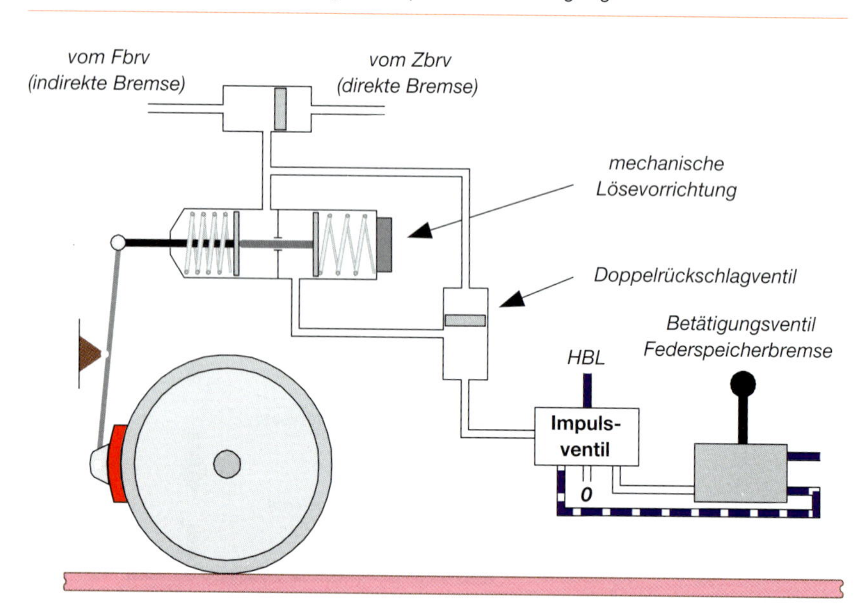

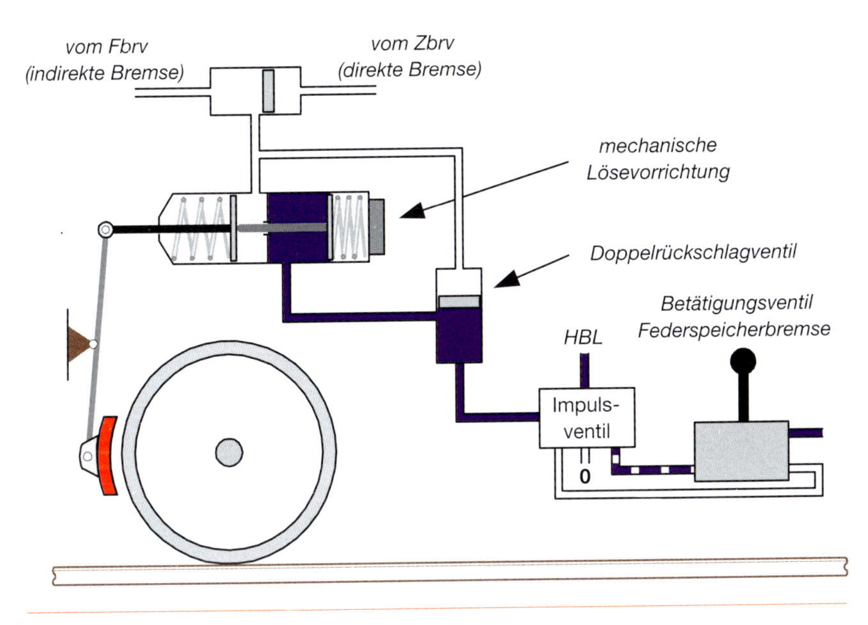


*Abbildung: Federspeicherbremse gelöst.*

## 2.3.10. Schleuderschutzeinrichtung

*Verhindern von Schleuder-vorgängen*

Die Schleuderschutzeinrichtung dient dazu, Schleudervorgänge der angetriebenen Achsen beim Anfahren und beim Befahren vereister oder verschmierter Streckenabschnitte abzufangen und die Treibräder wieder zum Greifen zu bringen.

Bei älteren Fahrzeugen betätigt der Lokführer selbsttätig die Schleuderschutzeinrichtung beim Feststellen von Schleudervorgängen am Fahrzeug und reduziert die Zugkraft. Dabei gelangt nach Betätigung eines Kipptasters auf dem Führerstand Luft aus der Hauptluftbehälterleitung über ein Magnetventil in den Bremszylinder. Beim Loslassen des Kipptasters wird der Bremszylinder wieder entlüftet.

Bei neueren Fahrzeugen reduziert der Schleuderschutz die Antriebsleistung des Fahrzeuges und verringert zusätzlich den Schlupf der Antriebsachsen durch kurzes Ansteuern der Reibungsbremse. Zur Drehzahlerfassung der Radsätze werden in der Regel die Impulsgeber für den Gleitschutz herangezogen. Die Steuerung erfolgt über ein elektronisches Schaltgerät in Mikroprozessortechnik. Fahrzeuge mit Drehstromantriebstechnik haben keine Schleuderschutzeinrichtung, da hier zum Abfangen des Schleuderns die Drehzahl reduziert wird.

## 2.3.11. Computergesteuerte Bremse

*Kombileitgerät*

Neue Triebwagen und Triebzüge sind mit einer computergesteuerten Bremse ausgerüstet. Die Ansteuerung dieser Bremse erfolgt im Regelfall über den Fahr-Bremshebel. Bei einer Betriebsbremsung wirkt vorrangig die Triebwerksbremse und ggf. noch die elektropneumatische Bremse. Die vom Fahr-Bremshebel durch den Triebfahrzeugführer vorgegebenen Bremskraftsollwerte werden vom Kombileitgerät (KLG) eingelesen und an das Bremssteuergerät (BSG) weitergeleitet.

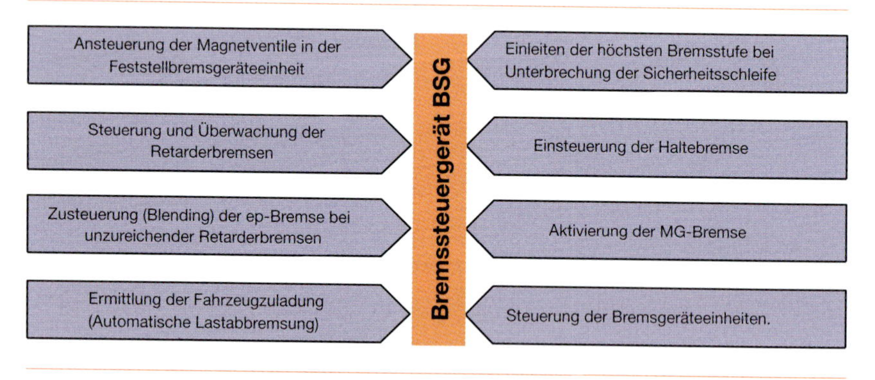


*Abbildung: Aufgaben des Bremssteuergerätes (BGS).*

Vom Bremssteuergerät (BGS) erfolgt die Ansteuerung der im Bremsgerüst angebrachten Bremsbauteile. Dabei wird über die automatische Lastabbremsung der Beladezustand des Fahrzeuges berücksichtigt. Bei Schnell- und Zwangsbremsungen wird zusätzlich die Magnetschienenbremse mit angesteuert.

*Bremsgeräteeinheit*

Bei mehrteiligen Triebwagen besitzt jedes Fahrzeug eine Bremsgeräteeinheit (BGE). Diese setzt die Signale des Bremssteuergerätes in entsprechende Bremszylinderdrücke um.

*Feststellbremsgeräteeinheit*

Je Triebzug gibt es eine Feststellbremsgeräteeinheit (FGE). Diese setzt die Signale des Bremssteuergerätes um und steuert entsprechend die Feststellbremse (Federspeicherbremse) des gesamten Triebzuges.

*Rückfallebene*

Als Rückfallebene für die Betriebsbremse und für alle Schnellbremsungen sind die Fahrzeuge zusätzlich mit einer indirekten Druckluftbremse ausgestattet. Die Entlüftung der Hauptluftleitung wirkt auf das Steuerventil und leitet damit den Bremsvorgang ein.

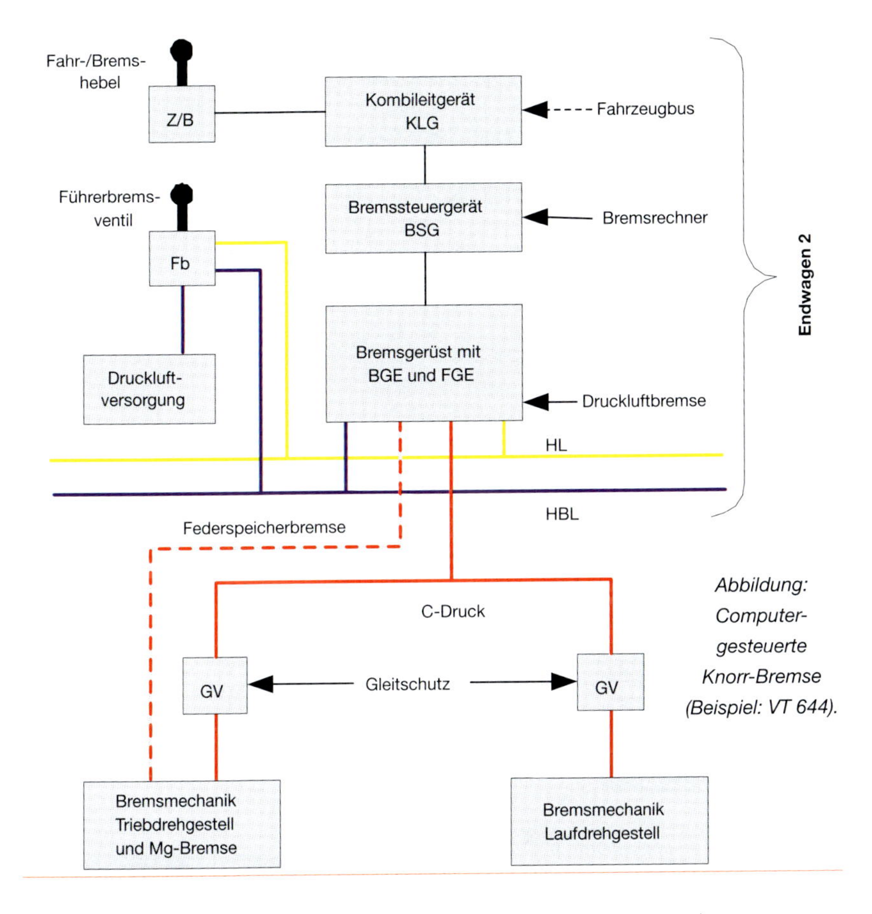


*Abbildung: Computergesteuerte Knorr-Bremse (Beispiel: VT 644).*

**Bremsprobe**

*Display-gesteuert*

Die teilautomatische Bremsfunktionsprobe wird über das Display am besetzten Führerpult gesteuert, gestartet und durch das Bremssteuergerät durchgeführt. Im Verlauf der Bremsprobe wird die Funktionsfähigkeit der einzelnen Bremskomponenten überprüft. Das Ergebnis der Bremsprobe wird an die Fahrzeugsteuerung übermittelt. Eventuell auftretende Fehler werden am betreffenden Bremssteuergerät mittels Fehlercode angezeigt. Über das Display erscheint eine entsprechende Meldung.

## 2.3.12. Schnellbremsschleife

*Fahrgast-notbremse*

Bei Triebwagen mit computergesteuerter Bremse geht der Bremsbefehl beim Bremsen mit dem Fahr- bzw. Bremshebel direkt an alle

Bremssteuergeräte. Diese beaufschlagen die Bremszylinder mit Druckluft aus der Hauptluftbehälterleitung. Die Hauptluftleitung hat als Steuerfunktion nur in Verbindung mit dem Führerbremsventil und dem Einfachsteuerventil eine Bedeutung. Eine zusätzliche elektrische Sicherheitsschleife (Schnellbremsschleife), die über ein Ventil die Hauptluftleitung entlüften kann, stellt sicher, dass auch beim Ansprechen einer Sicherheitseinrichtung wie zum Beispiel der Sifa oder auch eine Fahrgastnotbremse wirksam werden kann.

## Störfahrt

*Taster*

Wenn sich bei einer Störung der Schnellbremsschleife eine Schnellbremsung nicht mehr aufheben lässt, kann durch Drücken eines Tasters (Bezeichnung: Störfahrt oder Überbrückung SBS) die Strecke geräumt werden. Der Taster ist abgedeckt, um eine ungewollte Bedienung zu verhindern.

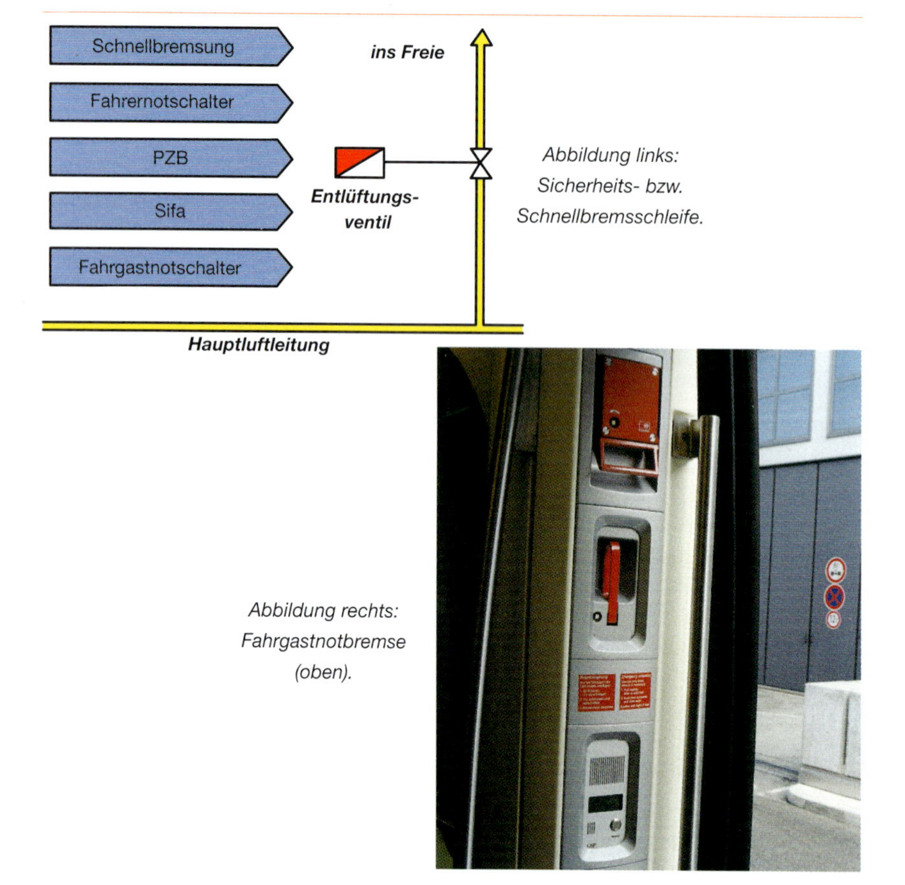


*Abbildung links: Sicherheits- bzw. Schnellbremsschleife.*

*Abbildung rechts: Fahrgastnotbremse (oben).*

# 2.4. Elektrische Triebfahrzeuge

## 2.4.1. Allgemeine Beschreibung

*Haupt-stromkreis*

Elektrische Fahrzeuge wandeln elektrische Energie in Bewegungsenergie um. Dazu müssen sie sich in einem geschlossenen Stromkreis bewegen. Der Hauptstromkreis verläuft vom Stromabnehmer über Hauptschalter und Dachleitung zum Transformator und von dort weiter zu den Raderden.

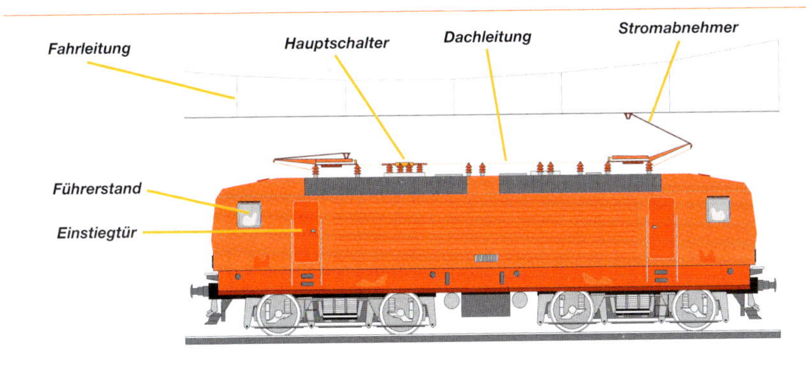


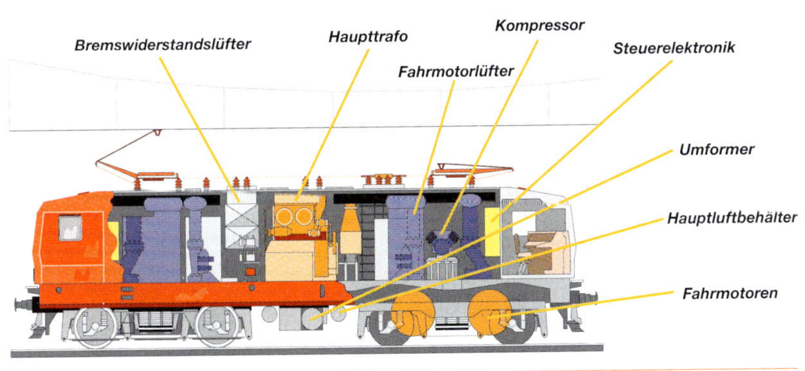


*Abbildung: E-Lok im Schnitt.*

Vor jedem Einsatz muss der Stromabnehmer angehoben, und an die Fahrleitung gelegt werden. Das geschieht in der Regel mit Druckluft. Sobald der Stromabnehmer am Fahrdraht liegt, kann der Hauptschalter (siehe Kapitel 2.4.3) betätigt werden. Auch dies geschieht mit Druckluft. Der Hauptschalter öffnet und schließt den Stromkreis zwischen Unterwerk und Lok und setzt somit den Haupttransformator unter Fahrdrahtspannung. Im Haupttransformator (siehe Kapitel

2.4.4) wird die Fahrleitungsspannung auf die Spannung der Fahrmotoren heruntertransformiert.

## 2.4.2. Stromabnehmer

*Stromabnahme*

Die Stromabnehmer der elektrischen Fahrzeuge müssen den Strom bei allen Geschwindigkeiten möglichst ohne Lichtbogen und Unterbrechung vom Fahrdraht auf das Triebfahrzeug übertragen. Die meisten Fahrzeuge haben zwei Stromabnehmer. Benutzt wird in der Regel jedoch immer nur der hintere Stromabnehmer. Der vordere dient als Reserve. Dadurch verunreinigt der Abrieb der Kohleschleifleisten nicht die Dachausrüstung. Hier sind wegen der Gefahr von Überschlägen besonders die Isolatoren betroffen. Wird ein Stromabnehmer beschädigt, kann er nach hinten wegklappen ohne die Dachausrüstung zu beschädigen.

### Bauformen

*Einholm- oder Scherenstromabnehmer*

Zum Einsatz kommen Einholm- oder Scherenstromabnehmer. Während der Einholmstromabnehmer ursprünglich für Geschwindigkeiten über 160 km/h entwickelt wurde sind ältere Lokomotiven und Triebwagen sowie Fahrzeuge für geringere Geschwindigkeiten vielfach noch mit Scherenstromabnehmern ausgerüstet.

### Funktion

*Hubfeder*

Um den Stromabnehmer (SA) heben zu können, ist Druckluft erforderlich. Diese wird bei abgerüsteten Fahrzeug einem Sonderluftbe-

Abbildung: Einholmstromabnehmer.

Abbildung: Scherenstromabnehmer.

hälter entnommen oder vom Hilfsluftpresser erzeugt (siehe Kapitel 2.2.2).

Zum Heben eines Stromabnehmers wird bei älteren Stromabnehmerantrieben mit einem Kipptastschalter auf dem Führerpult ein Magnetventil angesteuert. Die dadurch freigegebene Druckluft schaltet den Senkantrieb und damit die Senkfeder aus. Die Kraft der Hubfeder hebt den Stromabnehmer und drückt die Schleifleiste an den Fahrdraht. Bei neueren Fahrzeugen wird über ein Stromabnehmer-Regelventil der Stromabnehmer direkt mit Druckluft beaufschlagt.

Der Kipptastschalter hat die Stellungen **Auf - 0 - Nieder - Nieder + Sanden.**

Zum Senken wird der Strom zum Magnetventil unterbrochen. Die Druckluft entweicht aus dem Senkantrieb und die Kraft der Senkfeder überwiegt gegenüber der Hubfeder und zieht den Stromabnehmer wieder nach unten.

*Abbildung: Einholmstromabnehmer.*

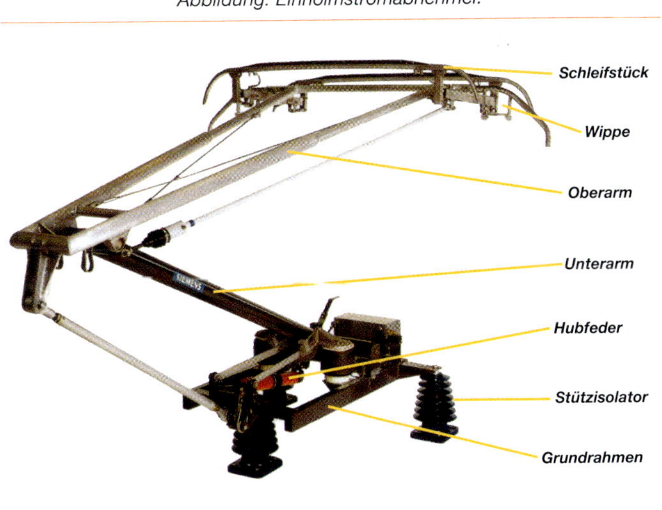


Bei Störungen, wie zum Beispiel ein zu geringer Anpressdruck, oder bei Beschädigungen am Stromabnehmer wird aus Gründen der Schadensbegrenzung der Stromabnehmer schnell gesenkt.

Nach Beseitigung der Störung können alle Stromabnehmer außer dem gestörten wieder gehoben werden.

### Seitliche Stromabnehmer

Bei elektrischen Fahrzeugen, die unter Verladeanlagen eingesetzt werden, geschieht die Stromabnahme über eine seitlich verlaufende Fahrleitung und Seitenstromabnehmer.

*Abbildung: Verladeanlage bei Rheinbraun.*

*Seitliche Fahrleitung*

*Elektrische Lokomotive mit Seiten-stromabnehmer*

## 2.4.3. Hauptschalter

*Druckluft-schnellschalter*

Bei elektrischen Fahrzeugen ist ein bzw. sind mehrere elektrisch ferngesteuerte Hochspannungs-Leistungsschalter (Hauptschalter) eingebaut. Der Hauptschalter setzt nicht nur den Transformator des Triebfahrzeuges unter Spannung, sondern übernimmt auch die Funktion einer Sicherung indem er unter voller Belastung selbsttätig den Oberstromkreis unterbricht, wenn Teile der elektrischen Anlage gefährdet sind. Ein Druckluft-Federspeicher übernimmt den Antrieb des Hauptschalters. Das Spannen des Antriebes und das Einlegen des Hauptschalters erfolgt mit Druckluft. Abgeschaltet wird der Hauptschalter dadurch, dass die Haltespule spannungslos geschaltet wird.

Die Betätigung des Hauptschalters erfolgt mit einem Kipptaster auf dem Führerpult.

Bei älteren Hauptschaltern dient die Druckluft auch zum Löschen des Ausschaltlichtbogens. Bei neueren Fahrzeugen wird der einfacher aufgebaute **Vakuumschalter** verwendet. Da hier im Schaltraum kein Lichtbogen entstehen kann, ist hier die Lichtbogenlöschung entfallen.

## 2.4.4. Transformator

*Wirkungsweise*

Die Fahrleitung liefert in Deutschland eine Spannung von 15.000 V (15 kV). Da die Fahrmotoren für niedrigere Spannungen ausgelegt sind, muss die Spannung heruntertransformiert werden. Diese Aufgabe erledigt der Transformator, auch Umspanner genannt. Während er bei neueren Fahrzeugen unter oder auf dem Fahrzeug untergebracht ist, kann er sich bei älteren Triebfahrzeugen auch im Maschinenraum befinden.

*Abbildung: Unterflurtransformator.*

*Primär- und Sekundärwicklung*

Der Transformator besteht im Wesentlichen aus einem Eisenkern mit zwei voneinander getrennten Wicklungen (Primär- und Sekundärwicklung). Die Primärwicklung nimmt elektrische Energie auf, die Sekundärwicklung gibt sie wieder ab. Primär- und Sekundärspannung sind vom Verhältnis der beiden Windungszahlen abhängig.

*Heizung und Hilfsbetriebe*

Die in den Triebfahrzeugen verwendeten Transformatoren besitzen neben den Traktionswicklungen für die Versorgung der Fahrmotoren noch eine Heizwicklung für die Versorgung der Zugsammelschiene und Hilfsbetriebewicklungen für die Energieversorgung des Batterieladegerätes, der Führerraumheizung bzw. Klimatisierung sowie weiterer Verbraucher.

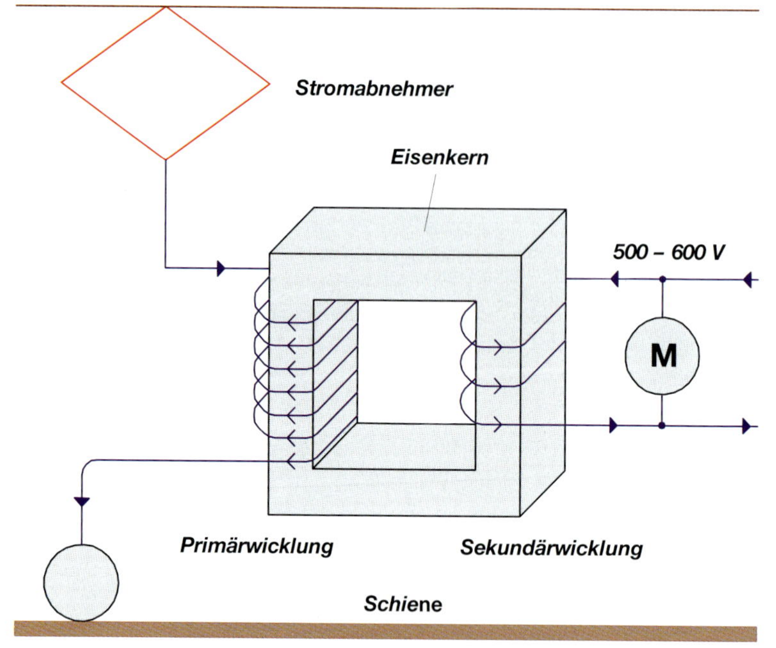


*Abbildung: Transformator.*

Als Kühl- und Isolierflüssigkeit wird meist Mineralöl oder eine biologisch abbaubare Chemikalie verwendet.

## 2.4.5. Leistungssteuerung

*Aufgabe*

Die Zugkraft und die Geschwindigkeit der elektrischen Fahrzeuge wird über die Spannung der Fahrmotoren gesteuert. Die Leistungssteuerung hat die Aufgabe, diese Spannung von 0 Volt bis zum zulässigen Höchstwert möglichst feinstufig, unterbrechungs- und verlustlos einzustellen.

*Bei älteren Fahrzeugen*

Bei Wechselstrommotoren wird zum Verstellen der Spannung eine Stufensteuerung eingesetzt. Hier greift man mit einem Schaltwerk eine von ca. 30 Trafoanzapfungen an. Jede Schaltstufe bedeutet eine Spannungssteigerung, jeder Spannungssprung eine ruckartige Zugkrafterhöhung.

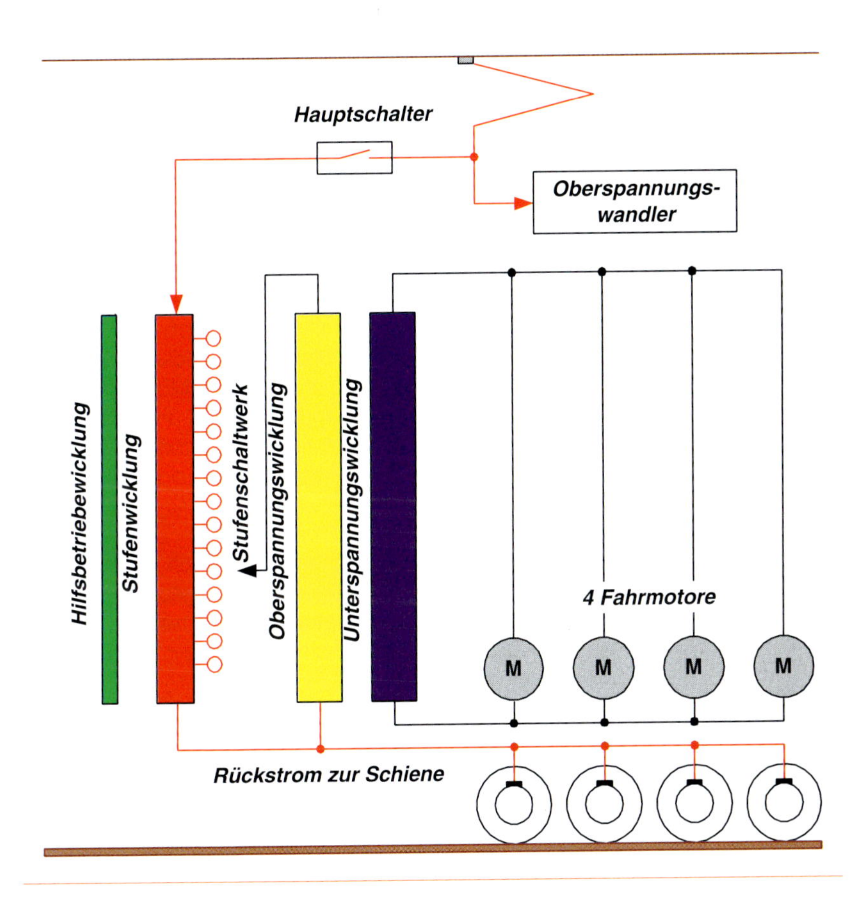


*Abbildung: Stufenschaltwerk*

*Lastschalter*

Mechanische Lastschalter haben die Aufgabe, der Stufensteuerung ein stromloses Schalten zu ermöglichen und den beim Schalten entstehenden Lichtbogen zu löschen. Vielfach werden an Stelle der Lastschalter auch Thyristoren eingesetzt.

*Fahrdraht-Spannung*

Zwischen Stromabnehmer und Hauptschalter ist auf dem Fahrzeugdach ein Oberspannungswandler installiert. Dieser ist mit der Fahrzeugelektronik verbunden und dient zur Erfassung der Fahrdrahtspannung.

## Oberspannungswandler

*Oberspannungswandler*

Der Oberspannungswandler speist die Fahrdrahtspannungsanzeigen auf den Führerständen. Ein Unterspannungsrelais schaltet beim

Unterschreiten einer bestimmten Fahrdrahtspannung (meist 10,5 kV) den Hauptschalter aus.

*Oberstrom*

Die Oberstromanzeigen werden von einem Durchführungswandler gespeist. Ein Oberstromrelais hat die Aufgabe, den Hauptschalter auszuschalten, wenn der aus der Fahrleitung entnommene Strom den höchstzulässigen Wert überschreitet.

*Motorstrom*

Das Drehmoment eines Reihenschlussmotors (siehe Kapitel 2.4.11) ist abhängig von der Stromstärke im Motor. Deshalb kann man auf dem Motorstrommesser auch das Drehmoment oder die Zugkraft, die der Motor an der Achse erzeugt, angeben. Ein Motorüberstromrelais wird von einem Motorstromwandler gespeist und schützt den betreffenden Fahrmotor bei Überströmen und Kurzschlüssen. Dazu wird entweder das zugehörige Motortrennschütz oder der Hauptschalter ausgeschaltet.

*Heizstrom*

Das Einschalten der Zugsammelschiene wird durch einen Leuchtmelder oder durch die ZS-Spannungsanzeige angezeigt. Ein Heizüberstromrelais wird von einem Heizstromwandler gespeist. Es überwacht die Stromaufnahme der Zugsammelschiene und schaltet bei Überlastung den Hauptschalter aus.

**Elektrische Fahrsteuerung**

*Beispiel: Baureihe 111*

Bei neueren Fahrzeugen wurde die wartungsintensive mechanische Nachlaufsteuerung durch eine elektrische Nachlaufsteuerung ersetzt. Bei deren Ausfall kann mit einer Hilfssteuerung gefahren werden.

*Fahrschalter*

Bei der Baureihe 111 wurde das Prinzip der Hilfssteuerung für die Hauptsteuerung angewendet. Bei dieser einfachen Steuerung wird das Auf- oder Ab-Schütz eines Schaltwerksmotors mittels eines Hauptfahrschalters solange an Spannung gelegt, bis die gewünschte Zugkraft erreicht ist. Danach wird der Schalter in eine Neutralstellung zurückgenommen. Das genaue Einlaufen des Schaltwerkes in eine Stufe übernehmen Fertigschalter.

Im Seitenbereich der Fenster angebrachte Hilfsfahrschalter dienen als Anfahrhilfe und ermöglichen eine Beobachtung des Zuges bei der Abfahrt. Eine zusätzliche Stellung (SB) gestattet das Auslösen einer Schnellbremsung.

*Anfahrüberwachung*

Der Hauptfahrschalter hat zusätzlich einen „Zugkraft-Steuerungsbereich“. Hier kann die gewünschte Zugkraft des Fahrzeuges vorgegeben werden. Ein Anfahrüberwachungsgerät entlastet den Triebfahrzeugführer beim Anfahren indem es die Grenzwerte wie beispielsweise den Motorstrom und die Motorspannung überwacht.

*Abbildung: Ablaufdiagramm der elektrischen Fahrsteuerung BR 111.*

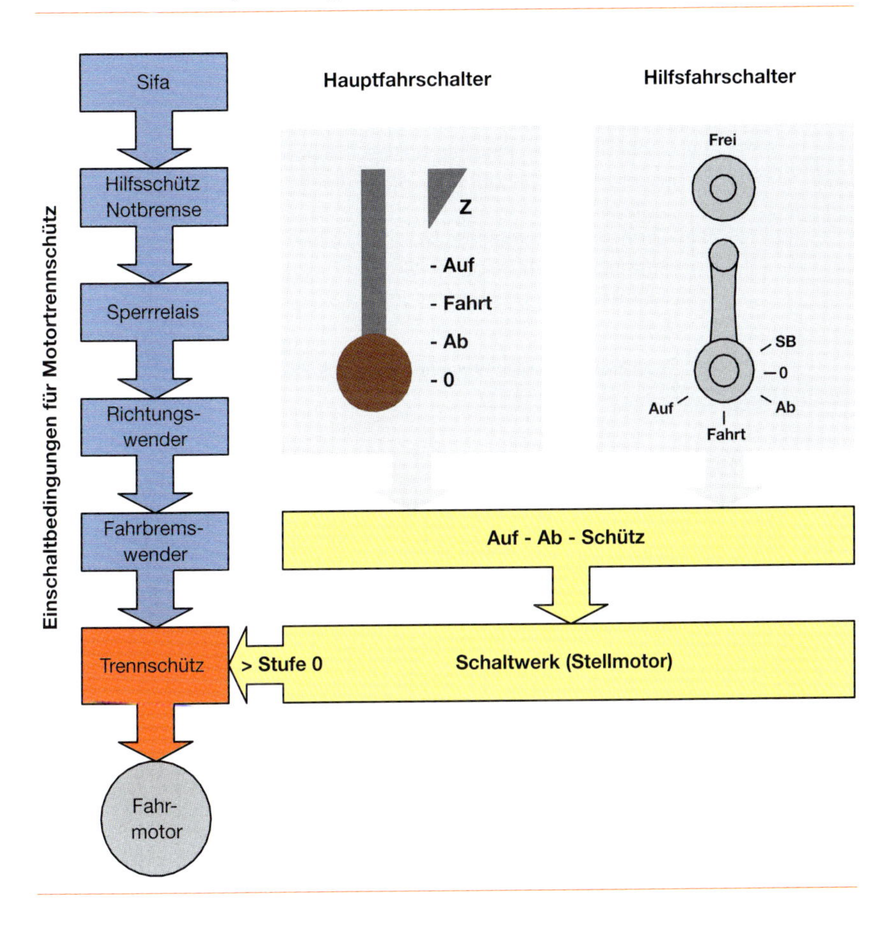


## 2.4.6. Drehstromtechnik

*Stufenlose Drehzahländerung*

Die Drehzahl eines Drehstrommotors ist stufenlos über die Veränderung der Frequenz möglich. Um ihn optimal zu betreiben, muss die Fahrmotorspannung mit zunehmender Motordrehzahl erhöht werden, da sonst das Drehmoment des Motors zu klein wird. Für die Spannungs- und Frequenzregelung ist ein Pulswechselrichter zuständig.

## Vier Quadranten Steller

*Abkürzung: 4QS*

Der Vier Quadranten Steller (4QS) wandelt die Wechselspannung der Fahrleitung in eine stabile Gleichspannung um und stellt sie dem Pulswechselrichter über einen Gleichspannungszwischenkreis zur Verfügung. Der nachgeschaltete Kondensator-Zwischenkreis dient hier als Energiespeicher.

## Pulswechselrichter

*Abkürzung: PWR*

Der Pulswechselrichter (PWR) macht aus der Gleichspannung des Zwischenkreises eine dreiphasige Ausgangsspannung mit variabler Frequenz und Spannung für den Betrieb der Fahrmotoren.

Im Bremsbetrieb speisen die Fahrmotoren die generatorisch erzeugte Bremsenergie über den PWR, den Zwischenkreis, die 4QS und den Transformator in das Fahrleitungsnetz zurück.

*Abbildung: Drehstromtechnik (Hauptstromkreis).*

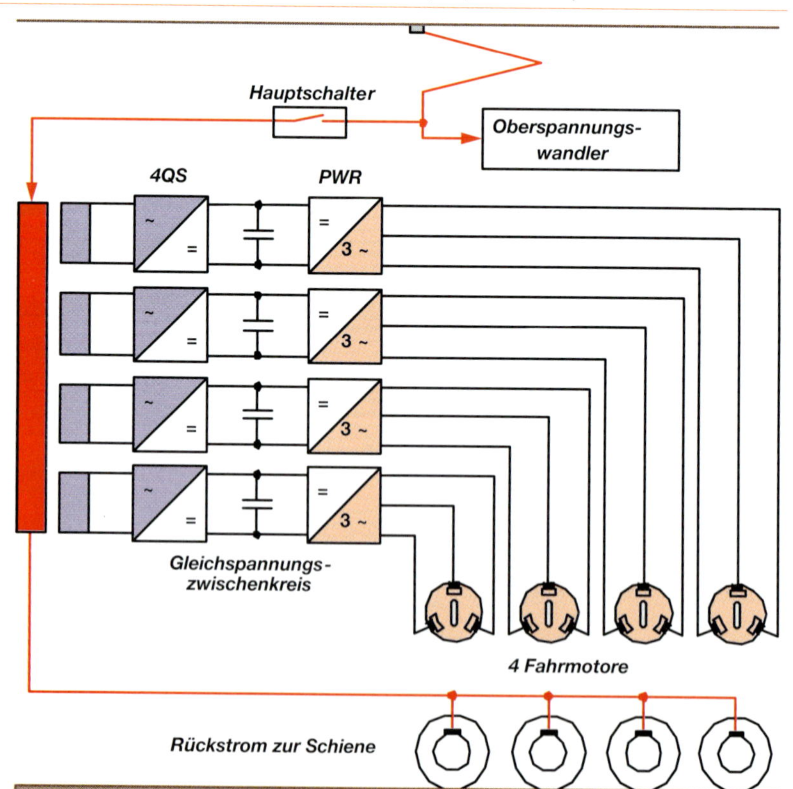

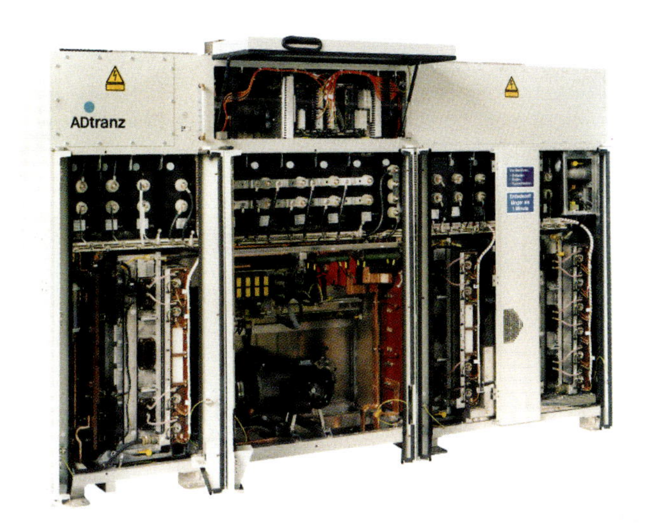


*Abbildung 2.4.10-3: Stromrichter (Beispiel Baureihe 145).*

## 2.4.7. Maschinenraum

*Standard bei neuen Fahrzeugen*

Das Anordnungskonzept mit geradem Mittelgang, symmetrisch seitlich angeordneten Stromrichtern und Gerüsten sowie Unterflurtransformator kennzeichnet alle neuen Lokomotiven.

### Beispiel: BR 152

*Mittelgang*

Die beiden Führerräume sind durch einen mindestens 600 mm breiten Mittelgang verbunden, der den Maschinenraum der Länge nach trennt. Auf jeder Seite des Ganges ist die Traktionseinrichtung für je ein Drehgestell symmetrisch angeordnet.

Durch die Unterflur-Anordnung des Haupttransformators bleibt der Maschinenraum übersichtlich. Alle Baugruppen der elektrischen Ausrüstung sowie die Gerüste zur Druckluftversorgung und für die Hilfsbetriebe sind gleichermaßen gut zugänglich.

*Kabel und Leitungen*

Die Hochspannungskabel zu den Fahrmotoren und der Zugsammelschiene sind in einer Wanne unter dem Mittelgang verlegt. Weitere Hochspannungskabel befinden sich auf dem Maschinenraumboden unter den Gerüsten.

Die Signal- und Steuerleitungen sowie Hilfsbetriebe-Versorgungsleitungen sind in einem von Führerstand zu Führerstand laufenden

Kanal untergebracht. Sämtliche Druckluftrohre liegen unterhalb diese Kanals.

*Anordnungskonzept*

Im Mittelteil stehen die Traktionsstromrichter (SR) und Hilfsbetriebeumrichter (HBU). Direkt neben den beiden SR befinden sich die Kühlanlagen für diese und für den Transformator.

*Abbildung: Mittelgang einer elektrischen Lokomotive.*

Ein Hilfsbetriebegerüst (HBG) enthält die Geräte für das Drehstrombordnetz der beiden Hilfsbetriebeumrichter (HBU) einschließlich der notwendigen Umschalteinrichtungen für den Betrieb mit nur einem HBU, ein Zweites die Geräte der Batteriestromkreise (NSG). Das Hochspannungsgerüst (HSG) mit Hauptschalter, Wandlern, das Druckluftgerüst und die Schränke für Elektronik und Zugsicherungssysteme sowie ein Geräteschrank füllen den restlichen Raum bis zu den Fahrmotorlüftertürmen. Die Fahrmotoren erhalten ihre Luft über Gitter in der Dachschräge, die Ölkühler über Öffnungen im Dach. Die Belüftung des Maschinenraumes erfolgt über Bypässe an den Fahrmotorlüftern. Starkstrom- und Hilfsbetriebeleitungen liegen im Mittelgang, 110-V- und Elektronikleitungen in getrennten Ebenen an der Seitenwand.

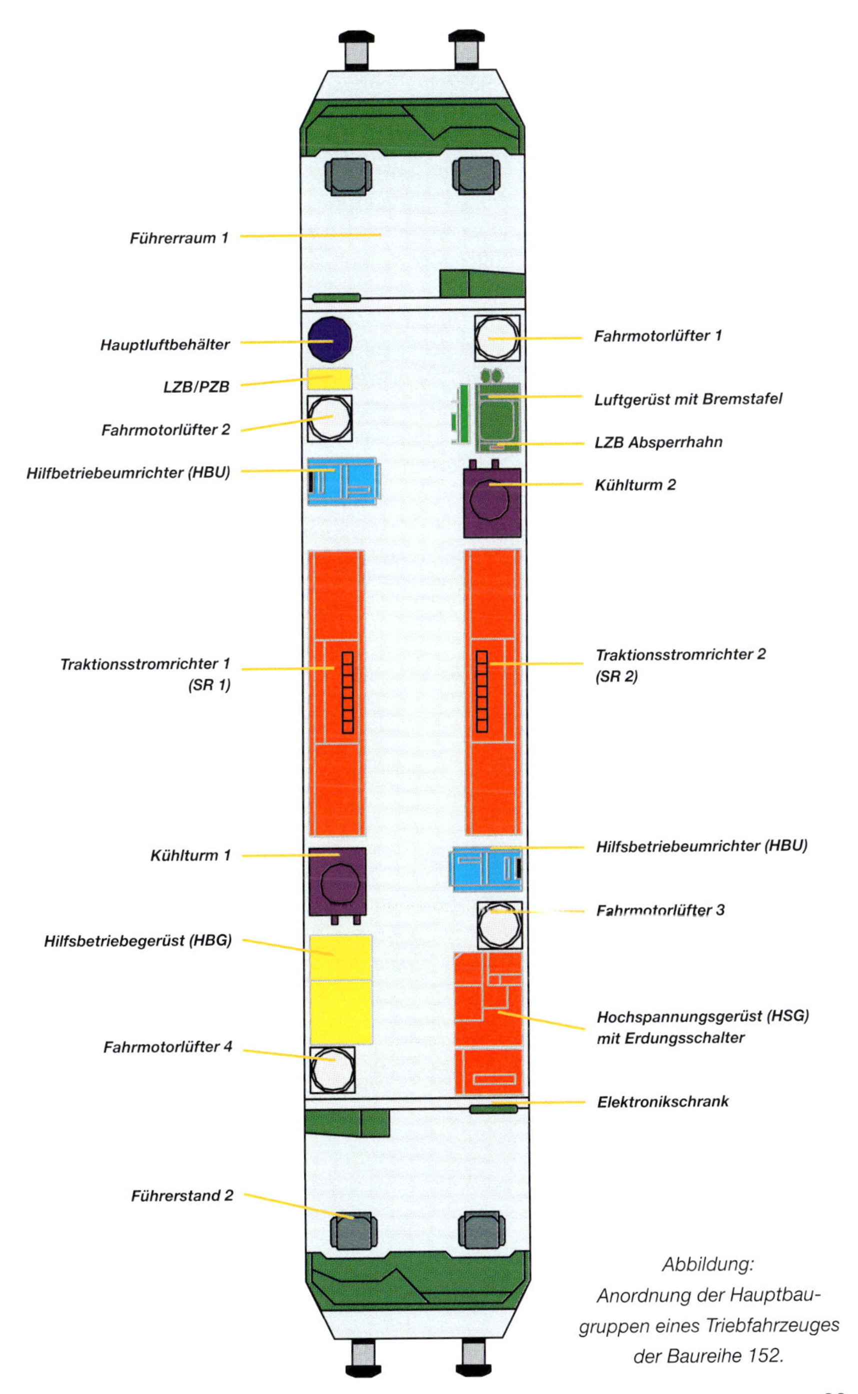


*Abbildung:
Anordnung der Hauptbaugruppen eines Triebfahrzeuges der Baureihe 152.*

## Kühlanlagen

*Kühlkreisläufe*

Transformator und Stromrichter erwärmen sich im Betrieb und werden deshalb gekühlt. Bei neuere Triebfahrzeugen geschieht dies durch jeweils zwei voneinander getrennte Kühlkreisläufe. Um die Wärme abzuführen, ist der Transformator mit einem Kühlmittel gefüllt. Umwälzpumpen saugen das warme Kühlmittel ab und fördern es zu einem Wärmetauscher, der in einem Kühlturm angeordnet ist. Dort befindet sich ein Lüfter, der Kühlluft von außen ansaugt, und diese durch den Wärmetauscher drückt.

*Sonstige Lüfter*

Jedem Fahrmotor ist in der Regel zur Kühlung ein Fahrmotorenlüfter zugeordnet. Dieser wird bei älteren Fahrzeugen in Abhängigkeit von der Fahrstufe automatisch eingeschaltet während neuere Fahrzeuge hier temperaturgeregelt sind. Hier wird beim Erreichen einer Warnschwelle die Traktionsleistung reduziert und beim Erreichen einer Störschwelle gesperrt. Bremswiderstandslüfter sind bei älteren Triebfahrzeugen eingebaut, die eine elektrische Bremse besitzen und bei denen der beim Bremsen erzeugte elektrische Strom durch Widerstände in Wärme umgewandelt wird.

*Abbildung: Kühlkreislauf Transformator und Stromrichter.*

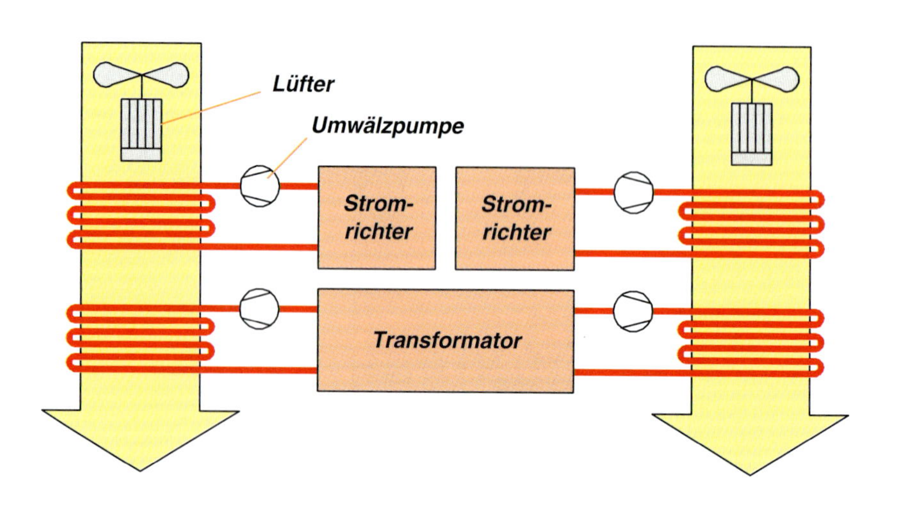

## Gleichstromversorgung

*Einrichtungen für den Betrieb*

Hilfsbetriebe sind Einrichtungen, die für den Betrieb eines Triebfahrzeuges bzw. Triebwagens erforderlich sind. Sie dienen zum Beispiel der Drucklufterzeugung, der Kühlung und der Gleichstromversorgung.

Eine Hilfsbetriebewicklung des Transformators dient zur Versorgung des Batterieladegerätes. Dieses wandelt die Wechselspannung in 110 V Gleichspannung um und versorgt damit das 110 V Bordnetz sowie die Batterie. Der Ladestrom sowie die Batterietemperaturen werden ständig überwacht.

*Abbildung: Bordnetzversorgung am Beispiel eines Triebwagens.*

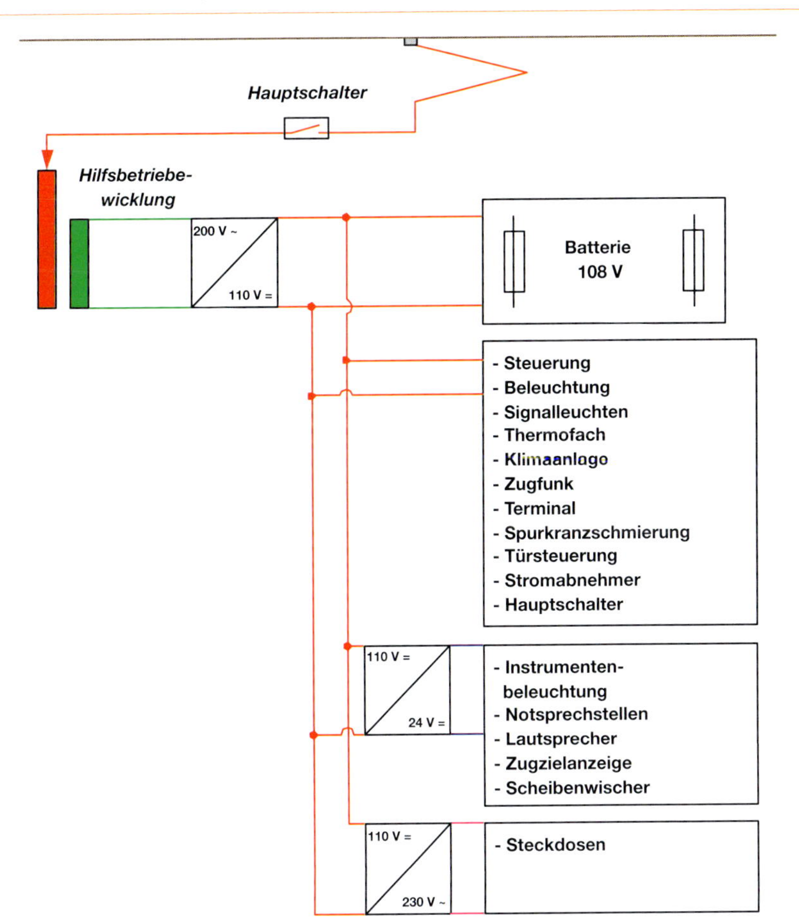

**Mehrteilige Triebzüge**

*Gleich-spannungs-bordnetz*

Bei mehrteiligen Fahrzeugen ist in der Regel auch die Bordnetzversorgung mehrfach vorhanden. Neuere ICE-Züge sind mit einem 670 V-Gleichspannungsbordnetz für die Versorgung der Haupt- und Nebenheizungen ausgerüstet. Eine 670 V-Gleichspannungssammelschiene wird hier durch einen Bordnetzumrichter im Transformatorwagen versorgt.

Die Wagenbeleuchtung, die Tür- und Bremssteuerung, das Fahrgastinformationssystem sowie die Antriebs- und Zugsteuergeräte werden hier aus einer 110 V-Batteriesammelschiene versorgt, die im Zugverband durchgekuppelt werden kann.

## 2.4.8. Elektrische Bremse

Bei hohen Geschwindigkeiten ist zur Schonung der Räder bei Einhaltung des maximalen Bremsweges neben der Druckluftbremse eine zusätzliche elektrische Bremse erforderlich (siehe auch Kapitel 2.3.4).

**Widerstandsbremse**

Bei der Widerstandsbremse werden die Fahrmotoren beim Bremsen zu Gleichstrom-Generatoren umgepolt. Die dabei erzeugte Energie wird über Widerstände in Wärme umgewandelt. Die erforderliche Erregerspannung wird bei der netzabhängigen Widerstandsbremse aus der Hilfsbetriebewicklung des Trafos entnommen. Deshalb funktioniert diese Bremse nur, solange der Hauptschalter eingeschaltet ist. Bei der netzunabhängigen Widerstandsbremse wird das Erregerfeld durch einen Stromstoß aus der Batterie aufgebaut und anschließend mit dem erzeugten Bremsstrom versorgt.

**Nutzbremse**

Bei der Nutzbremse wird die beim Bremsen erzeugte elektrische Energie ins Netz zurückgespeist. Die elektrische Nutzbremse ist in allen Drehstromfahrzeugen der DB AG eingebaut.

Die Übertragung des elektrischen Bremssollwertes erfolgt vom Bremsrechner zum zentralen Steuergerät. Hier wird der Bremssollwert aufbereitet und zum Antriebssteuergerät zur Ansteuerung der Stromrichter für die elektrische Bremse geleitet.

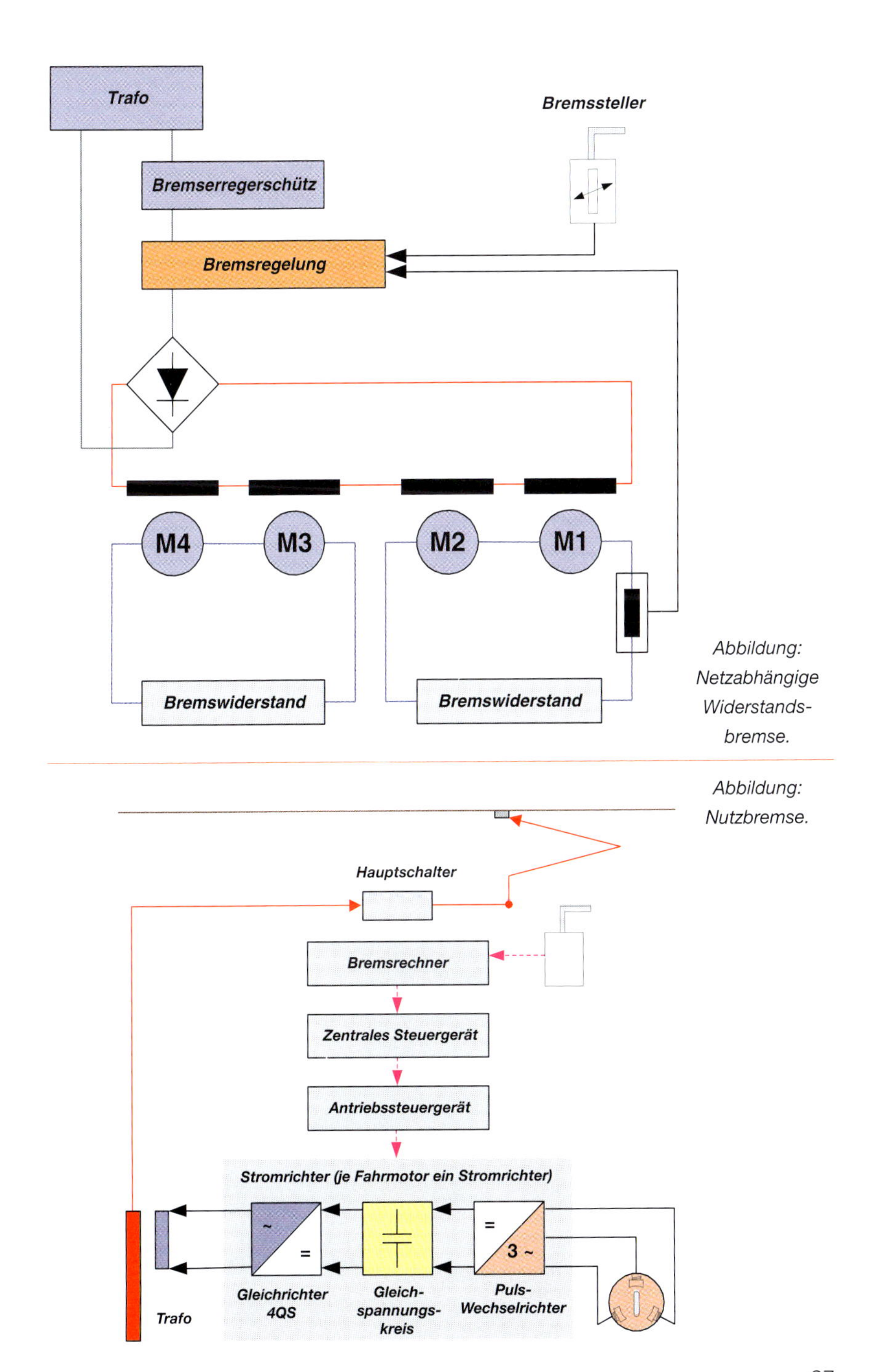


*Abbildung: Netzabhängige Widerstandsbremse.*

*Abbildung: Nutzbremse.*

## 2.4.9. Traktionsgruppen

*Komponenten dezentral verteilt*

Bei den ICE 3 und ICE T Triebzügen sind die Traktionskomponenten dezentral im Zuge verteilt und im wesentlichen unterflur angeordnet. Beide Triebwagenbauarten sind hinsichtlich ihres Traktionskonzeptes und der Zugbildung modular aufgebaut. Jeweils drei Wagen, darunter die Endwagen mit ihren Führerraum, bilden elektrotechnisch eine Einheit (Traktionsgruppe), die durch zwischengestellte antriebslose Mittelwagen erweiterbar ist.

### ICE 3

*Dreiteilige Gruppe*

Beim ICE 3 besteht die achtteilige Einheit aus drei Fahrzeuggruppen. Um zwei antrieblose Mittelwagen sind je zwei dreiteilige Traktionsgruppen angeordnet.

Jeder der beiden Transformatorwagen verfügt über einen Stromabnehmer mit Vakuum-Hauptschalter und Trennschalter. Von hier aus werden die beiden benachbarten Stromrichterwagen gespeist. Die beiden Transformatorwagen des Zuges sind durch eine Hochspannungsdachleitung miteinander verbunden. Bei der Mehrsystemvariante des ICE 3 sind weitere Stromabnehmer auf dem Transformatorwagen bzw. Stromrichterwagen aufgebaut.

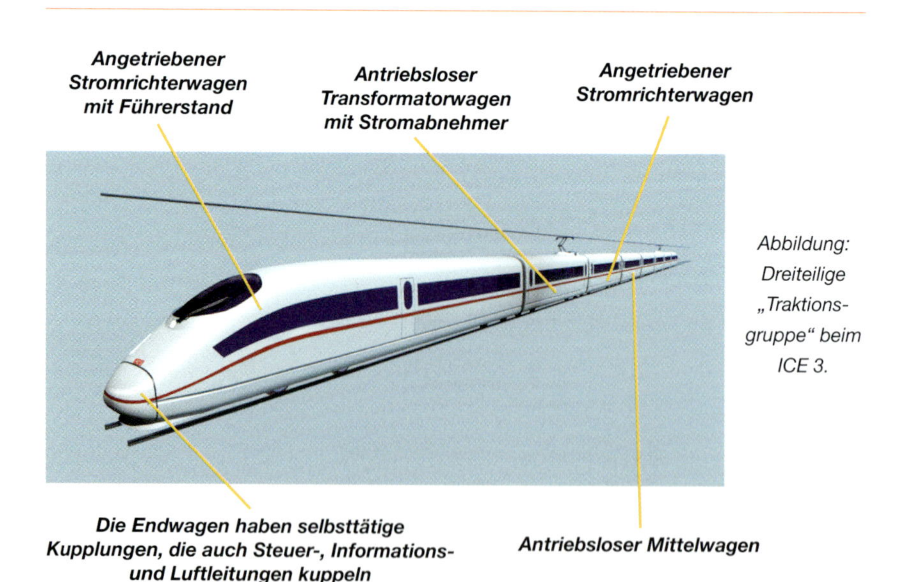


*Abbildung: Dreiteilige „Traktionsgruppe“ beim ICE 3.*

## ICE-T

*Basismodul*

Beim ICE-T ist die Grundlage des Entwicklungskonzeptes ein dreiteiliges Basismodul, das aus drei Wagen besteht: Dem Endwagen mit Transformator, Stromabnehmer und Führerraum, dem mittleren Stromrichterwagen mit zwei Fahrmotoren und dem angetriebenen Mittelwagen mit ebenfalls zwei Fahrmotoren. Stromrichter- und Mittelwagen sind durch eine Drehstromsammelschiene verbunden, aus der die insgesamt vier Fahrmotoren des Moduls versorgt werden.

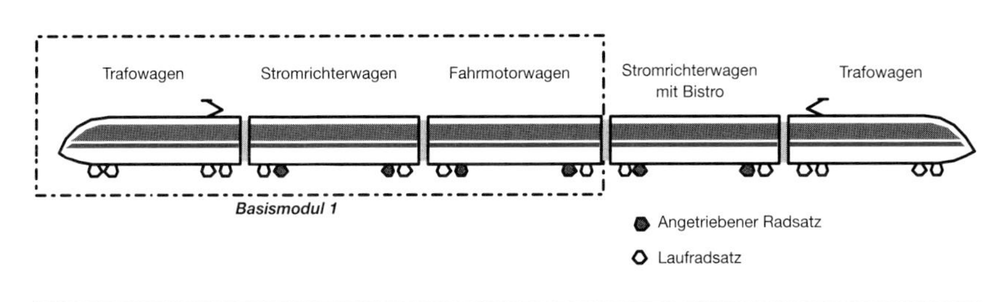


*Abbildung: Wagenkombination ICE-T.*

# 2.4.10. Fahrmotor

*Arbeitsprinzip*

Zwischen den Polen eines Magneten (Ständer) ist eine Spule drehbar gelagert (Läufer oder Anker). Wird der Anker vom Strom durchflossen, baut er ein Magnetfeld auf. Die Magnetfelder von Ständer und Läufer überlagern sich und das resultierende (gemeinsame) Feld ergibt das Drehmoment, das den Läufer in Bewegung setzt.

## Einphasenwechselstrommotor

*Reihen-schlussmotor*

Dieser Reihenschlussmotor zeichnet sich durch ein großes Anzugsmoment und lastabhängiges Drehzahlverhalten aus. Die Drehzahl sinkt mit zunehmender Belastung und steigt, wenn die Belastung abnimmt.

*Drehrichtungsänderung*

Eine Drehrichtungsänderung wird hier durch Umpolen der Erregerwicklung erreicht. Die entsprechende Polung wird durch Richtungswender festgelegt, das sind Schalter, die pneumatisch durch Magnetventile gesteuert werden. Den Auftrag zum Umschalten erteilt der Richtungsschalter auf dem Führerstand.

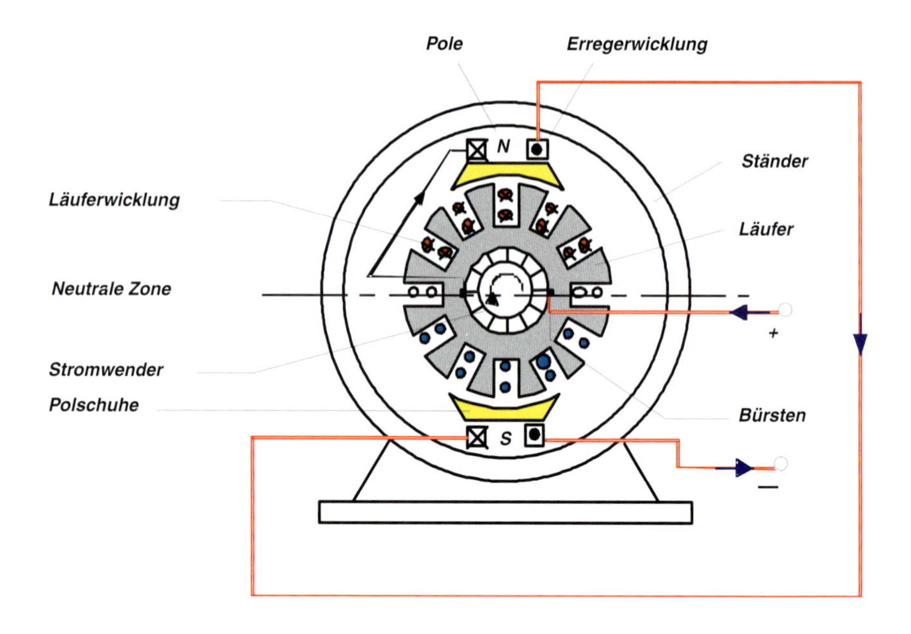


*Abbildung: Arbeitsprinzip eines Elektromotors (Gleichstrommotor).*

*Drehzahländerung*

Die Drehzahl lässt sich durch Veränderung der angelegten Spannung regeln. Dieser Motor findet als Fahrmotor bei älteren Fahrzeugen Verwendung.

## Mischstrommotor

*Gleich- und Wechselstrom*

Die Entwicklung der Leistungselektronik macht es möglich, Spannungen und Ströme durch Stromrichter verschleißfrei zu steuern. Dazu wandeln diese Stromrichter den aus der Fahrleitung eingespeisten Wechselstrom in Gleichstrom um. Die Gesamtspannung besteht aus der Überlagerung einer Gleich- und Wechselspannung. Die für diese „Mischspannung" entwickelten Motore nennt man deshalb „Mischstrommotore.

*Leistungsregelung*

Die Steuerung der Spannung und des Stromes erfolgt entsprechend der Geschwindigkeit und der Zugkraft des Fahrzeuges durch Anschnitt der Spannung mit Hilfe von Thyristoren (Anschnittsteuerung). Bei dieser Steuerung erfolgt eine stufenlose Erhöhung der Fahrmotorspannung. Dadurch lässt sich die Zugkraft stufenlos erhöhen und eine größere Beschleunigung und Anhängelast realisieren.

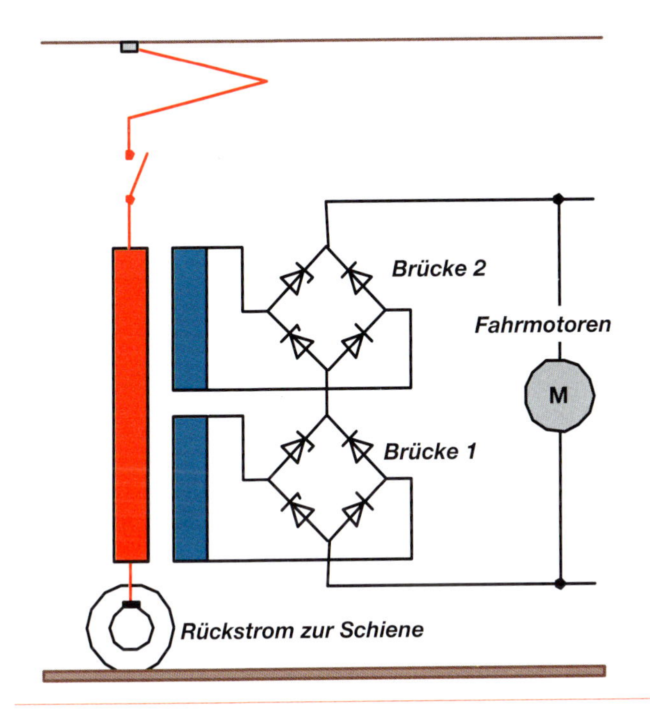


*Abbildung: Thyristorsteuerung am Beispiel ET 420.*

## Drehstrommotor

*Der ideale Bahnmotor*

Der Drehstrommotor besteht aus einer Ständerwicklung, dessen Spulen um 120° verdreht sind. Worden diese an ein Drehstromnetz angeschossen, erzeugen sie ein umlaufendes Magnetfeld. Dieses „Drehfeld“ induziert in der Läuferwicklung eine elektromotorische Kraft. Das Drehfeld des Ständers und das Magnetfeld des Läufers bilden ein Drehmoment.

Der Drehstrommotor zeichnet sich durch kleinere Baugröße bei gleicher Leistung aus. Er ermöglicht über den gesamten Geschwindigkeitsbereich eine hohe Zugkraft. Auch ist das Aufschalten des vollen Drehmoments schon im Stillstand möglich. Triebfahrzeuge mit Drehstrommotoren lassen sich deshalb universell sowohl vor schwereren Güterzügen als auch schnellen Reisezügen einsetzen.

Ein weiterer Vorteil des Drehstrommotors (Asynchronmotors) ist seine verschleißarme Konstruktion. So besitzt er weder Kollektor noch Kohlebürsten. Drehstrommotoren werden in der Regel bei neueren Fahrzeugen verwendet.

*Abbildung: Drehstrommotor.*

## 2.4.11. Antriebsarten

*Grundsätzliche Aufgabe*

Der Antrieb einer elektrischen Lokomotive ist die mechanische Verbindung vom Fahrmotor zum federnd im Drehgestell gelagerten Treibradsatz. Der Antrieb hat die Aufgabe, das Drehmoment der Motorwelle auf den Treibradsatz zu übertragen.

Zur Anpassung von Motordrehzahl und Drehmoment an die Fahrgeschwindigkeit und an die zu erzielende Zugkraft ist meist ein Zahnradpaar bestehend aus Fahrmotorritzel und Großzahnrad notwendig.

**Anforderungen an den Antrieb:**

- Auch wenn der Radsatz noch stillsteht muss sich der Anker des Fahrmotors schon ein wenig verdrehen können (Vorlauf; nicht bei Fahrzeugen mit Drehstromantriebstechnik).
- Zur Schonung der Schiene und des Oberbaus soll die Masse des Fahrmotors gefedert auf dem Drehgestellrahmen gelagert sein.
- Beim Durchfedern des Drehgestells gegenüber dem Radsatz soll es zu keiner relativen Drehbewegung der Motorwelle kommen.
- Der Antrieb soll möglichst verschleißlos, wartungsfrei und geräuscharm sein.

### Tatzlagerantrieb

*Älteste Form*

Der Tatzlagerantrieb ist die älteste noch gebräuchliche Form. In einer modifizierten Form wird er noch heute verwendet. Beim Tatzlageran-

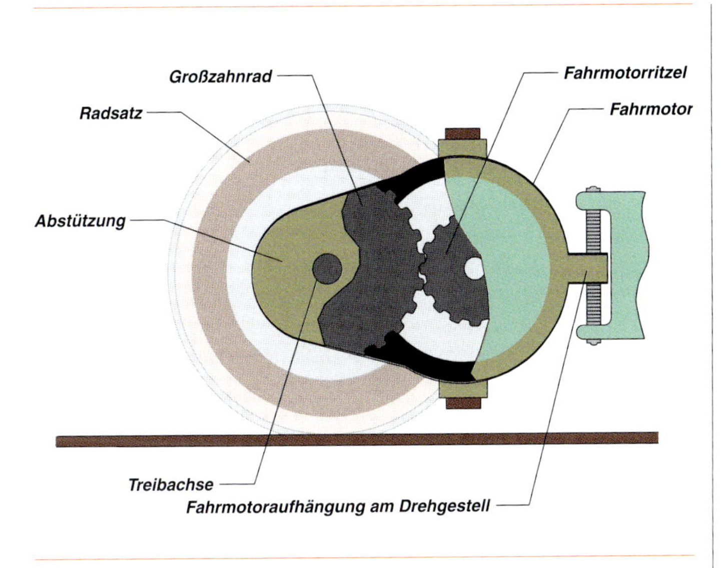


*Abbildung: Prinzip des Tatzlagerantriebes.*

trieb ist der Motor mit einer Gehäuseseite federnd im Drehgestellrahmen aufgehängt während er sich mit der anderen Seite auf der Treibachse abstützt und diese „tatzenartig" umfasst.

## Gummiringfederantrieb

*Gefederte Abstützung*

Beim Gummiringfederantrieb handelt es sich um eine Weiterentwicklung des Tatzlagerantriebes. Hier stützt sich die Motormasse gefedert sowohl auf dem Drehgestellrahmen als auch über die Hohlwelle auf dem Treibradsatz ab. Die Aufhängung der Hohlwelle mittels Gummiringfedersegmenten ermöglicht außerdem einen Vorlauf des Ankers. Das Drehmoment des Motors wird beidseitig auf die Schiene übertragen.

## Gummikegelringfederantrieb

Hier erfolgt die Abstützung der Fahrmotoren wie beim Gummiringfederantrieb. Die Gummikegelringfeder, die zwischen dem schrägverzahnten Großzahnrad und dem Triebradkörper angeordnet ist, übernimmt hier die Kraftübertragung vom Fahrmotor zum Treibradsatz.

## Kardan-Gummiringfederantrieb

Um die ungefederten Massen gering zu halten, sind hier die Fahrmotoren komplett im Drehgestell eingebaut. Die Kraftübertragung übernimmt der Kardan-Gummiringfederantrieb. Durch diese zweimalige elastische Kraftübertragung werden starke Stöße bei hohen Geschwindigkeiten gedämpft und die Bewegungen zwischen Radsatz und Fahrmotor ausgeglichen.

### Beispiel für eine Antriebsausrüstung

*Mit Pendel*

Der folgende Antrieb ist in einem elektrischen Triebwagen der Baureihe 425 eingebaut. Hier ist der Fahrmotor starr im Drehgestellrahmen aufgehängt. Das Getriebe stützt sich auf der Radsatzwelle ab. Die Drehmomentenabstützung erfolgt mit einem Pendel elastisch zum Drehgestellrahmen. Zwischen Fahrmotor und Getriebe befindet sich eine Bogenzahnkupplung, die in allen zulässigen Lageabweichungen zwischen Radsatz und Drehgestellrahmen das Drehmoment sicher auf das Getriebe überträgt.

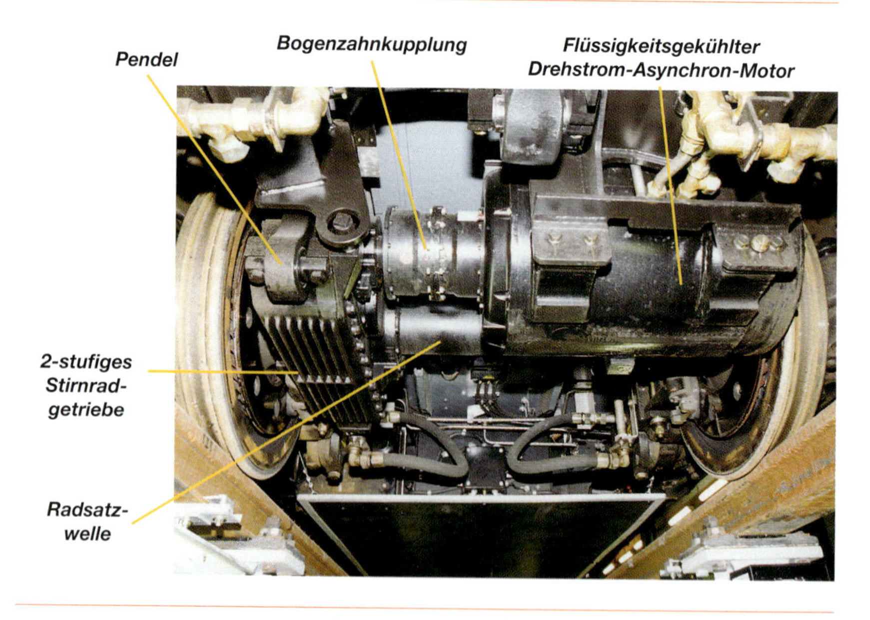


*Abbildung: Antrieb bei ET 425.*

## 2.5. Dieseltriebfahrzeuge

### 2.5.1. Allgemeine Beschreibung

*Grundfunktion*

Dieseltriebfahrzeuge werden durch einen oder mehrere Dieselmotoren angetrieben. Weil die Dieselmotoren nur in einem bestimmten Drehzahlbereich wirtschaftlich arbeiten können, benötigen sie Anlagen zur Leistungsübertragung.

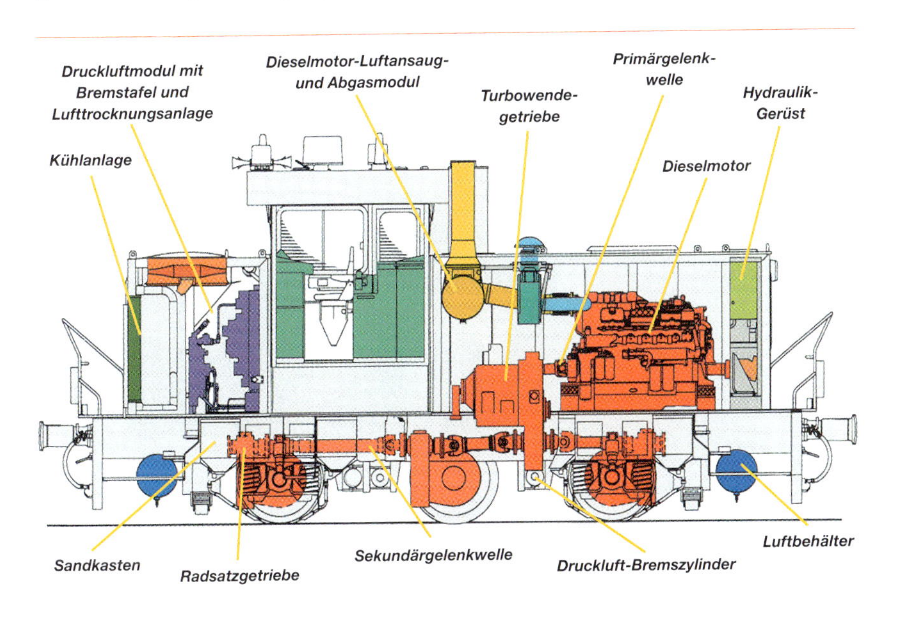


*Abbildung: Rangierlokomotive im Schnitt.*
*Das Führerhaus besitzt zwei diagonal angeordnete Führerstände.*

*Abbildung: Maschinenraum.*

## 2.5.2. Dieselmotor

*Viertakt-verfahren*

Der Dieselmotor ist eine wirtschaftliche Verbrennungskraftmaschine, die auf dem Prinzip der Selbstzündung beruht und nach ihrem Erfinder Rudolf Diesel (1858 – 1913) benannt ist. In die Zylinder des Dieselmotors wird Frischluft eingebracht und durch die Kolben verdichtet. Die Luft erreicht dabei Temperaturen von 700 – 800 °C. Gegen Ende des Verdichtungshubs wird Dieselkraftstoff, durch Düsen fein verteilt und in den Brennraum eingespritzt. Das so entstehen-

*Abbildung: Dieselmotor.*

*Abbildung: Schnittdarstellung.*

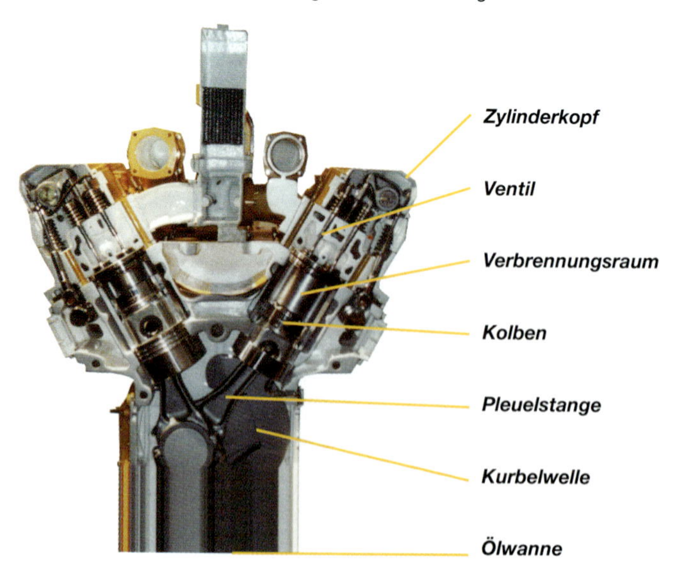

de Kraftstoff-Luft-Gemisch entzündet sich, der Kolben bewegt sich und leistet so mechanische Arbeit.

Beim Dieselmotor handelt es sich oft um einen flüssigkeitsgekühlten Viertakt-Motor mit Direkteinspritzung, Abgasturboaufladung und Ladeluftkühlung.

*Abbildung: Das Diesel-4-Takt-Verfahren.*

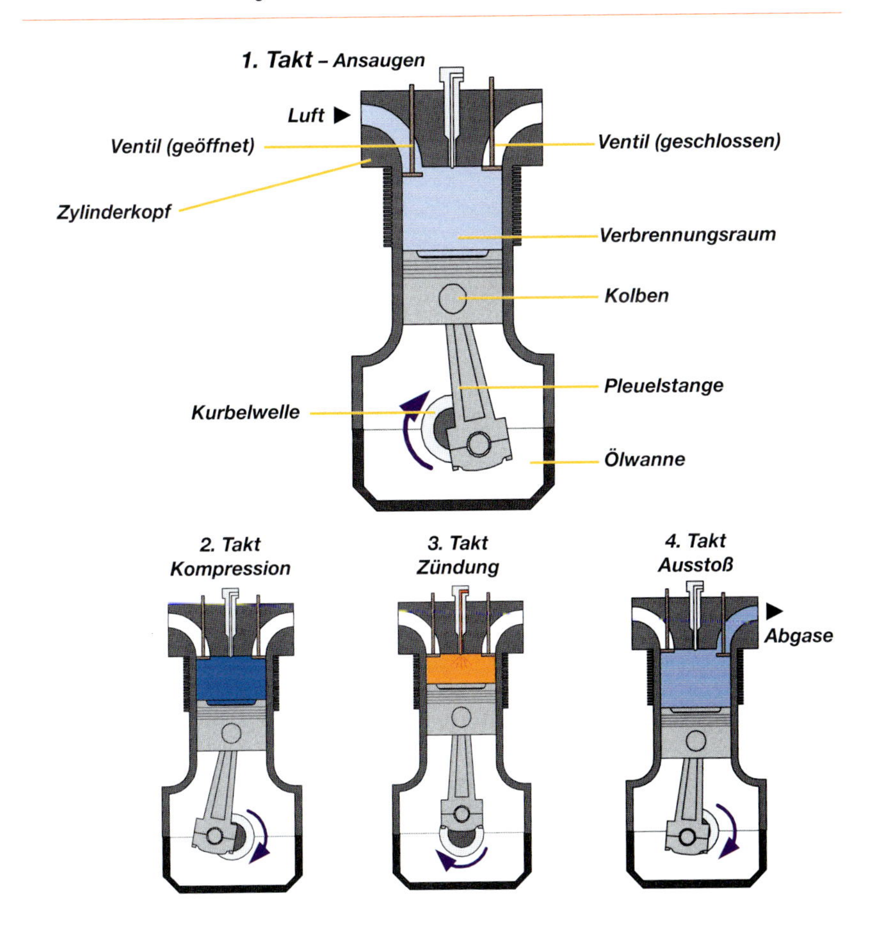

## Feststehende Teile

*Motorgehäuse*

Unter dem Begriff Motorgehäuse sind alle feststehenden Teile, die gleichzeitig die äußere Begrenzung des Motors bilden, zusammengefasst. Dazu gehören das Kurbelgehäuse, die Zylinderköpfe, die Zylinderblöcke und die Ölwanne.

Der Zylinderkopf schließt den Verbrennungsraum nach oben ab und nimmt die Steuerungsteile auf. Im Zylinderkopf befinden sich die Ventilführungen der Ein- und Auslassventile, Kanäle für Luft (Einlass), Abgase (Auslass) und Wasser (Kühlung) sowie Aufnahmen für die Einspritzdüse und je nach Bauart die Vorkammer und Glühkerze. Eine Zylinderkopfdichtung dichtet den Zylinderkopf gegenüber dem Gehäuse ab.

Bei kleineren Motoren wird der Zylinder direkt in den Zylinderblock gebohrt und eingeschliffen. Bei größeren und moderneren Motoren werden heute meist einzelne Laufbuchsen eingesetzt. Das hat den Vorteil, dass bei einer Beschädigung des Zylinders die Laufbuchse ausgetauscht werden kann, ohne das gleich der ganze Zylinderblock erneuert werden muss.

Nach unten wird das Motorgehäuse durch die Ölwanne abgeschlossen. Hier sammelt sich das rückfließende Öl dass anschließend von der Motorschmierölpumpe wieder zu den Schmierstellen des Motors gepumpt wird. Ein Peilstab gestattet die Kontrolle der Ölmenge. Im Allgemeinen sind die Teile des Motorgehäuses miteinander verschraubt.

## Triebwerksteile

*Umwandlung in eine Drehbewegung*

Das Triebwerk besteht aus dem Kolben, dem Kolbenbolzen, dem Pleuel und der Kurbelwelle. Der Kolben hat die Aufgabe, die Kolbenkräfte auf den Kurbeltrieb zu übertragen und den Verbrennungsraum nach unten abzuschließen.

Die Pleuelstange verbindet den Kolben mit der Kurbelwelle. Sie überträgt die Kolbenkraft auf die Kurbelwelle und bewirkt dort ein Drehmoment.

Die Kurbelwelle wandelt die geradlinige Bewegung des Kolbens in eine drehende Bewegung um. Sie übernimmt die Kräfte aller Kolben und überträgt sie weiter zu einer Schwungscheibe.

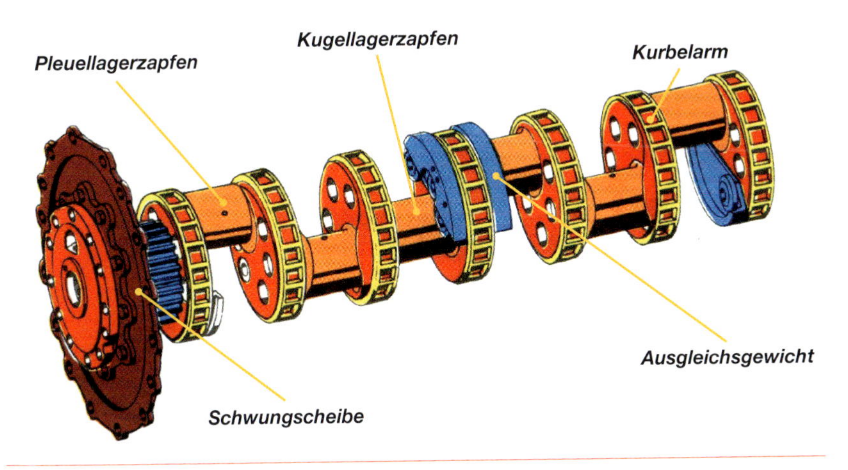


*Abbildung: Kurbelwelle.*

Die Schwungscheibe befindet sich auf der Kraftabgabeseite der Kurbelwelle. Sie erhöht den Gleichlauf des Motors und trägt den Antriebskranz für den Anlasser.

## Steuerungsteile

*Nockenwelle und Kipphebel*

Die Steuerungsteile sorgen für das Öffnen und Schließen der Ventile zum richtigen Zeitpunkt. Dabei geschieht das Öffnen zwangsläufig über Nockenwellen und Kipphebel, das Schließen besorgen Ventilfedern.

## Fahrsteuerung

*Vorwärmung des Kühlwassers*

Vor dem Starten eines Dieselmotors müssen einige Grundvoraussetzungen erfüllt sein. Kühlwasser muss in ausreichender Menge vorhanden und ausreichend vorgewärmt sein. Der Motor wird über das Kühlwasser auf eine bestimmte Mindesttemperatur von zum Beispiel 20 °C vorgewärmt. Wenn die Motortemperatur zu niedrig ist, kann das Aufheizen bei neueren Fahrzeugen über den Vorwärmbetrieb automatisch oder beim Aufrüsten manuell veranlasst werden. Ein Kaltstart des Motors ohne Vorwärmung ist nur in Ausnahmefällen möglich und bei einigen Fahrzeugen auch nur bis zu einer Außentemperatur von bis zu - 15 °C möglich. Jeder Kaltstart führt zu einem erheblichen Verschleiß und verringert deshalb die Lebensdauer eines Dieselmotors erheblich.

Die Motorleistung wird bei niedrigen Kühlwassertemperaturen meist begrenzt. Bei Triebwagen kann die Wärmeenergie des Kühlwassers für die Zugheizung genutzt werden.

*Startvorgang*

Vor dem Starten muss der Richtungsschalter in Stellung „V" oder „R" und der Fahrschalter in Stellung „0" (Leerlauf) gelegt werden. Gestartet wird der Dieselmotor dadurch, dass der Anlass- und Abstellschalter in die Stellung „Start" gelegt wird. Bei Mehrfachtraktion können meist alle Motoren jeweils von den Endführerständen aus gemeinsam bzw. nacheinander gestartet und abgestellt werden.

### Direkteinspritzung

*Unter hohem Druck*

Bei Dieselmotoren mit Direkteinspritzung wird der Kraftstoff direkt und unter hohem Druck in den Zylinder eingespritzt. Die Einspritzdüse ist so konstruiert, dass der Kraftstoff möglichst fein zerstäubt, und im gesamten Brennraum verteilt wird.

### Vorkammerverfahren

Beim Vorkammerverfahren wird der Kraftstoff mit einem Druck von ca. 100 bar in die Vorkammer eingespritzt. Hier findet hauptsächlich eine Vermischung des Kraftstoffes mit Luft und die Vorverbrennung statt. Diese „Teil-Verbrennung" hat einen Druckanstieg zur Folge, der das entstehende Brenngas-Kraftstoffgemisch mit hoher Geschwindigkeit durch enge Öffnungen in den Zylinder strömen lässt, wo es mit der dort befindlichen Luft vollständig verbrennt. Beim Vorkammerverfahren sind bei manchen Motoren Glühkerzen zur Starthilfe erforderlich.

### Aufladung

*Vorverdichtete Luft*

Um die Leistung eines Dieselmotors bei gleichem Hubraum und gleicher Drehzahl zu steigern, kann man ihn aufladen. Dabei wird den Zylindern vorverdichtete Luft zugeführt. Die erhöhte Luftzufuhr liefert ein Abgasturbolader, dessen Turbinenrad vom Abgasstrom angetrieben wird.

### Powerpack

*Motormodul*

Bei neueren Fahrzeugen ist der Dieselmotor zusammen mit den von ihm versorgten Aggregaten wie Klima- und Bremskompressor sowie Bordstromgenerator in einem „Powerpack" zusammengefasst und in einem Rahmen unter dem Fahrzeug montiert.

Abbildung: Motormodul (Powerpack) einer Rangierlokomotive.

## 2.5.3. Kraftstoffanlage

*Funktion*

In der Regel werden Dieselkraftstoffe verwendet. Dieselfahrzeuge haben meist mehrere tiefgelegene Vorratsbehälter, die miteinander verbunden sind.

Abbildung: Kraftstoffanlage.

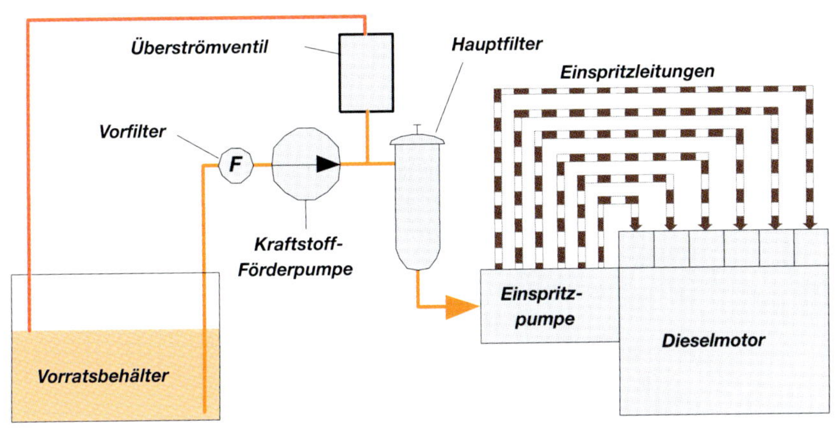

Der Kraftstoff wird den Einspritzpumpen unter Druck zugeführt. Dazu werden elektrisch angetriebene Zahnradpumpen verwendet. Der Druck im Saugraum wird von einem Überströmventil begrenzt. Der zu viel geförderte Kraftstoff fließt über das Überströmventil in den Vorratsbehälter zurück (Leckkraftstoff). Kraftstofffilter gewährleisten eine Reinigung des Dieselkraftstoffes und damit ein weitgehend verschleißfreies Arbeiten der Einspritzeinrichtungen.

*Abbildung: Einfüllstutzen für Kraftstoff.*

## Überfüllsicherung

*Grenzwertgeber*

Zur Vermeidung unbeabsichtigten Überfüllens der Vorratsbehälter werden die Fahrzeuge mit einer Überfüllungssicherung ausgerüstet, die beim Tanken an den dafür ausgerüsteten Zapfsäulen die Förderung bei einer bestimmten Füllmenge selbsttätig unterbricht. Elektronische Niveau-Anzeigen (Füllstandsanzeigen) für Dieselkraftstoff und Heizöl zeigen nach Betätigung des Tasters auf der jeweiligen Anzeige für eine gewisse Zeit den Füllzustand an.

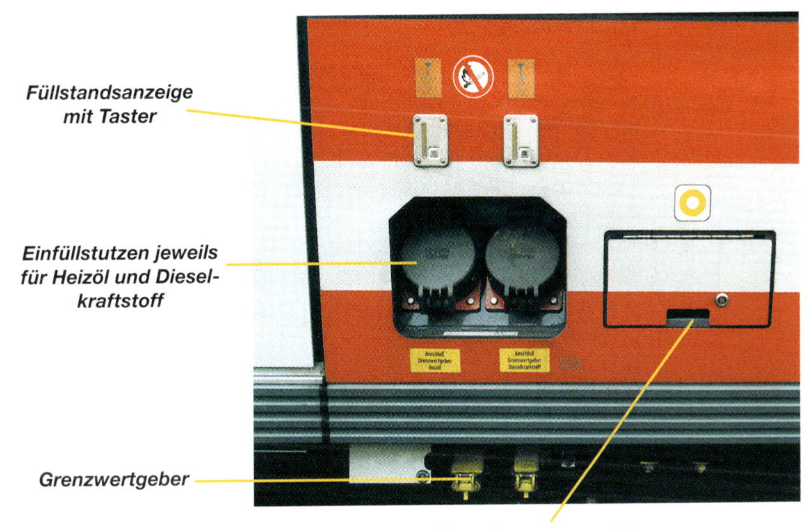


*Abbildung: Niveau-Anzeigen (Füllstandsanzeigen).*

### Reservebehälter mit Handpumpe

Um bei Ausfall der Kraftstoff-Förderpumpe die Kraftstoffversorgung sicherzustellen, sind bei einigen Fahrzeugen die Kraftstoffanlagen mit hochliegenden Behältern ausgerüstet. Diese Behälter sind normalerweise gefüllt. Eine Handpumpe ermöglicht das Nachfüllen des Behälters, wenn mit „Fallkraftstoff“ gefahren werden muss.

## 2.5.4. Kühlanlage

*Abführen der Wärme*

Damit die Motortemperaturen nicht zu hoch werden, muss ein Teil der Wärme durch die Kühlanlage abgeführt werden. Dabei kommt überwiegend die Wasserkühlung zum Einsatz.

### Vorwärm- und Warmhalteeinrichtungen

Vorwärmanlagen sollen nicht nur ein Einfrieren abgestellter Fahrzeuge verhindern, sondern auch den schädlichen Kaltstart von Dieselmotoren vermeiden. Dazu werden meist ölgefeuerte Warmwasserheizgeräte eingesetzt, die von einem Schalter ein- bzw. ausgeschaltet werden und sich selbsttätig über Thermostate steuern. Dabei kann der Vorheizbetrieb auch zu einem über eine Schaltuhr einstellbaren Zeitpunkt eingeschaltet werden.

### Lüfteranlage

Die im Motor und Getriebe anfallende Wärme wird zum Teil vom Kühlwasser über Kühler an die Außenluft abgegeben. Für eine ausreichende Kühlwirkung ist auch hier eine Lüfteranlage erforderlich. Diese muss regelbar sein, damit die Betriebstemperatur des Motors möglichst schnell erreicht und bei wechselnden Belastungen konstant bleibt.

## 2.5.5. Arten der Leistungsübertragung

*Kraft-schlüssige Verbindung*

Zur Leistungsübertragungsanlage gehören alle Teile, die zwischen dem Dieselmotor und den Treibradsätzen eine kraft- und formschlüssige Verbindung herstellen. Darüber hinaus hat sie noch weitere Aufgaben zu erfüllen:

- Unterbrechung der Kraftübertragung bei laufendem Dieselmotor und Stillstand des Fahrzeuges.
- Beim Anfahren und Beschleunigen: Umwandlung des vom Motor abgegebenen niedrigen Drehmomentes in ein wesentlich höheres Drehmoment am Radsatz.
- Ausgleichen des Drehzahlunterschiedes zwischen Motor und Radsatz.
- Durchführung einer unterbrechungs- und zerrungsfreien Getriebeschaltung.
- Aufteilung der Antriebskraft auf mehrere Treibradsätze und Umkehren der Fahrtrichtung.

Bei der Leistungsübertragung wird nach mechanischer, hydraulischer und elektrischer Kraftübertragung unterschieden.

### Mechanische Leistungsübertragung

*Zahnräder*

Die mechanische Leistungsübertragung verbindet den Motor und die Treibräder über verschiedene, während der Fahrt umschaltbare Zahnradübersetzungen. Diese „Gänge“ eines Getriebes passen die Zugkraft der Fahrgeschwindigkeit an.

Diese Art der Leistungsübertragung wird meist bei kleinen, leistungsschwachen Diesellokomotiven eingebaut, die über mehrstufige mechanische Schaltgetriebe und Kupplungen verfügen. Ansonsten werden mechanische Getriebe als Automatikgetriebe meist einem hydraulischen Getriebe nachgeschaltet. Dabei wird das Schaltgetriebe bei neueren Fahrzeugen durch ein elektronisches Steuergerät angesteuert und überwacht.

## 2.5.6. Hydraulische Leistungsübertragung

*Arten*

Bei der hydraulischen Leistungsübertragung wird die mechanische Energie der Antriebsmaschine in Strömungsenergie und anschließend wieder in mechanische Energie umgewandelt und damit in eine für die Zugförderung erforderliche Form gebracht. Eine hydraulische Leistungsübertragung besitzen hydrodynamische, hydromechanische und hydrostatische Getriebe.

- Im **hydrodynamischen** Getriebe wird das Drehmoment durch hydraulische Wandler umgewandelt oder durch hydraulische Kupplungen unverändert weitergeleitet. Die Zahl der Wandler und Kupplungen entspricht hier der Anzahl der „Gänge".
- **Hydromechanische** Getriebe sind hydrodynamische Getriebe denen ein mechanisches Stufengetriebe nachgeschaltet ist.

Während bei der hydrodynamischen Leistungsübertragung die Leistung mittels der Bewegungsenergie einer Flüssigkeit übertragen, geschieht dies im **hydrostatischen** Getriebe dadurch, dass die Flüssigkeit durch Kolbenpumpen unter hohen Druck gesetzt und in Kolbenmotoren wieder entspannt wird. In den Dieselfahrzeugen werden überwiegend hydrodynamische Getriebe verwendet.

### Hydrodynamischer Wandler

*Drehmomentwandlung*

Zum Anfahren wird ein hohes Drehmoment und eine große Leistung benötigt. Hierzu ist ein hydrodynamischer Wandler erforderlich, der das Drehmoment des Motors steigert und die Drehzahlunterschiede zwischen Motor und Radsatz ausgleicht.

*Abbildung: Hydraulische Leistungsübertragung.*

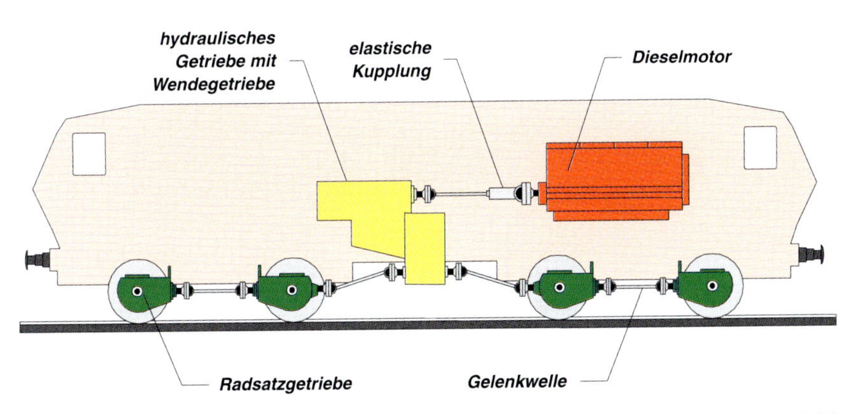

Ein hydrodynamischer Wandler besteht aus den Schaufelkränzen des Pumpen- und Turbinenrades sowie des im gemeinsamen Gehäuse befestigten Leitrades. Füllt man dieses Gehäuse mit Öl und treibt das Pumpenrad an, so wird die Flüssigkeit nach außen gedrückt. Dabei durchströmt sie das Turbinenrad, wird am Gehäuse umgelenkt und über ein feststehendes Leitrad der Pumpe wieder zugeführt.

Das Ausgangsdrehmoment eines Wandlers hängt davon ab, wie stark der Ölstrom im Turbinenrad umgelenkt wird. Durch die Reibung der Flüssigkeit an den Schaufeln und Radkörperwänden sowie durch Wirbelbildung innerhalb der Schaufelkränze treten Übertragungsver-

*Abbildung: Drehmomentwandler entleert (oben) und gefüllt (unten).*

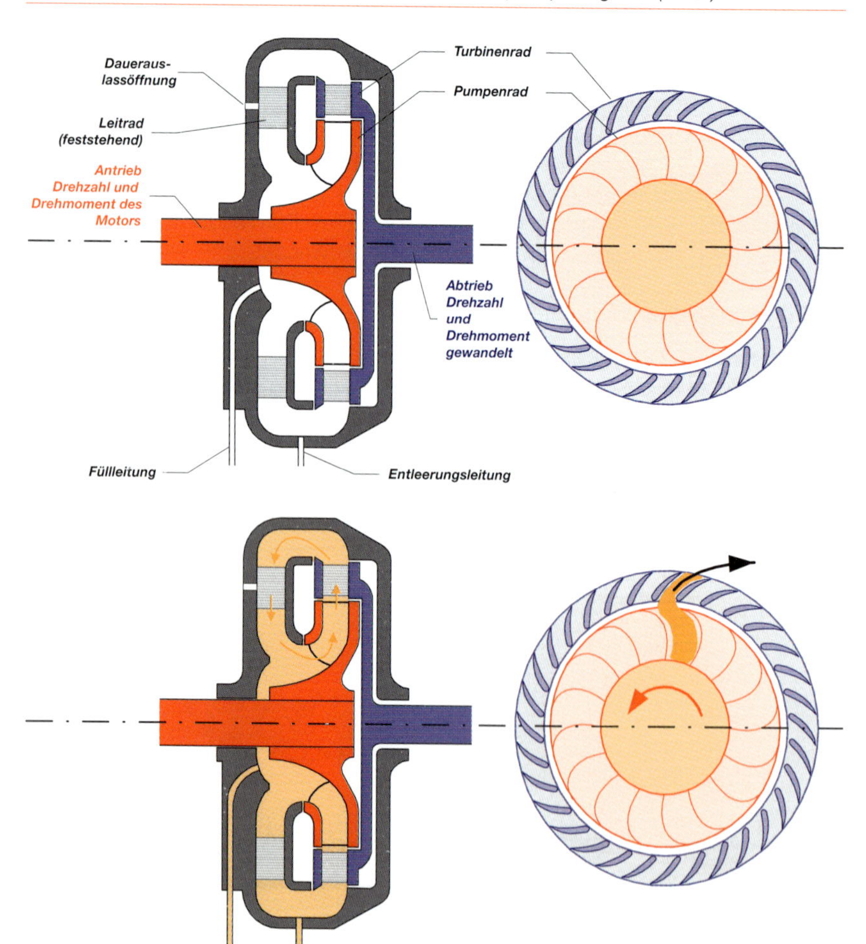

luste auf, die den Wirkungsgrad des Wandlers beeinflussen. Jeder Wandler ist aufgrund seiner Konstruktion nur für einen bestimmten, eingeschränkten Fahrgeschwindigkeitsbereich verwendbar. Außerhalb dieses Bereiches ist der Wirkungsgrad zu niedrig und die Zugkraft zu gering.

## Hydrodynamische Kupplung

*Flüssigkeitskupplung*

Im Gegensatz zum Wandler ermöglicht die Flüssigkeitskupplung keine Drehmomentenwandlung. Sie dient dem verschleißarmen Trennen und Verbinden von Antrieb und Abtrieb.

Die hydrodynamische Kupplung besteht aus dem Pumpen- und dem Turbinenrad. Radial verlaufende Rippen bilden die Schaufeln der Kupplung. Sobald sich das Pumpenrad dreht, wird die Flüssigkeit durch die Zentrifugalkraft zum äußeren Rand des Pumpenkörpers gedrängt, folgt der Krümmung des Gehäuses und trifft in das Turbinenrad über. Die Flüssigkeit zwischen den Turbinenschaufeln strömt am inneren Rand zum Pumpenrad zurück. In den Taschen von Pumpen- und Turbinenrad entsteht somit eine Kreisströmung. Die Drehmomentübertragung erfolgt nicht nur durch die Kreisströmung, sondern auch noch durch eine Stoßkraft in Umfangsrichtung, die beim Auftreffen der Flüssigkeit auf die Schaufeln des Turbinenrades entsteht.

*Abbildung: Kupplung entleert (links) und gefüllt (rechts).*

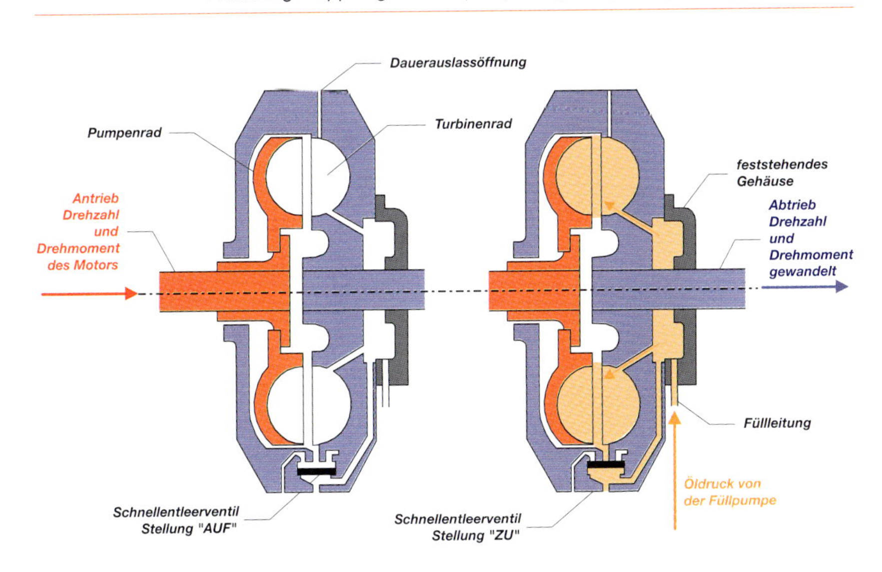

Bei einer hydrodynamischen Kupplung ist eine Kreiselströmung und damit eine Drehmomentübertragung nur bei einem Drehzahlunterschied zwischen Pumpen- und Turbinenrad möglich (Schlupf).

## Hydrodynamisches Getriebe

*Wandler und Kupplung*

Die hydrodynamischen Getriebe der Dieselfahrzeuge sind je nach Anwendungszweck aus einem oder mehreren Wandlern und Kupplungen aufgebaut. Dabei ist der Anfahrgang immer mit einem Wandler ausgeführt, da die Kupplung keine Drehmomentwandlung ermöglicht. Weitere Gänge können je nach Fahrbedingungen mit Wandlern oder Kupplungen gebildet werden.

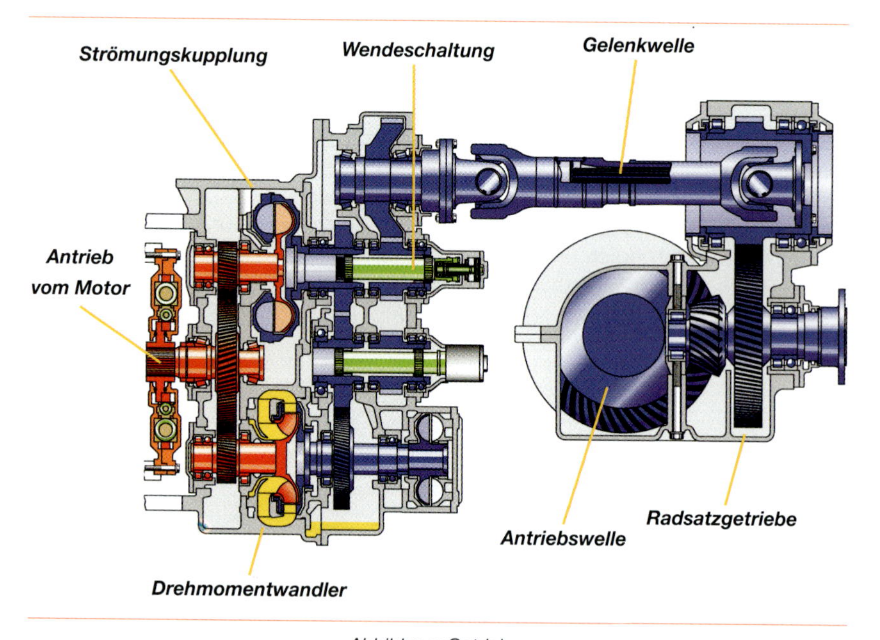


*Abbildung: Getriebe.*

*Füllventil und Schaltregler*

Das Füllventil leitet das Füllen des Getriebes und damit die Kraftschlüssigkeit zu den Radsätzen ein. Je nach Art der Fahrsteuerung des Fahrzeuges und der Bauart des Getriebes wird das Füllventil durch Steuerluft oder elektrisch durch einen Füllmagneten angesteuert. Ein Schaltregler übernimmt das vollautomatische Schalten der einzelnen Gänge (Wandler 1 nach Wandler 2 oder in die Kupplung). Ein Übertourenschutz schützt die Abtriebsteile des Getriebes vor zu hohen Drehzahlen indem er die Hauptluftleitung entlüftet und damit eine Zwangsbremsung einleitet.

*Wende- und Stufengetriebe*

Dem hydrodynamischen Getriebe ist ein Wendegetriebe nachgeschaltet, dass eine Änderung der Fahrtrichtung ermöglicht. Die Umschaltung in den Vor- oder Rückwärtsgang erfolgt durch Verlegen einer Schaltmuffe mit Druckluft. Bei einigen Diesellokomotiven ist mit dem Stufengetriebe ein weiteres mechanisches Getriebe nachgeschaltet. Es ermöglicht die Wahl unterschiedlicher Geschwindigkeitsbereiche. Beispielsweise beträgt die Höchstgeschwindigkeit eines Triebfahrzeuges der Baureihe 365 im Schnellgang 60 km/h und im Langsamgang 30 km/h. Die Umschaltung eines Wende- oder Stufengetriebes erfolgt rein mechanisch. Zur Vermeidung von Beschädigungen muss sich deshalb das Fahrzeug im Stillstand befinden.

## Hydrostatische Leistungsübertragung

*Zur Ergänzung*

Die Hydrostatische Leistungsübertragung einiger Fahrweginstandhaltungsfahrzeuge ergänzt den hydrodynamischen Hauptantrieb im unteren Geschwindigkeitsbereich bis 10 km/h. Hier wird Hydrauliköl in einer vom Dieselmotor angetriebenen Verdrängerpumpe auf hohe Betriebsdrücke von bis zu 400 bar gebracht und fließt anschließend bei niedrigen Strömungsgeschwindigkeiten über hochdruckfeste Hydraulikschläuche zu einem Verdrängermotor als leistungsabgebendes Glied. Der Betriebsdruck wird vom Lastmoment bestimmt, verschiedene Drehzahlen werden durch Änderung des Schwenkwinkels der Kolbenpumpen und eventuell auch der Motoren erzeugt.

*Abbildung: Hydrostatische Leistungsübertragung (Verdrängerpumpe)*

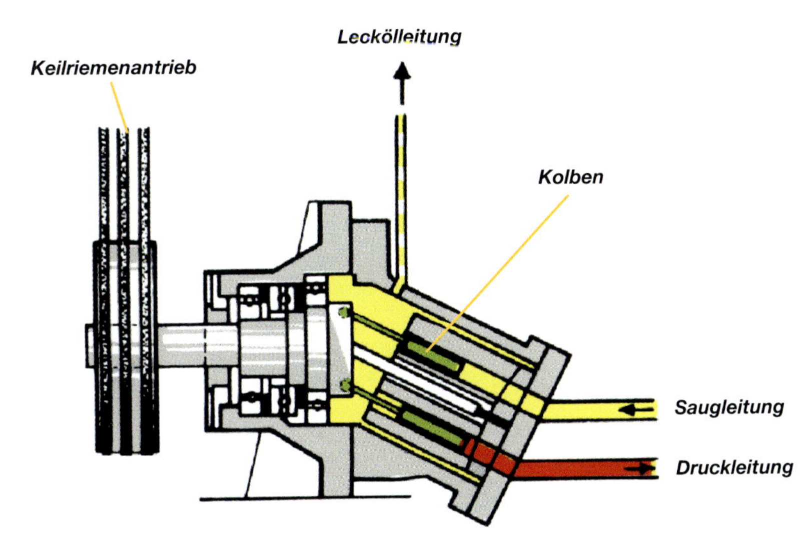

## Radsatzgetriebe

Das Radsatzgetriebe überträgt das vom Getriebe kommende Drehmoment auf den Treibradsatz.

*Radsatzwendegetriebe*

Je nach Verwendungszweck gibt es auch Radsatzgetriebe, in denen das Wendegetriebe untergebracht ist. Die Ansteuerung erfolgt auch hier meist pneumatisch in Abhängigkeit von der Stellung des Fahrtrichtungsschalters auf dem Führerpult. Bei Ausfall der Fahrzeugsteuerung kann zum Abschleppen des Fahrzeuges das Radsatzwendegetriebe über einen Störungsschalter im Schaltschrank in die Neutralstellung gebracht werden. Bei Triebwagenzügen werden alle Radsatzwendegetriebe im Zug gleichzeitig vom besetzten Führerstand aus geschaltet.

*Abbildung: Radsatzwendegetriebe eines Triebwagens (BR 643).*

## Gelenkwelle

Durch die Gelenkwellen werden Winkel- und Höhenunterschiede, die durch die Federung des Fahrzeuges und durch Winkelausschlag entstehen, ausgeglichen.

## Anordnung der Bauteile

*Beispiel: BR 612*

Der Dieselmotor ist mit einem hydrodynamischen Getriebe verbunden und in der Regel unter dem Fahrzeug eingebaut. Die Kraftübertragung zum Radsatzwendegetriebe erfolgt mittels einer Gelenkwelle. Von dort führt eine weitere Gelenkwelle zum Achswendegetriebe des ersten Radsatzes.
Der Dieselmotor treibt außerdem die folgenden Nebenaggregate an:

- Die Hydrostatikpumpe für die Kühlung des Dieselmotors.
- Den am Motor angeflanschten Luftpresser für die gesamte Luftversorgung.
- Den Kühlmittelkompressor der Klimaanlage.
- Den Bordstromgenerator für die Versorgung des Bordnetzes sowie der Batterie.

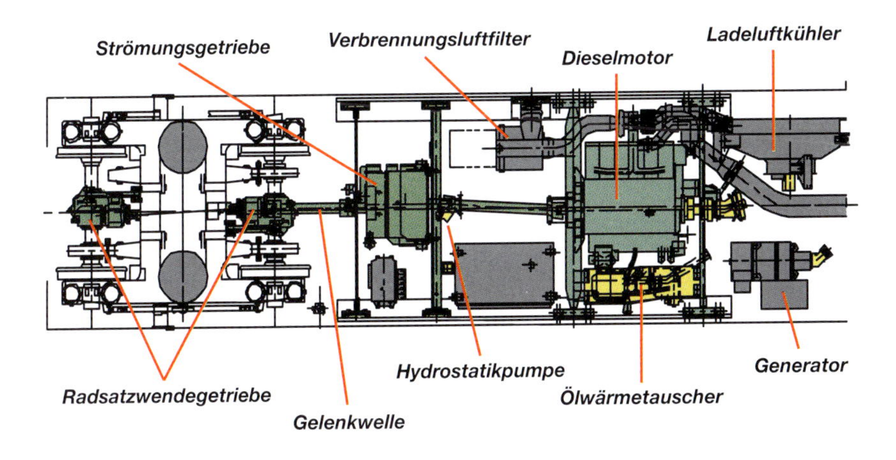


*Abbildung: Antriebsstrang eines Dieseltriebwagens (BR 612).*

---

*Abbildung: Antrieb am Beispiel eines VT 640 mit hydraulischer Leistungsübertragung.*

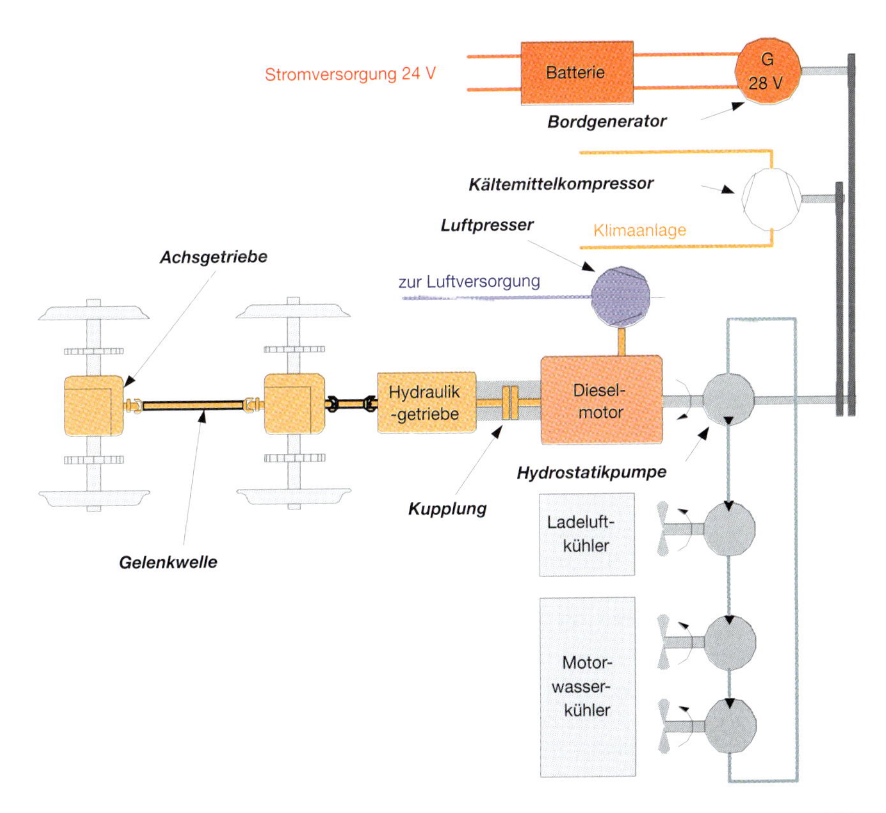

## 2.5.7. Elektrische Leistungsübertragung

*Generator und Elektromotor*

Bei der elektrischen Leistungsübertragung wird die mechanische Antriebsenergie in einem Generator in elektrische Energie umgewandelt. Der Strom wird den elektrischen Fahrmotoren zugeführt, die über ein einfaches Zahnradgetriebe die Radsätze antreiben.

*Abbildung: Prinzip der elektrischen Leistungsübertragung.*

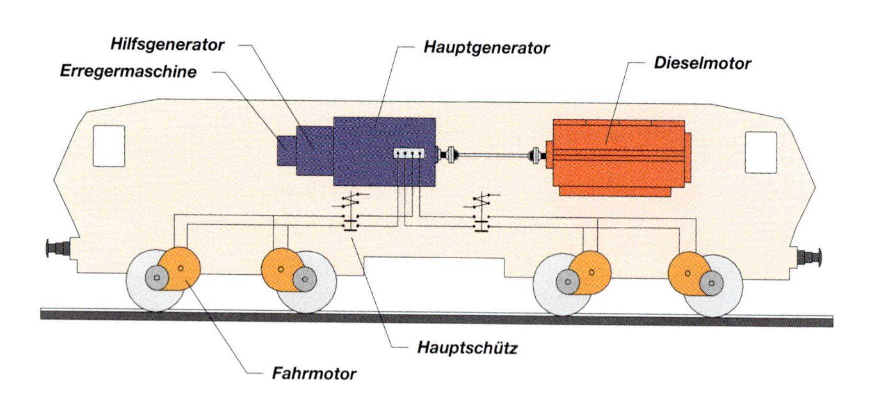


*Drehstrom-antrieb*

Bei neueren Fahrzeugen ist die komplette Anlage in Drehstromtechnik ausgeführt. Die dreiphasige Ausgangsspannung des Generators wird mit Hilfe eines Reglers über einen weiten Drehzahlbereich konstant gehalten und einem nachgeschalteten Gleichrichter zugeführt und dort in Gleichstrom umwandelt (Zwischenkreis). Ein nachgeschalteter Kondensator-Zwischenkreis dient als Energiespeicher. Der dahinter angeordnete Wechselrichter regelt die Fahrmotoren, indem er die für die Zugkraft benötigte Spannung und die erforderliche Frequenz liefert. Gleichrichter, Wechselrichter, Kondensatoren und Bremssteller sind im Stromrichter zusammengefasst.

### Bremsen mit dem Fahrmotor

*Generator-betrieb*

Die Fahrmotoren werden bei Fahrzeugen mit elektrischer Leistungsübertragung auch zum Bremsen benutzt. Dazu werden die Motoren in den Generatorbetrieb umgeschaltet. Der von den Generatoren abgegebene Strom wird über einen Bremssteller im Stromrichter an die Bremswiderstände abgegeben und in Wärme umgewandelt.

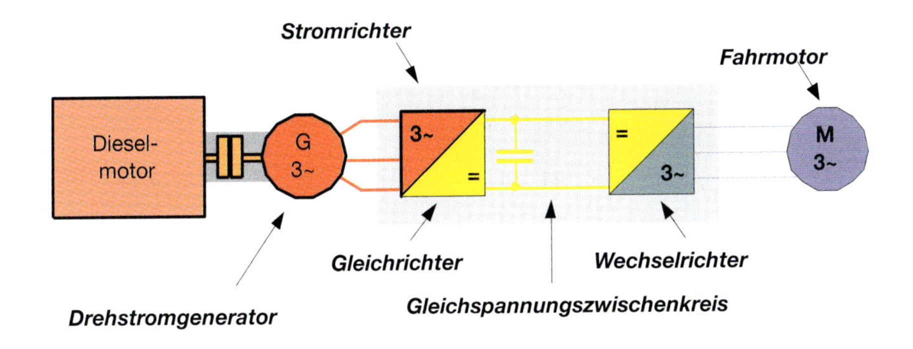


*Abbildung: Antriebschema (elektrische Leistungsübertragung).*

*Abbildung: Elektrische Bremse.*

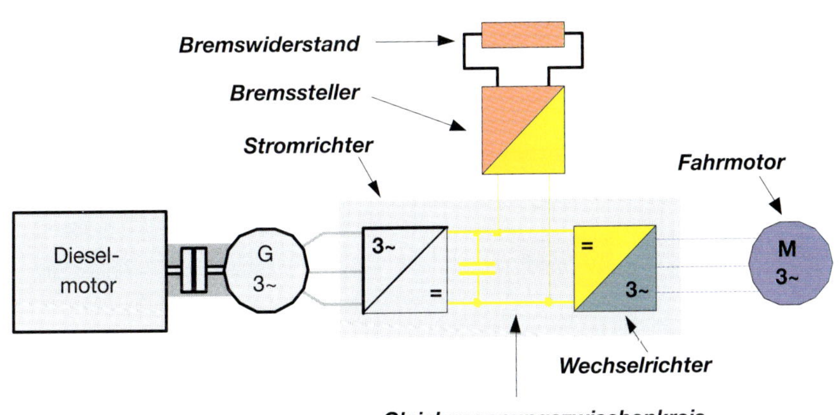


## 2.5.8. Energieversorgung

*Bordnetz*

Alle leistungsstarken Verbraucher wie Luftkühlanlagen, Führerraumklimaanlagen, Lüfter und elektrische Heizelemente werden von einem Drehstrom-/Wechselstromnetz 400 V/230 V versorgt, alle übrigen Verbraucher aus dem 24 V-Bordnetz. Die Batterieladung erfolgt über ein Ladegerät aus dem Bordnetz bzw. über eine Fremdeinspeisung bei abgestelltem Fahrzeug.

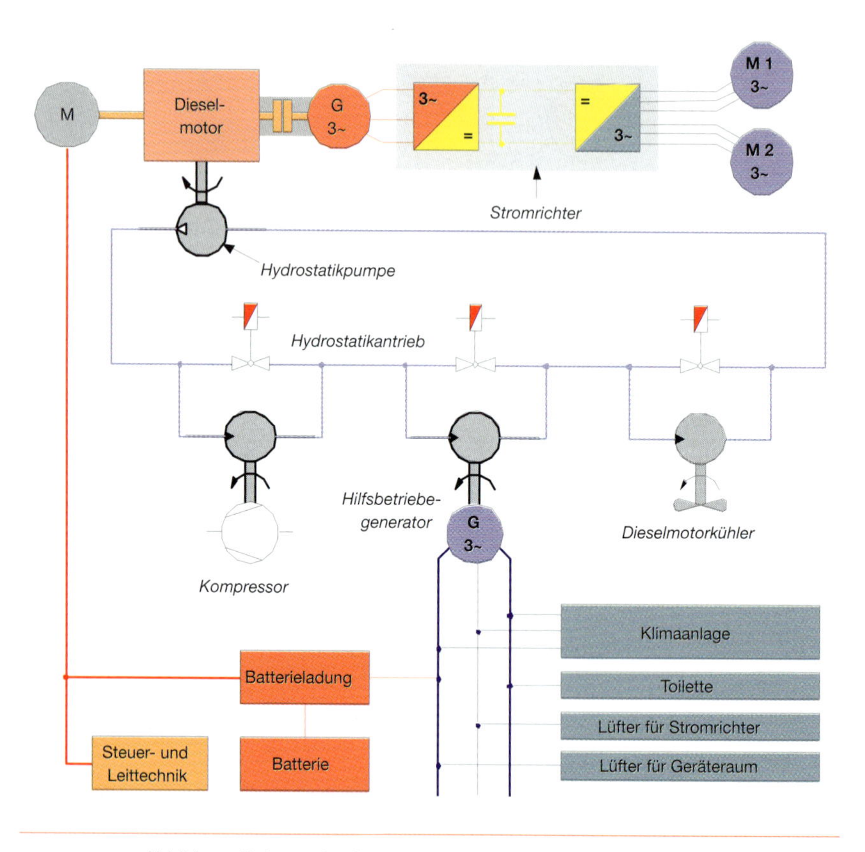


*Abbildung: Schema der Stromversorgung am Beispiel eines VT 646 mit elektrischer Leistungsübertragung.*

## 2.5.9. Fremdeinspeisung

*230 V oder 400 V*

Für die Abstellung des Fahrzeuges, insbesondere zum Betreiben der Heizung und zur Batterieladung, ist eine Fremdeinspeisung 230 V oder 400 V vorhanden. Zum Betrieb elektrischer Geräte sind im Fahrzeug 230 V-Steckdosen installiert, die aus dem Wechselstromnetz bzw. über die Fremdeinspeisung betrieben werden. Die Fremdeinspeisung gewährleistet auch die Vorwärmung des Dieselmotors sowie die Fließfähigkeitsüberwachung für den Dieselkraftstoff und das Heizöl.

*Abbildung: Fremdeinspeisung (elektrisch).*

*Abbildung: Nachfüllen der Betriebsvorräte.*

## 2.5.10. Betriebsvorräte

*Kraftstoff, Öl und Wasser*

Zum Betrieb eines Dieselfahrzeuges werden große Mengen Betriebsvorräte benötigt. Diese werden zu $^2/_3$ bei der Berechnung des Betriebsgewichtes berücksichtigt (Betriebsgewicht = Eigengewicht + Personal + $^2/_3$ Vorräte).

*Abbildung: Betriebsvorräte am Beispiel eines Dieseltriebwagens der Baureihe 642. Damit liegt die Reichweite je Tankfüllung bei etwa 1000 km.*

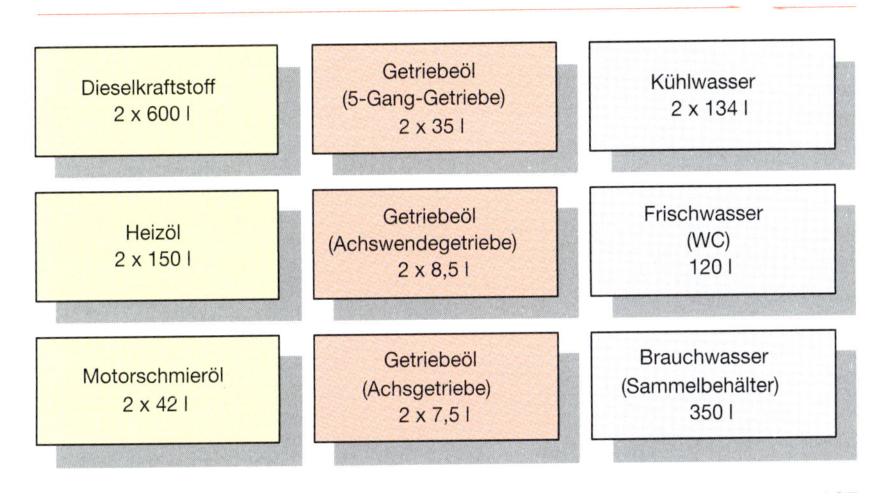

# 2.6. Steuerung, Bedienung und Diagnose

## 2.6.1. Leittechnik

*Steuergeräte*

Neuere Triebfahrzeuge besitzen in der Regel zwei identische Steuergeräte (ZSG = Zentralsteuergerät oder KLG = Kombileitgerät). Diese erfüllen die übergeordneten Steuerungsaufgaben für das gesamte Fahrzeug bzw. den Triebzug. Sie verarbeiten die Signale vom Führertisch und erzeugen daraus entsprechende Sollwerte für die nachgeschalteten Geräte. Sie steuern und überwachen die Antriebs- und Bremssteuerung, die Hilfsbetriebe, die Klimasteuerung und die Fahrgastsysteme. Damit stellen die Zentralsteuergeräte die Rechnerzentrale des jeweiligen Fahrzeuges dar. Grundsätzlich ist immer nur ein Gerät im Einsatz (Masterfunktion) während das zweite Gerät im Stand-by-Modus arbeitet.

### Leittechnik eines elektrischen Triebfahrzeuges

*Beispiel: BR 152*

Die beiden Zentralsteuergeräte sind im Elektronikschrank im Maschinenraum eingebaut. Über den Fahrzeugbus (MVB) sind folgende Subsysteme untereinander und mit den beiden Zentralsteuergeräten zum Datenaustausch verbunden:

- Die Zentralsteuergeräte (Bezeichnung ZSG 1 und ZSG 2).
- Die Antriebssteuergeräte (Bezeichnung ASG 1 und ASG 2).
- Die Bremsrechner auf der Bremsgerätetafel.
- Der pneumatische Gleitschutz.
- Die Modularen Führerraumanzeigegeräte (Bezeichnung MFA 1 und MFA 2).
- Die vier Hilfsbetriebeumrichter (Bezeichnung HBU 1 bis HBU 4).
- Die Zugsicherungssysteme (LZB/PZB).
- Die Displays in den beiden Führerräumen.
- Die Ein- und Ausgabemodule für die analoge und digitale Peripherie.

Die Zentralsteuergeräte erzeugen aus den Signalen des Führertisches entsprechende Sollwerte für die Antriebssteuergeräte. Darüber hinaus überwachen sie die Steuerung von Stromabnehmer, Hauptschalter, Hilfsbetriebe, zentraler Weg- und Geschwindigkeitsüberwachung, Automatische Fahr- und Bremssteuerung (AFB), Sifa und Mehrfachsteuerung.

*Antriebssteuerung*

Die Antriebssteuergeräte für die Fahrmotorenregelung sind in den Stromrichterschränken integriert. Die Einschaltung erfolgt durch das Zentralsteuergerät mit dem Befehl „Stromabnehmer hoch“. Wird der

Hauptschalter jedoch nicht innerhalb von 15 Minuten eingeschaltet, löst das Zentralsteuergerät den „Senkbefehl" aus und schaltet zur Schonung der Batterien die Antriebssteuergeräte aus.

*Bremssteuerung*

Die Ansteuerung der Zugbremsen erfolgt entweder manuell durch den Triebfahrzeugführer oder über die Automatische Fahr- und

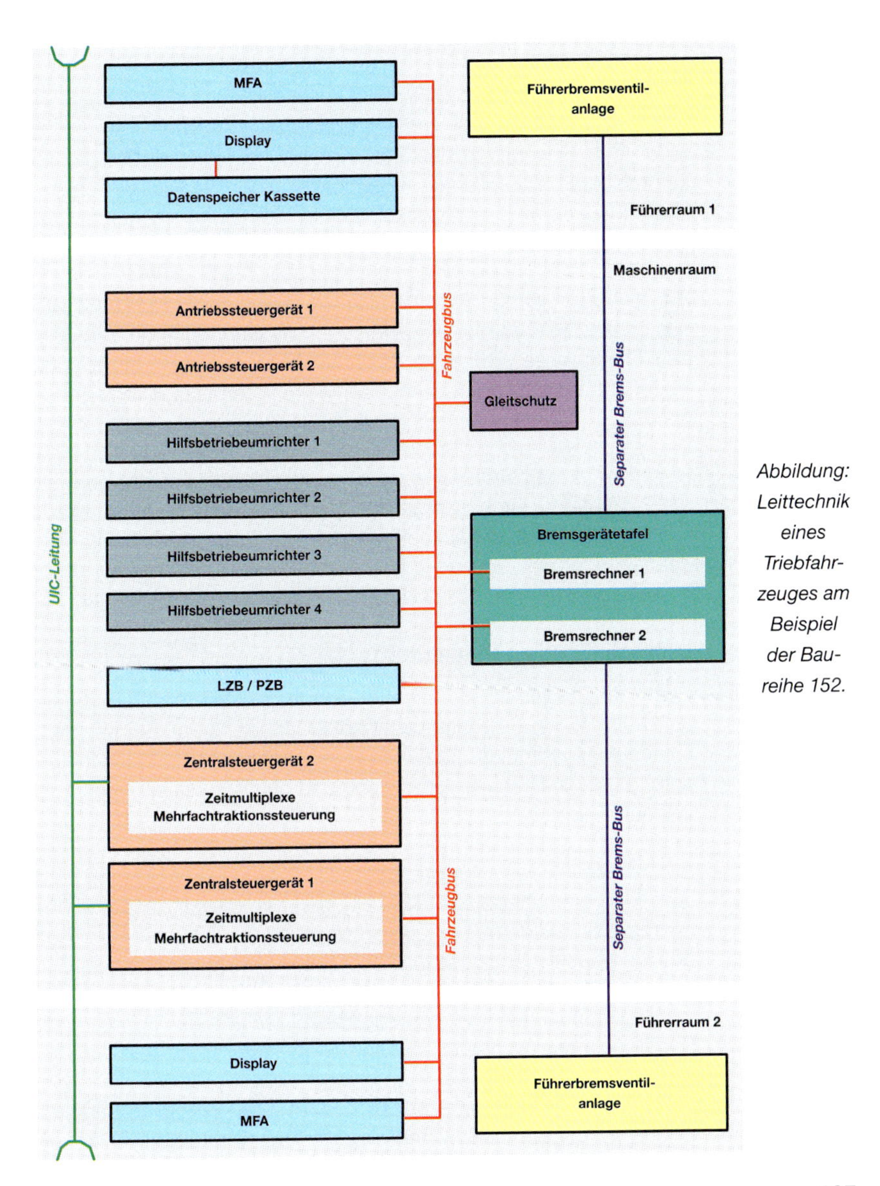


*Abbildung: Leittechnik eines Triebfahrzeuges am Beispiel der Baureihe 152.*

Bremssteuerung. Innerhalb des Führerpults sind die Bauteile der Bremssteuerung über einen separaten Bremssteuerung-Bus an die Bremsrechner angekoppelt. Diese geben die Schaltbefehle oder Sollwertgrößen an die Bauteile an der Bremsgerätetafel weiter. Einzelne Status- und Diagnosemeldungen werden an die Zentralsteuergeräte gemeldet. Die vom Bremsrechner gebildeten Sollwerte für die E-Bremse werden über die Zentralsteuergeräte und den Fahrzeugbus den Antriebssteuergeräten zur Brems- bzw. Drehmomentenbildung zugeleitet.

*Fahrsteuerung*

Die Stromversorgung für die Fahr- und Bremssteuerung (110 V) wird durch das Einschalten des Batterieschützes aktiviert. Die beiden Zentralsteuergeräte werden zugeschaltet, wenn der Batterieschalter eingelegt wird und mit dem Anziehen des Batterieschützes der erforderliche Batteriestromkreis zugeschaltet wird.

*Richtungsvorgabe*

Mit dem Verlegen des Richtungsschalters aus der Stellung „0" wird das besetzte Führerpult angewählt und die Fahrtrichtung vorgegeben. Damit ist gewährleistet, dass nur die Signale der Schalter und Taster des aktiven Führerraumes zur Weiterverarbeitung freigegeben werden.

*Fahrbefehle*

Unter der Vorraussetzung, dass kein Bremsbefehl ansteht, können die Fahrbefehle durch Verlegen des Zugkraftstellers oder von einem Hilfsfahrschalter aus gebildet werden. Die Sollwerte werden vom Zentralsteuergerät über den Fahrzeugbus an die Antriebssteuergeräte weitergeleitet. Von dort werden die Stromrichter angesteuert.

### Leittechnik eines Dieseltriebzuges

*Beispiel: BR 644*

Das Kombileitgerät KLG befindet sich im Elektronikschrank hinter dem Führerraum. Es besteht aus dem Antriebsleitgerät ALG und dem Fahrzeugleitgerät FLG. Das Antriebsleitgerät leitet das Stromrichtergerät SLG, die Dieselmotorregelung und den Bremssteller der elektrischen Bremse.

*Motorstart*

Durch Verlegen des Kippschalters „Fahrtrichtung" im besetzten Führerraum in eine der beiden Endstellungen wird die Fahrtrichtung des Fahrzeuges bestimmt. Der Dieselmotor wird durch kurzes Bedienen des Start-Tasters angelassen. Dieser Befehl geht zum Kombileitgerät des besetzten Führerraumes und über den Fahrzeugbus zum anderen Endwagen bzw. über den Zugbus zu den anderen Fahrzeugen. Der Dieselmotor wird mit dem Start-Stop-Taster abgestellt.

*Sollwertvorgabe*

Mit dem Fahr-/Bremshebel erfolgt in Fahrt- bzw. Bremsstellung eine Sollwertvorgabe an das Kombileitgerät. Das Kombileitgerät steuert und überwacht sowohl die E-Bremse wie auch die elektropneumatische Bremse. In der Schnellbremsstellung wird zusätzlich eine Sicherheitsschleife unterbrochen. Dadurch werden alle Notbremsventile spannungslos und die Hauptluftleitung entlüftet.

*Abbildung: Leittechnik am Beispiel eines mehrteiligen Dieseltriebzuges (BR 644).*

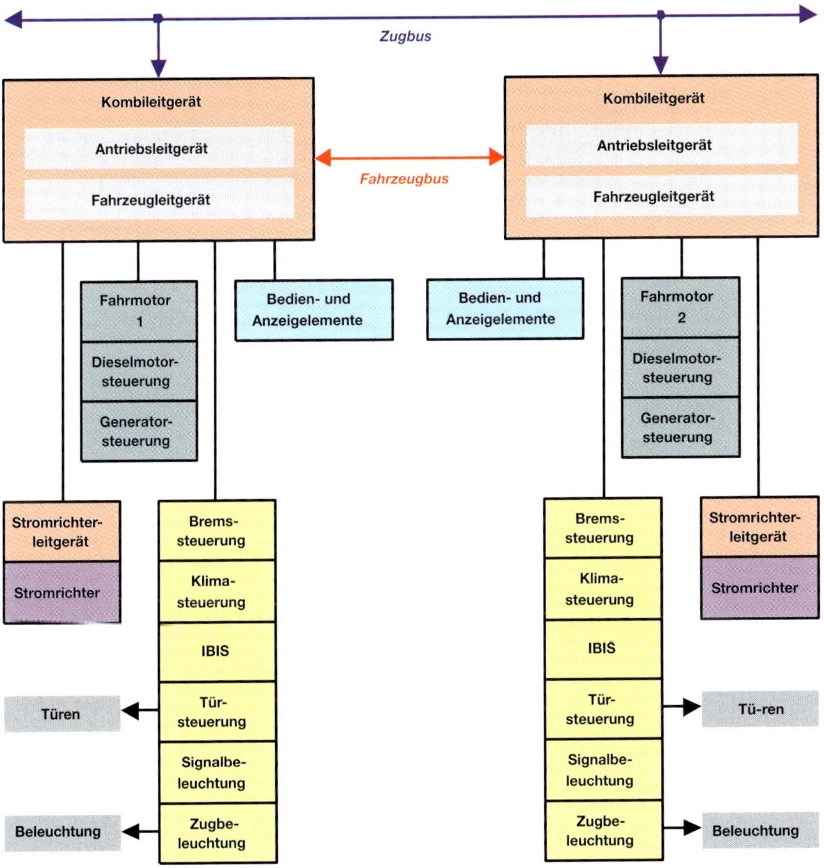

Zugbus

Kombileitgerät
Antriebsleitgerät
Fahrzeugleitgerät

Fahrzeugbus

Kombileitgerät
Antriebsleitgerät
Fahrzeugleitgerät

Fahrmotor 1
Dieselmotorsteuerung
Generatorsteuerung

Bedien- und Anzeigelemente

Bedien- und Anzeigelemente

Fahrmotor 2
Dieselmotorsteuerung
Generatorsteuerung

Stromrichterleitgerät
Stromrichter

Bremssteuerung
Klimasteuerung
IBIS
Türsteuerung
Signalbeleuchtung
Zugbeleuchtung

Türen
Beleuchtung

Bremssteuerung
Klimasteuerung
IBIS
Türsteuerung
Signalbeleuchtung
Zugbeleuchtung

Stromrichterleitgerät
Stromrichter

Tü-ren
Beleuchtung

*Abbildung: Die Kernfunktionen sind bei neueren Fahrzeugen in integrierten Steuergeräten zusammengefasst, die zum Teil in den Stromrichtergestellen eingebaut sind.*

## Bussysteme

*Datenübertragung*

Der „Bus" ist dabei die Datenautobahn, die mehrere Elektronikbauteile miteinander verbindet.

| Bus | Aufgabe |
|---|---|
| Zugbus | Verbindung der zentralen Steuergeräte (ZSG) im Zug. |
| Fahrzeugbus | Verbindung der einzelnen Elektronikbauteile innerhalb eines Fahrzeuges. |
| Bremssteuerungsbus | Verbindung aller Teile der Bremssteuerung. |
| Wagenbus | Verbindung der Fahrgastinformationssysteme. |

Auf dem Führerpult und an der Batterieschalttafel sind alle Bedien- und Anzeigeelemente angeordnet, die für die Bedienung und für die Störmeldung bzw. Überwachung der einzelnen Systeme während der Fahrt notwendig sind.

## 2.6.2. Der Führerstand

*Führerraum-konzept*

Der Führerraum neuerer Triebfahrzeuge und Triebwagen stellt sich heute als moderner und attraktiver Arbeitsplatz dar. Die Gestaltung des Raumes erfolgte nach der UIC-Richtlinie 651. Die Führerstandspulte sind nach ergonomischen Gesichtspunkten konzipiert und bieten dem Triebfahrzeugführer optimale Arbeitsbedingungen. Alle Anzeigeeinrichtungen liegen im Blickfeld, alle Bedienungselemente im unmittelbaren Griffbereich des Lokführers.

*Abbildung: ICE 3-Triebführerstand eines Triebzuges.*

*Abbildung: Führerpult eines älteren Dieseltriebwagens (VT 628).*

*Abbildung: Führerstand einer Rangierlokomotive.*

## 2.6.3. Das Führerpult

*Aufbau*

Das Führerpult besteht aus Pultkörper und Bedienfeld. Der Grundkörper des Führerpultes ist als selbsttragende Konstruktion ausgeführt.

*Pultkörper*

Der Pultkörper ist gegliedert in Pultoberteil (Aufnahmeteil für das Bedienfeld), rechten und linken Unterschrank sowie Pedalboden mit Fußstütze. Auf oder am Bedienfeld wurden alle für die Bedienung des Triebfahrzeugs nötigen Bedien- und Anzeigeelemente befestigt.

*Bedienfeld*

Das Bedienfeld ist als einschaliges Gebilde konzipiert, das aus mehreren unterschiedlich geneigten Informations- und Bedienebenen besteht. Diese gruppieren sich halbkreisförmig um den Triebfahrzeugführer und ermöglichen so eine gute Erkennbarkeit aller Elemente. Den oberen Abschluss des Bedienfeldes bildet eine Sonnenschutzblende, die Reflexionen auf Anzeigeelementen minimieren soll. Diese hat zusätzlich eine Aufnahme für die Buchfahrplanleuchte. Die Lautsprecher für den Zugfunk und die Notsprechstellen sind zum Teil ebenfalls dort integriert.

*Abbildung: Führerpult.*

---

*Abbildung: Schalter zur Wahl der Fahrtrichtung.*

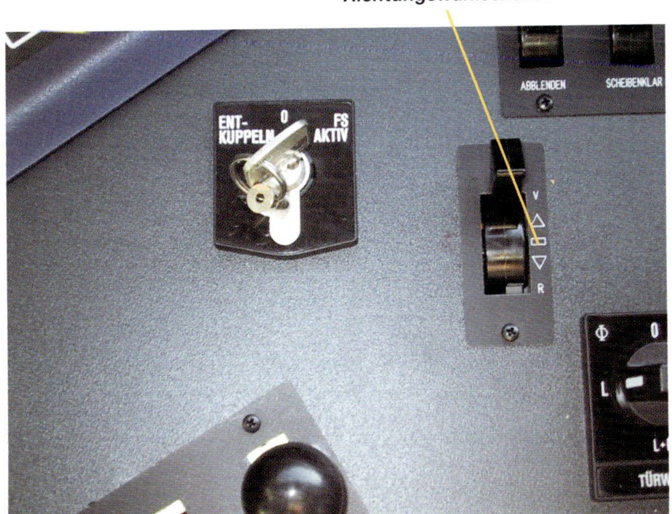

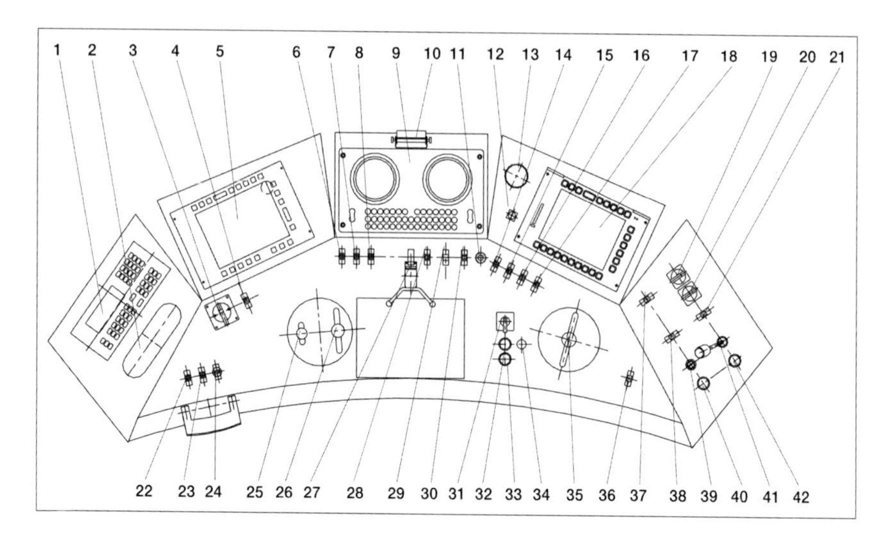


1. Bedienteil „Zugfunk"
2. Handapparat „Zugfunk"
3. Wahlschalter „Signalleuchten"
4. Kipptastschalter „Fernlicht/Abblendlicht"
5. Farbdisplay
6. Kipptaster „Sperren Klimalüfter
7. Kippschalter „Stirnscheibenheizung"
8. Kippschalter „Führerraumbeleuchtung"
9. Modulares Führerstands-Anzeigegerät
10. Buchfahrplanleuchte
11. Potentiometer „Buchfahrplanleuchte"
12. Schlüsselschalter „Entkuppeln"
13. Manometer „Bremszylinderdruck (DG1/2)"
14. Kippschalter „Buchfahrplanleuchte"
15. Kippschalter „Bremsprobe"
16. Kippschalter „Schienenbremse"
17. Kipptastschalter „Sanden"
18. Display für elektronischen Buchfahrplan
19. Dieselmotorschalter „Start/Stop Gruppe I"
20. Dieselmotorschalter „Start/Stop Gruppe II)"
21. Kipptaster „Klingel"
22. Kippschalter „Befehl Indusi"
23. Kipptaster „Frei/Indusi"
24. Kipptaster „Wachsam Indusi"
25. Richtungswahlschalter
26. Fahr-/Bremshebel
27. Buchfahrplanhalter
28. Kippschalter „Leistung"
29. Kipptastschalter „Luftpresser"
30. Kippschalter „GST Ein"
31. Türwahlschalter
32. Drucktaster „frei" (Türen)
33. Leuchtdrucktaster „zu" (Zwangsschließen Türen)
34. Potentiometer für Leuchtdrucktaster „zu" und Meldeleuchten „zu" (Türen)
35. Führerbremsventil
36. Kipptaster „Typhon"
37. Kipptaster „Steuerstromschütz"
38. Kipptaster „Wagenlicht"
39. Schlüsselschalter „FBV" (Führerbremsventil"
40. Drucktaster „Angleichen" (HL-Druck)
41. Schwanenhalsmikrofon
42. Leuchtdrucktaster „Notruf"

*Abbildung: Führertisch eines Dieseltriebwagens der BR 612.*

## 2.6.4. Unterschränke

Die Aufteilung des Führerpultes in den rechten und linken Unterschrank und den Pedalboden zeigt die folgende Abbildung.

*Beispiel: BR 612*

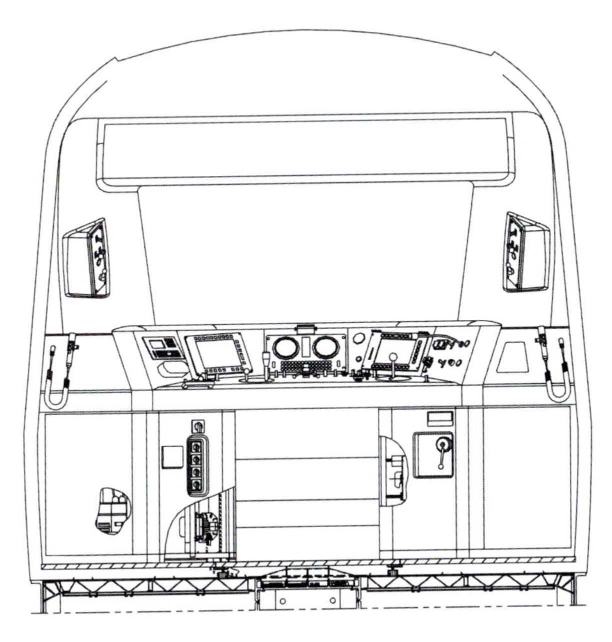

*Abbildung:*
*Die Geräteanordnung im Führerpultunterbau (Beispiel BR 612).*

### Linker Bereich

In diesem Bereich befinden sich meist die Bedienelemente zur Steuerung und Regelung der Führerraumklimaanlage. Diese sind:

*Verschiedene Bedien-elemente*

- Klima-Betriebsartenschalter,
- Klima-Wahlschalter „Raumtemperatur“,
- Klima-Wahlschalter „Luftmenge“,
- Klima-Wahlschalter „Lufteinblasung“.

Oberhalb dieser Elemente befindet sich der Wahlschalter Scheibenwischer, links davon ist ein Getränkedosenhalter angeordnet.

Bei Triebwagen befindet sich oberhalb des Unterschrankes in der Nähe des Seitenfensters das Handmikrofon für die an der linken Fahrzeugaußenseite angeordneten Außenlautsprecher.

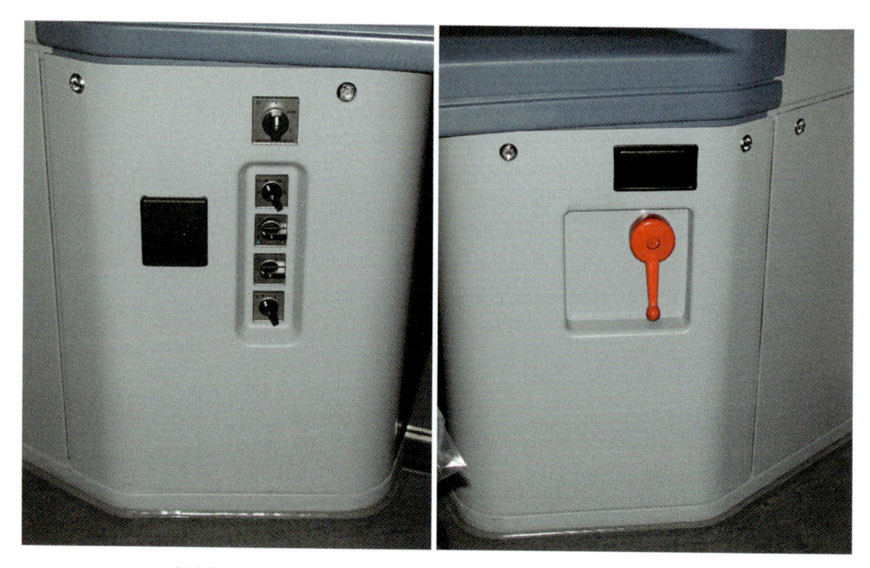

*Abbildung: Linker und rechter Bereich im Führerpultunterbau.*

## Rechter Bereich

*Notbremsventil*

Hier ist das Notbremsventil angeordnet. Darüber befindet sich ein Aschenbecher. Analog der linken Seite ist bei Triebwagen auch hier ein Handmikrofon angeordnet, das die Außenlautsprecher der rechten Fahrzeugaußenseite steuert. Links vom Handmikrofon befindet sich hinter einer Klappe die Einfüllöffnung für Scheibenwischwasser.

## Pedalboden

*Sifa und Typhon*

Dieser befindet sich zwischen den beiden Unterschränken. Seine Verstellbarkeit sichert ergonomisch optimale Arbeitsbedingungen. Auf diesem Pedalboden sind der Fußtaster „Sifa" und der Fußtaster „Typhon" (nur für Tiefton) angeordnet.

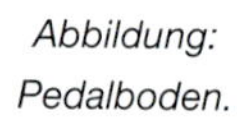

*Abbildung: Pedalboden.*

## 2.6.5. Fahr- und Bremssteuerung

Mit dem Fahr-/Bremsschalter auf dem Führerpult werden die erforderlichen Sollwerte für die Zug- bzw. Bremskraft vorgegeben. Meist ist im Fahrschalter auch ein Sifa-Taster eingebaut.

*Sollwert-Vorgabe*

*Abbildung: Fahr-/Bremsschalter (Beispiel ET 425).*

*Abbildung: Fahrschalterstellungen:*

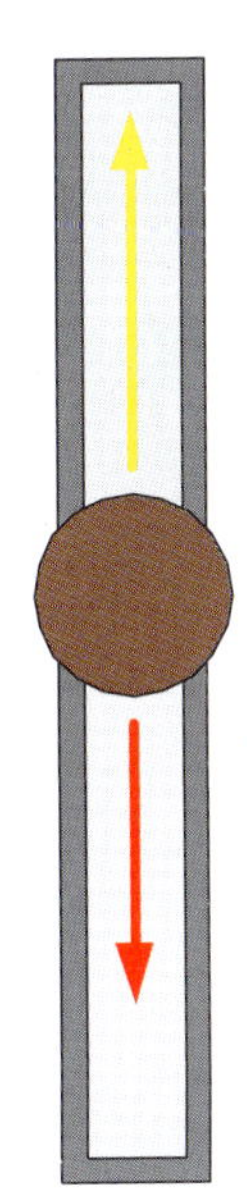

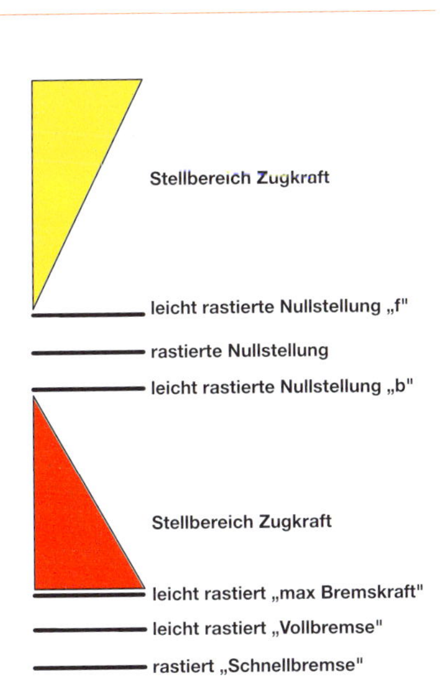

Die Fahr- und Bremsbefehle können nur mit dem Fahrschalter des aktiven Führerpultes erzeugt werden. Eine Ausnahme bildet dabei die Schnellbremsung. Diese kann mit jedem Fahrschalter innerhalb des Fahrzeuges (Triebzuges) ausgelöst werden.

## 2.6.6. Modulares Führerraum-Anzeigegerät

*Abkürzung: MFA*

Als zentrales Anzeigegerät ist in vielen Fahrzeugen noch ein Modulares Führerraum-Anzeigegerät (MFA) montiert. Beim MFA handelt es sich um ein weitgehend mechanisches Gerät dass nur beschränkt erweiterungsfähig ist.

*Abbildung: Modulares Führerraum-Anzeigegerät.*

***Linkes Rundinstrument***
*Der große Zeiger zeigt nach rechts die Zugkraft des Motors an, der die größte Leistung abgibt und nach links die E-Bremskraft als Summe aller Fahrmotore.*

***Mittleres Instrument***
*Ist nur bei Fahrzeugen mit LZB vorhanden und zeigt die Zielentfernung zum nächsten Geschwindigkeitswechsel an.*

***Rechtes Rundinstrument***
*Der große Zeiger zeigt die Istgeschwindigkeit an, der kleinere die Sollgeschwindigkeit.*

***Digitalanzeige***
*Ist nur bei LZB-Fahrzeugen vorhanden und gibt die nach den Angaben der Zielentfernung zu erwartende Geschwindigkeit an.*

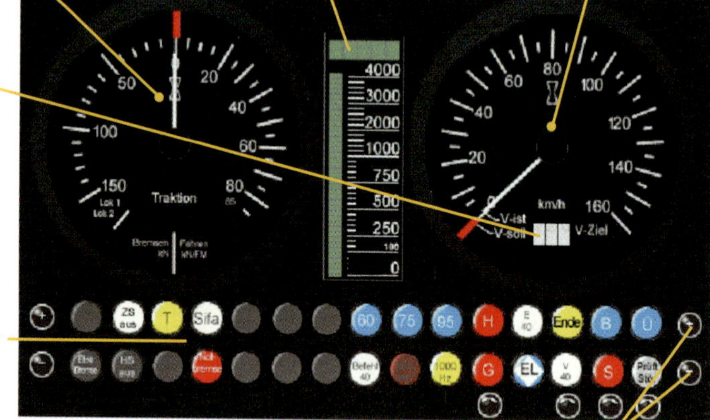


***Leuchtmelderblock***
*Türen, Sifa, Hauptschalter und Notbremse*

*Taster zur Einstellung der Instrumentenbeleuchtung*

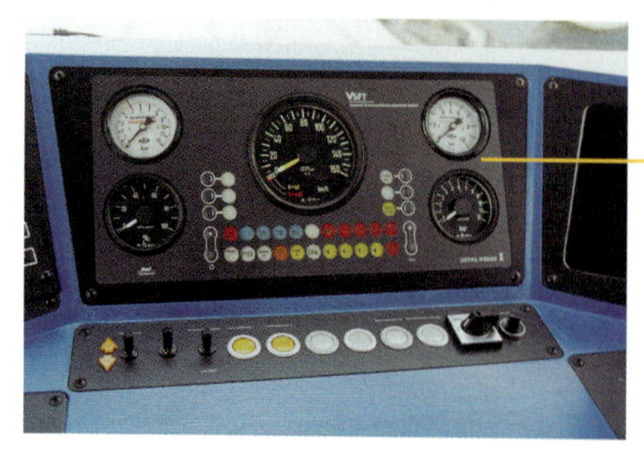

***Variante***
*MFA einer Diesellokomotive (mit Anzeige der Bremszylinderdrücke).*

## 2.6.7. Betriebs- und Diagnoseanzeige

*Displays zur Informations-Darstellung*

Die Führerräume sind bei neueren Fahrzeugen mit Farbdisplay ausgestattet, an denen sich alle wichtigen Informationen darstellen lassen. Das Tastaturlayout und das Bedienkonzept des jeweiligen Displays entspricht den Richtlinien der DB AG zur einheitlichen Bedienoberfläche für Terminals. Die Software des Terminals enthält die Bildschirmmasken zur Darstellung von Betriebswerten, Funktionszuständen, Diagnosemeldungen und Handlungshinweisen. Die Informationen auf dem jeweiligen Display werden über Funktionstasten gesteuert und können unterschiedlich aufgerufen werden. Bei Zugverbänden werden auf den Displays auch die Betriebsdaten und Zustandsmeldungen aus den anderen Fahrzeugen angezeigt.

*Abbildung: Führertisch einer Lokomotive (BR 185).*
*Über den verschiedenen Kipptastern sind die verschiedenen Farbdisplays angeordnet.*

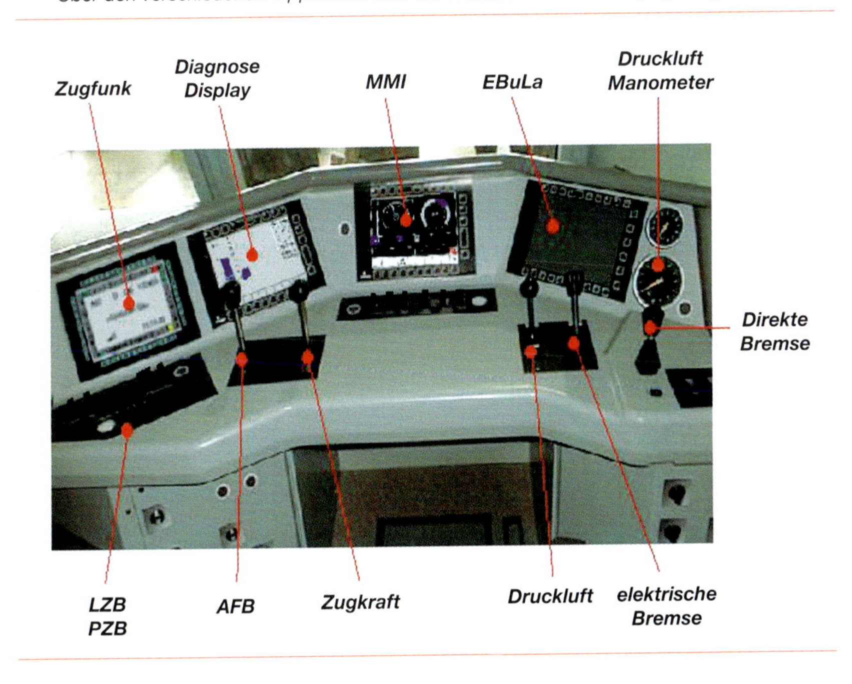


*In jedem Führerraum*

Bei Fahrzeugen, die mit nur einem Display pro Führerraum ausgerüstet sind, gewährleistet eine Fahrzeugschaltung, dass bei Ausfall eines Displays weiterhin eine Bedienung des Fahrzeuges möglich ist. Dabei muss dann die Bedienung von Funktionen, die nur über das Display verfügbar sind, vom anderen Führerraum aus erfolgen.

## Display

*Aufbau*

Das Display besteht aus der eigentlichen Anzeige (LCD-Farbdisplay) und der schwarzen Bedienoberfläche. Auf dem Bildschirm können verschiedene Bilder (Masken) zum Einstellen und Überprüfen von Daten aufgerufen werden.

## Möglichkeiten

- Einstellen der Fahrgastinformationssysteme.
- Einstellen der Linienzugbeeinflussung.
- Prüfen des Bremszustandes und überwachen der Bremsprobe.
- Anzeigen der zulässigen Fahrdrahtspannung.
- Überwachen der Antriebsanlagen.
- Eingeben von Daten für das aufgerüstete Abstellen.
- Erkennen von Störzuständen und Maßnahmen.

*Bedienung*

Die Bedienung geschieht ausschließlich über Tasten, denen per Software verschiedene Funktionen zugeordnet werden (Softkeys). Abgesehen von fahrzeugspezifischen Eigenheiten ist die Bedienung in allen mit Diagnosedisplay ausgerüsteten Fahrzeugen identisch.

*Abbildung: Diagnosedisplay Grundbild (Beispiel: E 185).*

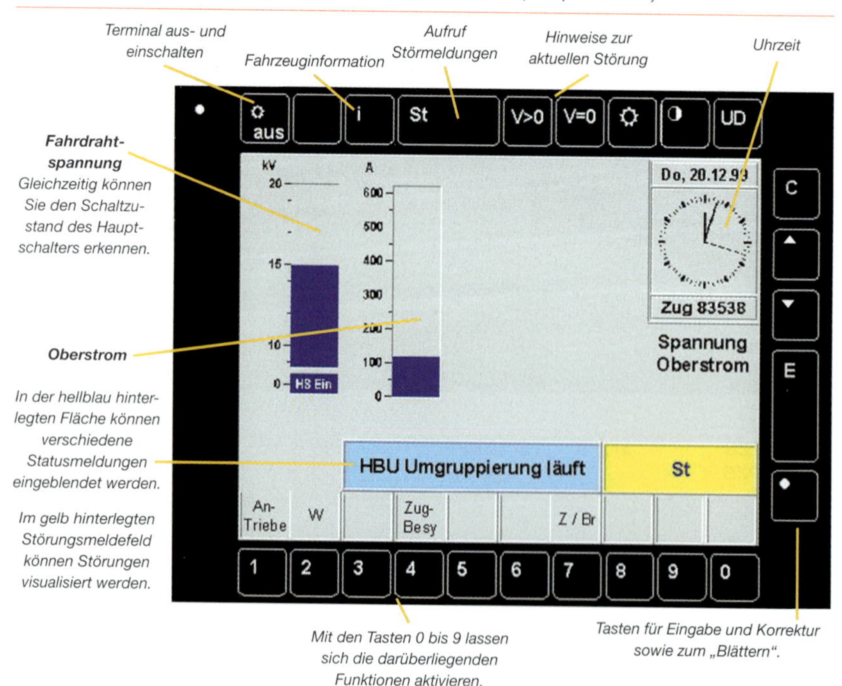

## Mensch Maschine Interface

Dieses Display dient der Anzeige der Zugsicherungs- und maschinentechnischen Daten. Es ist bei Fahrzeugen eingebaut, die sowohl auf konventionellen wie auch auf Strecken mit neuen Zugsicherungssystemen eingesetzt werden und ersetzt hier das Modulare-Führerraum-Anzeigegerät (siehe Kapitel 2.6.6).

*Abkürzung: MMI*

Für das Wartungs- und Instandhaltungspersonal sind darüber hinaus weitere Informationen verfügbar, die eine effektive Wartung und Instandhaltung unterstützen.

*Abbildung: Mensch Maschine Interface (MMI) am Beispiel einer elektrischen Lokomotive.*

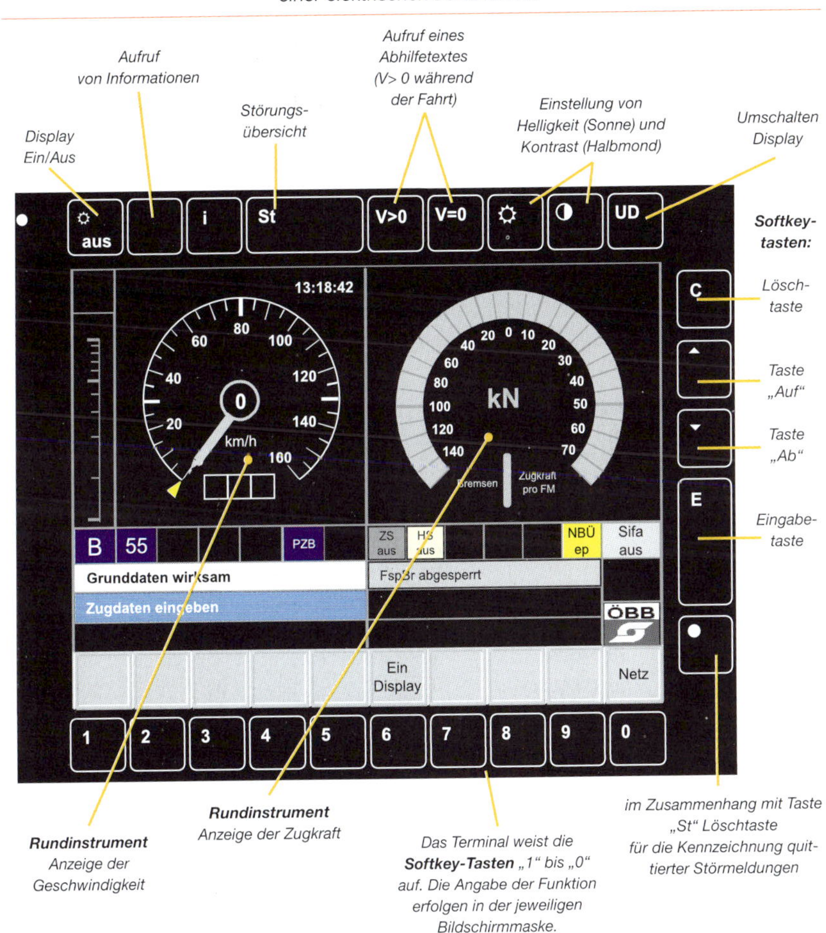

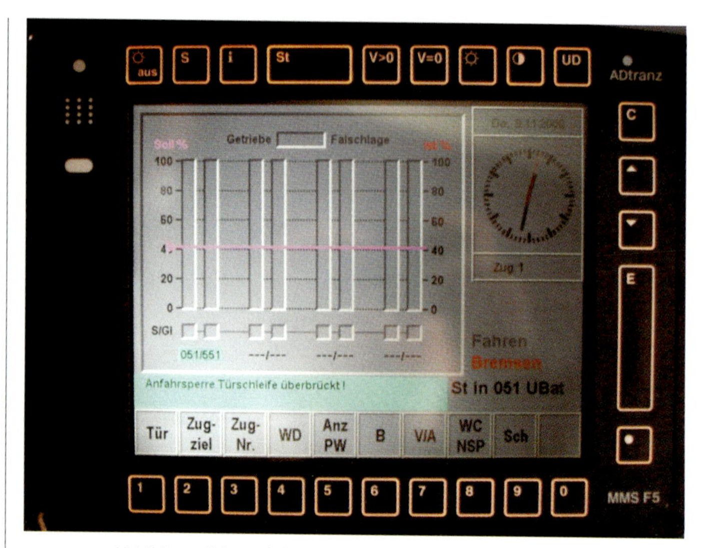


*Abbildung: Mensch Maschine Interface (MMI) am Beispiel eines Dieseltriebwagens.*

## Elektronischer Buchfahrplan

*Abkürzung: EbuLa*

Dieses Display dient zur Darstellung von Fahrplan- und Streckeninformationen und löst damit die bisher üblichen Buchfahrpläne ab. Über CD-Rom können Aktualisierungen schnell und problemlos vorge-

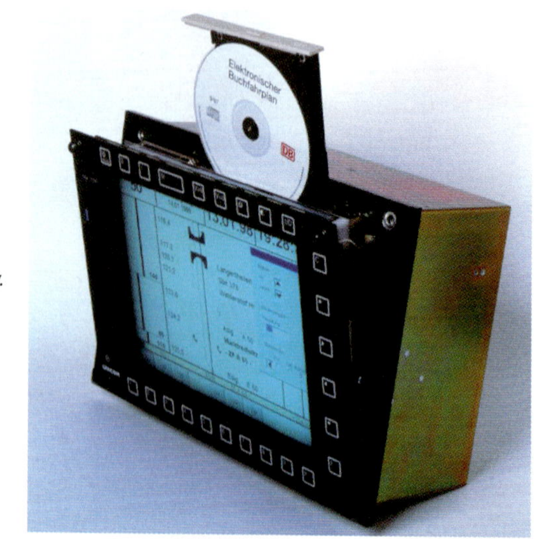


*Abbildung: EbuLa-Display.*

nommen werden. Tagesaktuelle Daten werden über eine Speicher karte in das Bordgerät eingeführt.

## 2.6.8. Seitenabfahreinrichtung

*Zug-abfertigung am Bahnsteig*

Der Führerraum fast aller Triebfahrzeuge und Triebwagen verfügt über große Seitenfenster an beiden Seiten. Diese, sowie die an den Säulen zwischen Front- und Seitenfenster des Führerraumes angeordneten Bedienelemente erlauben das Abfertigen des Zuges am Bahnsteig durch den Triebfahrzeugführer. Ebenfalls ist das Anfahren des Triebzuges vom Seitenfenster aus möglich.

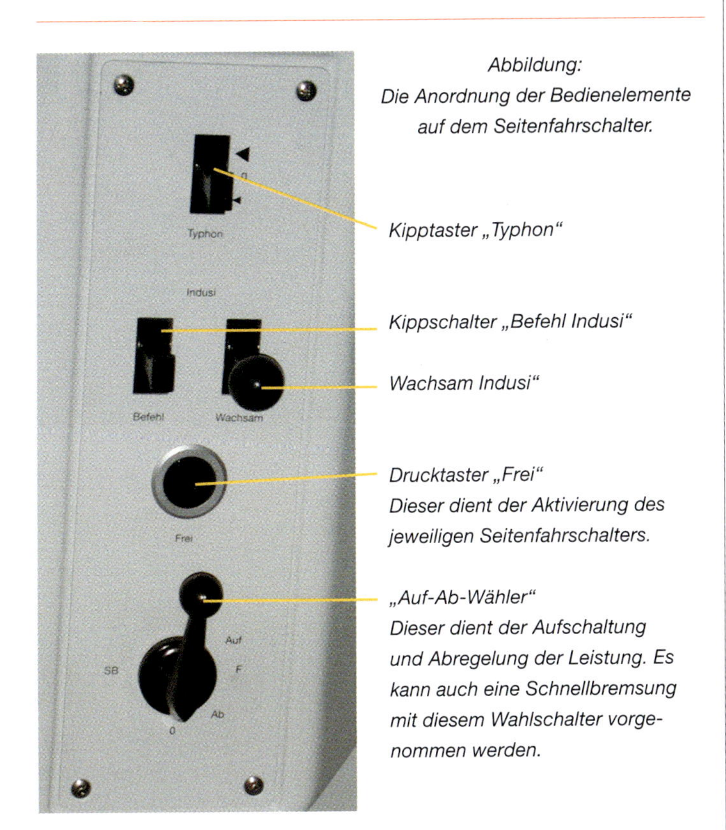


*Abbildung:*
*Die Anordnung der Bedienelemente auf dem Seitenfahrschalter.*

## 2.6.9. Wendezugsteuerung

*Bedienung vom Steuerwagen*

Beim Betrieb von Wendezügen werden elektrische Signale zwischen dem Führerraum des Steuerwagens und des schiebenden Triebfahrzeuges übertragen. Diese Informationsübertragung erfolgte bei älteren Fahrzeugen über ein 34- oder 36-poliges Steuerkabel, mit dem alle zwischen Lok und Steuerwagen gekuppelten Fahrzeuge ausgerüstet sein müssen. Jeder Ader war nur eine spezielle Funktion zugeordnet. Die Anzahl der übertragbaren Informationen war deshalb begrenzt.

*Abbildung: Wendezug.*

### Zeitmultiplexe Wendezugsteuerung

*Abkürzung: ZWS*

In den Siebzigerjahren wurde als Ersatz die ZWS entwickelt. Hier kann eine Vielzahl von Signalen über ein Adernpaar der 13- bzw. 18-poligen Fernsteuer- und Informationsleitung (frühere Bezeichnung UIC-Kabel) übertragen werden. Damit sind alle mit dieser Leitung ausgerüsteten Fahrzeuge wendezugfähig.

*Datentelegramme*

Das ZWS-System wurde erstmals in den lokbespannten S-Bahnen und den hierfür eingesetzten Loks der Baureihe 111 eingesetzt. Mit Hilfe der ZWS werden sämtliche, zur Steuerung und Überwachung der Lok erforderlichen Daten und Informationen in „Datentelegramme" umgewandelt und in ein Frequenzsignal moduliert. Anschließend werden sie über die Informations- und Steuerleitung übertragen. Dabei ist die Übertragungsfrequenz je nach Übertagungsrichtung

*Abbildung: Kupplungsdose der Fernsteuer- und Informationsleitung.*

unterschiedlich. Zwischen Lok und Steuerwagen werden sie mit einer Frequenz von 96 kHz, umgekehrt mit 120 kHz übermittelt. Beim Empfänger werden die Datentelegramme wieder demoduliert und in elektromagnetische Impulse und Stellgrößen umgewandelt, mit denen dann Schaltzustände verändert werden können.

*Abbildung: ZWS-Blockschaltbild.*

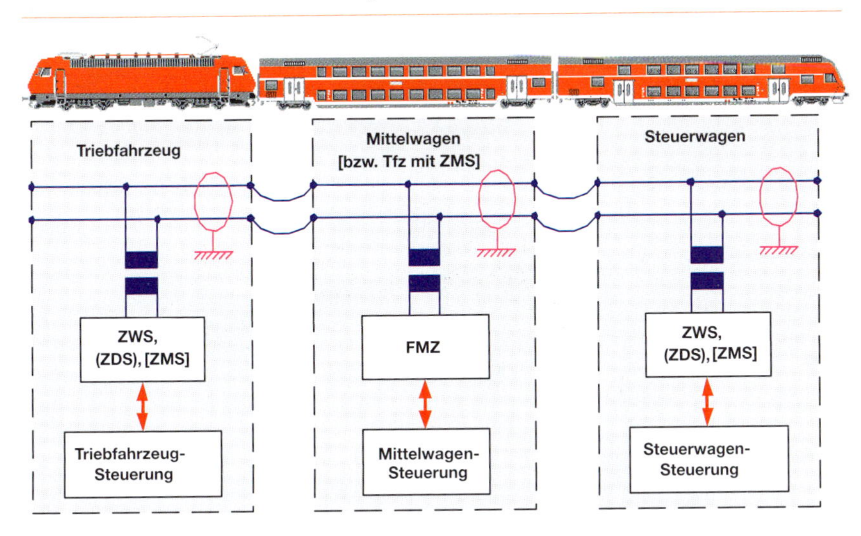

## Frequenz-Multiplexe Zugsteuerung

*Abkürzung: FMZ*

Bei der FMZ handelt es sich um eine ZWS-Baugruppe. Während mit der ZWS nur Daten zwischen Lok- und Steuerwagen übertragen werden können, dient die FMZ zur Übertragung von Informationen vom führenden Führerstand zu den einzelnen Zwischenwagen. Hierbei werden alle Meldungen und Befehle einer Frequenz zwischen 67 und 73 kHZ zugeordnet und frequenzmultiplex auf dem gleichen Adernpaar der UIC-Leitung wie bei der ZWS übertragen. Die in jedem Wagen vorhandenen Niederfrequenz-Auswerter werden hierdurch direkt angesprochen und führen die entsprechende Schalt- und Überwachungshandlung auch nur in diesem Wagen aus.

Mit der FMZ werden auch die Daten für Wendebremsprobe, Handbremskontrolle, Türverschlüsse und Rückmeldungen sowie Beleuchtungssteuerung übertragen.

## Zeitmultiplexe Doppel- und Mehrfachtraktions-Steuerung (ZDS/ZMS)

*Abkürzung: ZDS/ZMS*

ZDS und ZMS sind eine Weiterentwicklung der ZWS. Durch eine Erweiterung der Datentelegramme können vom führenden Fahrzeug aus auch die Unterstationen anderer gekuppelter Fahrzeuge angesprochen und diese damit gesteuert werden. Damit ist eine Doppel- und Mehrfachtraktion möglich.

*Abbildung: Dieseltriebzug Baureihe 644 in Mehrfachtraktion.*

## 2.6.10. Funkfernsteuerung

*Die Lok bleibt unbesetzt*

Funkferngesteuerte Rangier- und Kleinlokomotiven werden für alle im Rangierbetrieb anfallende Aufgaben eingesetzt. Die Funklok darf unbesetzt sein und wird vom Lokrangierführer über Funk gesteuert.

Der Lokrangierführer trägt das Tragegeschirr mit Fernsteuerbediengerät und Handsprechgerät. An beiden Seiten des Führerraums ist je ein weißer Sichtmelder angebracht. Dessen Leuchten signalisiert, dass es sich um eine im Funkfernsteuerbetrieb befindliche Lokomotive handelt.

*Abbildung: Funkferngesteuerte Lokomotive.*

### Bauteile der Funkfernsteuerung

*Übersicht*

Die Bauteile der Funkfernsteuerung befinden sich auf der Lok und beim Lokrangierführer.

- Fernsteuergeräteschrank mit maschinentechnischen und fernmeldetechnischen Teil.
- Batterieladegerät zum Laden der Batterien des Fernsteuerbediengerätes.
- Halterung für das Fernsteuerbediengerät.
- Fernsteuerbediengerät (FBG) beim Lokrangierführer.

*Überwachung*

Die Überwachung der Maschinenanlage ist automatisiert. Eine Schleuder-/Gleitschutzeinrichtung verhindert das Gleiten und Schleudern der Radsätze bei ungünstigen Reibungsverhältnissen. Die automatische Anfahrzugbegrenzung drosselt beim Anfahren die Motordrehzahl und gibt sie geschwindigkeitsabhängig frei. Bei ca. 10 km/h ist die volle Zugkraft vorhanden. Ein Bedienpult am Führertisch dient zur manuellen Bedienung der Lok.

*Abbildung: Fernsteuergeräteschrank.*

*Abbildung: Bedienpult für die Manuelle Bedienung (BR 363 – 365).*

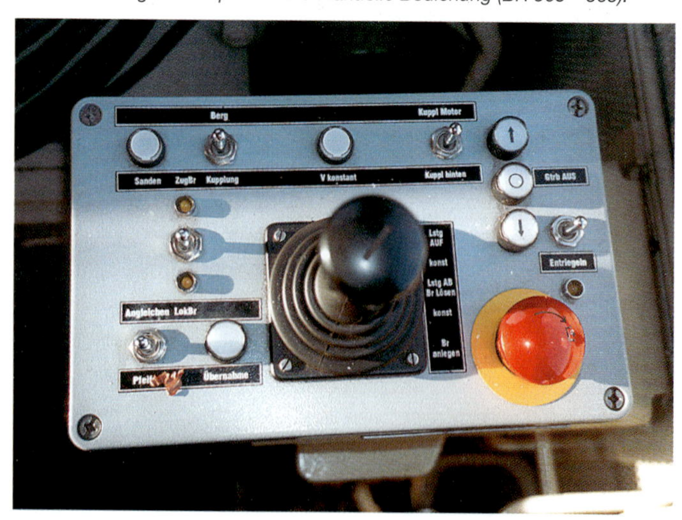

## Sicherheitseinrichtungen

Die technische Konzeption der Funkfernsteuerung gewährleistet ein Höchstmaß an Sicherheit.

- Zur Überwachung des Lokrangierführers ist im Fernsteuerbediengerät ein **Neigungsschalter** eingebaut, der beim Neigen dieses Gerätes um mehr als 50° aus der Senkrechten eine Schnellbremsung auslöst.
- Eine **Fahrsperre** verhindert eine versehentliche Leistungsaufschaltung am Fernsteuerbediengerät und schützt so den Lokrangierführer vor ungewollten Fahrbewegungen der Funklok.
- Die **Stillstandsüberwachung** (Rollsicherung) wirkt unbeabsichtigten Bewegungen der Funklok bzw. Wagengruppe entgegen.
- Eine **Geschwindigkeitsüberwachung** überwacht das Einhalten einer am Fernsteuergeräteschrank eingestellten maximalen Rangiergeschwindigkeit.
- Eine **Geschwindigkeitsregelung** erleichtert bei einigen Fahrzeugbauarten das Einhalten der erforderlichen Abdrückgeschwindigkeit.

Die Signalverarbeitung im maschinentechnischen Teil ist zweikanalig aufgebaut und ermöglicht einen ständigen Vergleich der Signale auf ihre Richtigkeit. Zum Beispiel wird bei fehlenden oder falsch erkannten Funktelegrammen nach einer Reaktionszeit von 2,2 Sekunden automatisch eine Vollbremsung ausgelöst.

## Fernsteuerbediengerät

Die Funklok wird mit dem Fernsteuerbediengerät gesteuert. Es gibt zwei verschiedene Systeme in unterschiedlichen Gehäusen aber in fast identischer Bedienung. Die neue Anlage ist etwas leichter und nach neuesten ergonomischen Erkenntnissen entwickelt.

*Die Steuerzentrale*

*Abbildung: Fernsteuerbediengerät (Bezeichnung: EC/LO).*

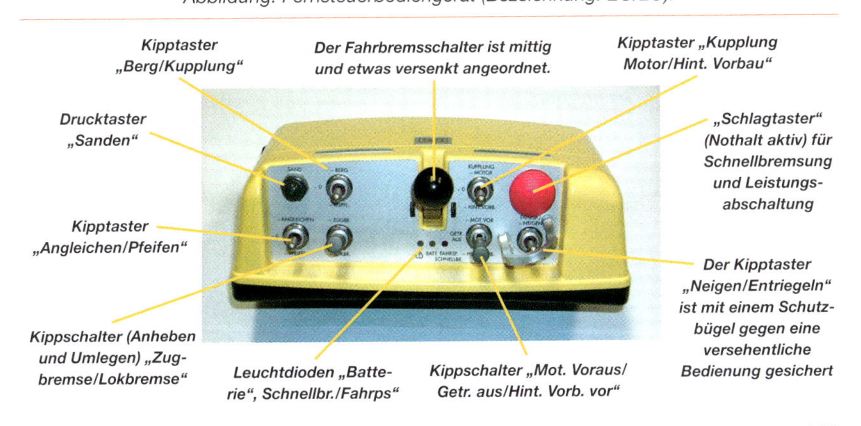

## 2.6.11. Sonstige Führerstandseinrichtungen

*Leuchtmelderanzeigen*

Im Blickfeld des Triebfahrzeugführers befinden sich verschiedene Leuchtmelderanzeigen, die der Anzeige von Fahrzeugzuständen und Störungen bzw. Abweichungen vom Normalbetrieb dienen.

| Motor | Ladung 110 V | |
|---|---|---|
| Getriebe | Wende-schaltung | Gleit-schutz |

*Abbildung: Leuchtmelderanzeigen (Beispiel VT).*

### Sicherungsautomaten (Leistungsschutzschalter – LSS)

Die einzelnen Stromkreise des Fahrzeuges werden durch Sicherungsautomaten abgesichert. Abgesehen von Ausnahmen (Beispiel Hilfsluftpresser bei der BR 101) ist ihre Grundstellung „ein“.

*Abbildung: Sicherungsautomaten.*

## Schalttafel

Im Bedienraum befinden sich meist im und am Schaltschrank aber auch in Augenhöhe links über dem Führerpult weitere Bedienelemente zum Schalten und Überwachen wichtiger technischer Einrichtungen. Nachfolgend werden einige Funktionen beispielhaft dargestellt.

*Schalten und Überwachen*

*Abbildung: Schalttafel (Beispiel ET).*

**Batteriespannung:**
Nennspannung meist 110 V
Mindestspannung 100 V

**Batterieschütz:**
Schwenktaster zum Ein- und Ausschalten der Batterie.

**Vereinfachte Bremsprobe:**
Leuchtdrucktaster zum Prüfen der Bremsen.

**PZB-Störschalter:**
Muss bei gestörter Indusi auf „Ein" stehen.

**LZB-Störschalter:**
Muss bei gestörter LZB auf „Ein" stehen.

**Federspeicherbremse:**
Taster zum anlegen und lösen der Federspeicherbremse.

**Überbrückung Anfahrsperre:**
Zum Auslösen der Haltebremse zum räumen der Strecke bei Türstörungen.

**Sifa:**
Muss bei gestörter Sifa auf „Stö" stehen.

**PZB-Überbrückung Bremse:**
Schalter wird in „Ein" gestellt, wenn sich eine Indusizwangsbremsung nicht lösen lässt.

**Fahrgastraum Lüfter:**
Drucktaster leuchtet bei ausgeschalteter Lüftung.

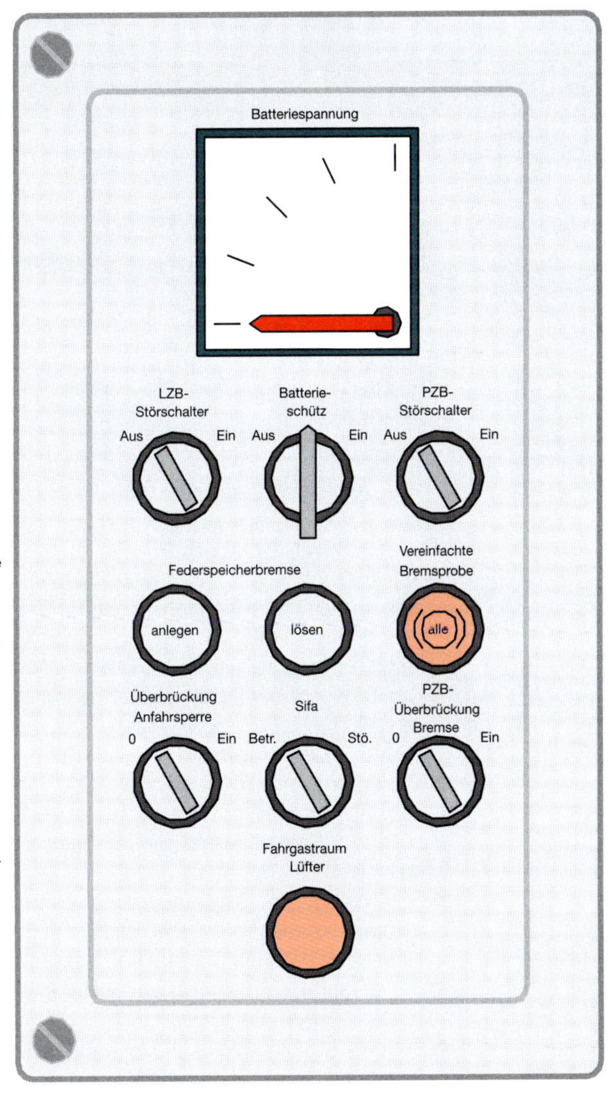

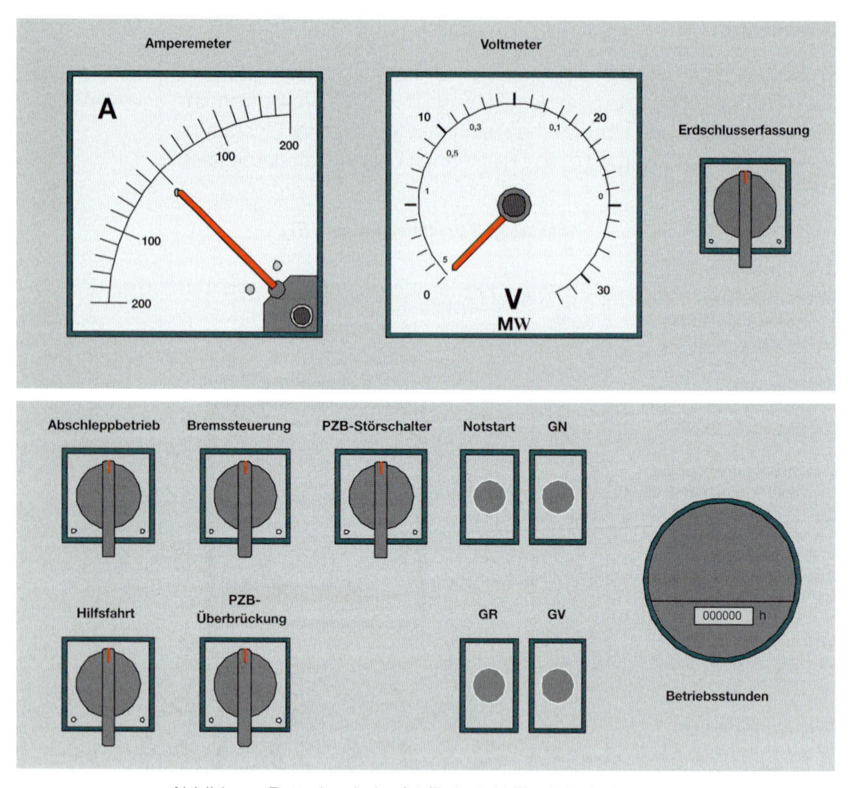


*Abbildung: Batterieschalttafel (Beispiel VT mit 24 V-Batterie).*

- Das Amperemeter zeigt an, ob die Batterie geladen oder entladen wird während das Voltmeter die augenblickliche Spannung anzeigt.
- Der Drehschalter für die Erdschlusserfassung besitzt die Schalterstellungen „Plus gegen Masse", „Batterie" (Normalbetrieb) und „Minus gegen Masse".
- Der Drehschalter für den Abschleppbetrieb besitzt die Stellungen „Aus" (Normalbetrieb), „Eigen" (wenn der VT abgeschleppt werden soll) und „Fremd" (wenn der VT einen anderen VT abschleppen soll).
- Der Drehschalter Bremssteuerung besitzt die Stellungen „Normal" für den normalen Fahrbetrieb und „Störung" zur Überbrückung der Überwachungsschleife der Feststellbremsen.
- Die Umschaltung auf Hilfsfahrt wird bei einem Ausfall der Steuerung vorgenommen.
- Die Leuchtdrucktaster GN, GR und GV dienen zur Steuerung des Getriebes.

# 2.7. Sicherheitseinrichtungen

## 2.7.1. Sicherheitsfahrschaltung

Die Sicherheitsfahrschaltung (Sifa) überwacht die Arbeitsfähigkeit des Triebfahrzeugführers und sorgt dafür, dass bei dessen Dienstunfähigkeit der Zug sofort angehalten wird.

*Abkürzung: Sifa*

Dazu muss der Triebfahrzeugführer während der Fahrt in bestimmten Abständen einen Taster in einer Bodenplatte oder einen Handtaster bedienen (z.B. Sifa-Taster niederdrücken und in bestimmten Abständen kurzzeitig loslassen). Vergisst er dies, so wird er durch eine Kontroll-Lampe (Leuchtmelder) aufmerksam gemacht. Reagiert er immer noch nicht, ertönt ein Warnton. Erfolgt wieder keine Reaktion, wird der Zug abgebremst und der Antrieb abgeschaltet. Es gibt verschiedene Arten der Sifa die sich in ihrer Funktionsweise aber ähneln.

*Abbildung: Taster in der Bodenplatte.*

*Abbildung: Sifa-Handtaster kombiniert mit dem Fahrschalter.*

### Einschalten der Sifa

*Sifa-Absperrhahn*

Bei älteren Fahrzeugen ist die Sifa eingeschaltet, wenn nach dem Aufrüsten des Fahrzeuges der Sifa-Absperrhahn geöffnet wird. Vor dem Abrüsten wird die Sifa durch Schließen des Sifa-Absperrhahnes wieder ausgeschaltet.

*Richtungsschalter*

Bei neueren Fahrzeugen wird die Sifa mit dem Richtungsschalter auf dem Führerstand ein- bzw. ausgeschaltet. Der Sifa-Stromkreis ist mit einem Automaten auf der Schalttafel abgesichert.

### Elektromechanische Sifa

*Zeit-/Weg-Sifa*

Diese Sifa ist in älteren Fahrzeugen eingebaut. Hier erfolgt die Überwachung durch ein elektrisches Zeitglied und ein von der Achse angetriebenes mechanisches Bauteil.

**Funktion:** Bleibt ein Sifa-Taster während der Fahrt unquittiert, passiert folgendes:

- Nach 30 Sekunden warnt ein optisches Signal (Leuchtmelder) den Triebfahrzeugführer.
- Nach 75 m zurückgelegten Weg warnt zusätzlich ein akustisches Signal (Hupe).
- Nach weiteren 75 m ohne Bedienung eines Sifa-Tasters erfolgt eine Zwangsbremsung.

Durch Betätigen eines Sifa-Tasters wird der Ablauf vom Triebfahrzeugführer von Neuem gestartet.

*Abbildung: Elektromechanische Sifa (Zeit-Weg-Sifa).*

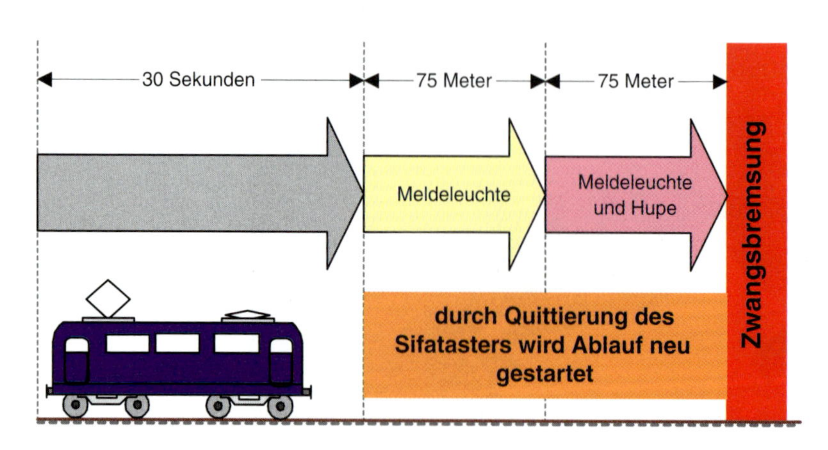

## Elektronische Sifa

*Zeit-/Zeit-Sifa*

Diese Sifa ist in neuere Fahrzeuge eingebaut. Hier wurden an Stelle der mechanischen Bauteile für die Zeiterfassung zwei elektrische Zeitglieder eingebaut.

**Funktion:** Bleibt ein Sifa-Taster während der Fahrt unquittiert passiert folgendes:

- Nach 30 Sekunden warnt ein optisches Signal (Leuchtmelder) den Triebfahrzeugführer.
- Nach weiteren 2,5 Sekunden warnt zusätzlich ein akustisches Signal (Hupe).
- Nach weiteren 2,5 Sekunden erfolgt eine Zwangsbremsung.

Wird das Fahrzeug ohne Betätigung des Sifa-Tasters bewegt, wird sofort nach 2,5 Sekunden eine akustische Meldung erzeugt und nach weiteren 2,5 Sekunden die Zwangsbremsung eingeleitet.

*Abbildung: Elektronische Sifa (Zeit-Zeit-Sifa).*

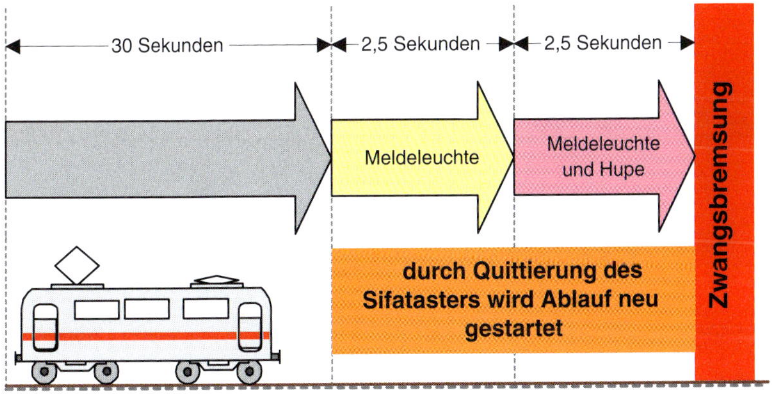

## Elektronische Aufforderungssifa

Das wesentliche Merkmal dieser Sifa besteht im Aufforderungsprinzip. Die Betätigung der Wachsamkeit ist nur innerhalb festgelgter Zeitintervalle möglich. Bei Aufleuchten der Sifameldeleuchte ist kurz der Sifataster zu bedienen. Außerhalb dieser Aufforderung ist eine Tastenbedienung wirkungslos. Unterbleibt diese Bedienung, dann warnt nach 4 Sekunden ein akustisches Signal, nach weiteren 2 Sekunden erfolgt eine Zwangsbremsung.

*Zyklisch oder zufallsabhängig*

Bei neueren Ausführungen werden die Zeitintervalle zwischen der Aufforderung zur Tastenbedienung durch einen Zufallsgenerator unterschiedlich bestimmt. Zusätzlich bewirkt auch eine wegabhängige Bestimmung die Anforderungsfrequenz. Sobald die Fahrgeschwindigkeit den Bereich überschreitet, bei dem 800 m (oder 400 m) in weniger als 40 bis 50 Sekunden durchfahren werden, erfolgt eine geschwindigkeitsabhängige Verkürzung der zeitlichen Anforderungsabstände. Dadurch wird ein Gewöhnungseffekt ausgeschlossen.

*Abbildung: Elektronische Aufforderungssifa.*

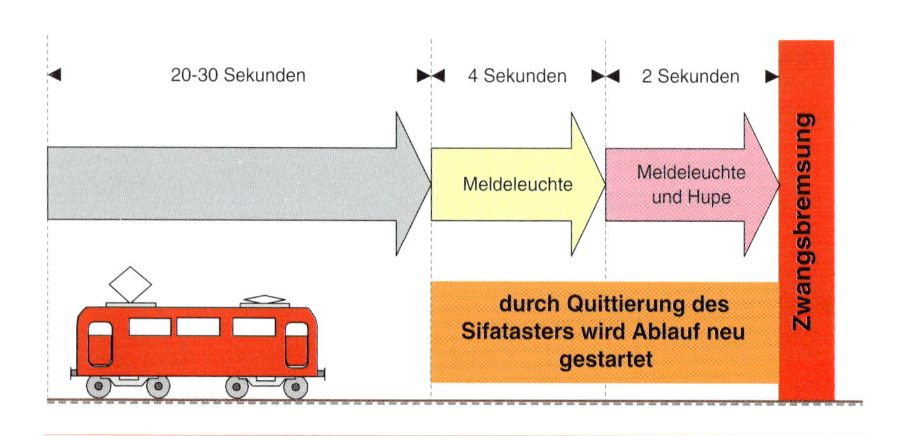


## 2.7.2. Punktförmige Zugbeeinflussung

*Abkürzung: PZB*

Die Punktförmige Zugbeeinflussung (PZB) soll durch Zwangsbremsungen Unfälle und Gefährdungen verhindern, wenn Halt-zeigende Signale, Vorsignale in Warnstellung oder Geschwindigkeitsbeschränkungen vom Lokführer nicht beachtet werden.

*Indusi*

Die Punktförmige Zugbeeinflussung wird allgemein auch Indusi (Induktive Zugsicherung) genannt obwohl die induktive Zugsicherung nur eine der PZB-Anwendungen ist.

## Streckeneinrichtungen

Bei der Indusi sind außen an der rechten Schiene elektromagnetische Schwingkreise (Gleismagnete) mit einer genau abgestimmten Frequenz verlegt, die in Abhängigkeit vom zugehörigen Signal geschaltet werden. Da sie unterschiedliche Funktionen haben, gibt es auch unterschiedliche Gleismagnete:

*Gleismagnete*

Der 1000-Hz-Magnet ist an Vorsignalen, Langsamfahrsignalen oder an den Überwachungssignalen der Bahnübergänge verlegt.

*1 000 Hz*

Der 500-Hz-Magnet liegt 150 – 250 m vor einem Hauptsignal und ist wirksam, wenn der Zug vor dem Signal halten muss oder nicht schneller als 30 km/h daran vorbeifahren darf. Ist seine augenblickliche Geschwindigkeit größer als die Prüfgeschwindigkeit (siehe nachfolgende Tabelle), löst dies sofort eine Zwangsbremsung aus.

*500 Hz*

Der 2000-Hz-Magnet liegt an Haupt- und Sperrsignalen und ist in der jeweiligen Haltstellung wirksam. Eine Beeinflussung löst eine sofortige Zwangsbremsung aus.

*2 000 Hz*

## Fahrzeugmagnet

Der Indusi-Fahrzeugmagnet sendet ständig elektromagnetische Kraftlinien nach unten aus. Beim Überfahren des Gleismagneten durchsetzen die Kraftlinien die Gleismagnetspule und induzieren in der Spule eine Spannung, die einen Strom im Gleichstromkreis und das Abfallen des „Bremsmagneten“ zur Folge hat. Die Hauptluftleitung wird entlüftet.

*Abbildung: Indusi-Fahrzeugmagnet.*

## Beeinflussung

*Zugartstellung*

Es gibt drei verschiedene Zugartstellungen, die entsprechend dem Bremsvermögen eines Zuges (Bremshundertstel) am Indusigerät eingestellt werden. Diese Stellungen heißen O, M und U. Jeder Stellung ist eine bestimmte Geschwindigkeit zugeordnet die bei der angehängten Geschwindigkeitsprüfung überprüft wird.

| Bremshundertstel des Zuges | Zugartschalter in Stellung | Prüfgeschwindigkeit nach 1000 Hz-Beeinflussung | Prüfgeschwindigkeit am 500-Hz-Magneten | |
|---|---|---|---|---|
| ≥ 111 Brh | O | nach 23 Sekunden | 85 km/h | 65 km/h |
| ≥ 66 Brh | M | nach 29 Sekunden | 70 km/h | 50 km/h |
| < 66 Brh | U | nach 38 Sekunden | 55 km/h | 40 km/h |

*Abbildung:Die Überwachungspunkte im Diagramm.*

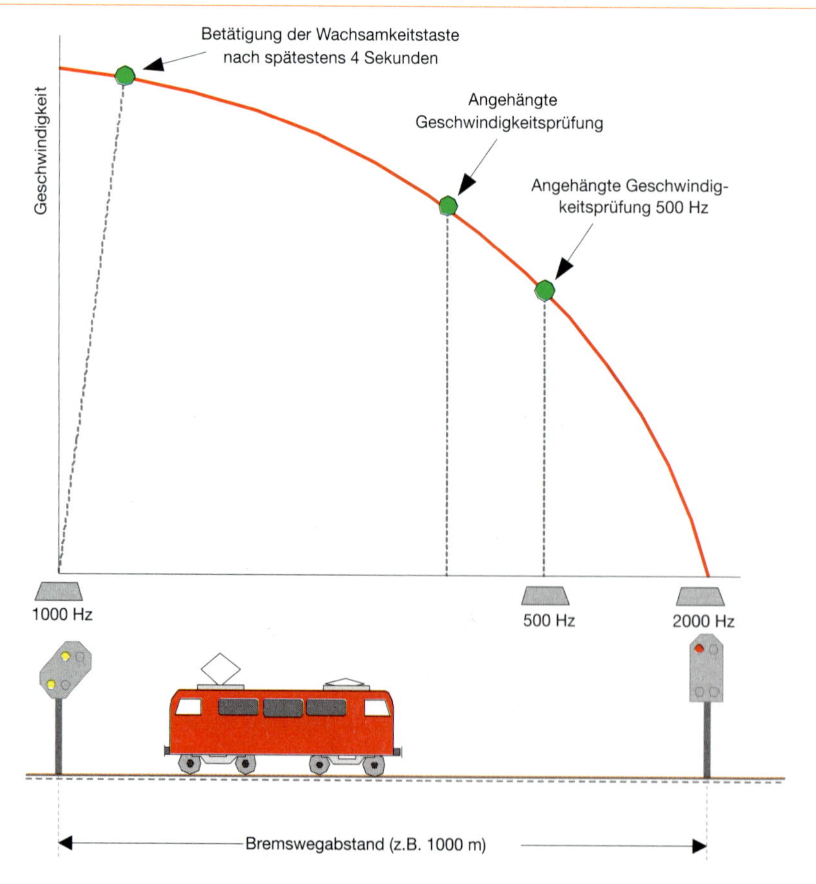

Die Punktförmige Zugbeeinflussung kennt drei Einwirkungen auf das Fahrzeug mit aktivierter PZB:

- Eine Beeinflussung am **1000 Hz-Magnet** am Vorsignal, wenn dessen Signalstellung eine Geschwindigkeitsminderung erfordert. Die Wahrnehmung dieser Signalstellung wird dadurch überwacht, dass der Lokführer innerhalb von vier Sekunden die „Wachsamkeitstaste" bedient haben muss. Anschließend wird kontrolliert, ob die Geschwindigkeit des Zuges innerhalb eines festgelegten Zeitraumes je nach Zugartstellung unterhalb einer vorgegebenen Sollgeschwindigkeit abgesenkt wird.
- Eine Beeinflussung am **500 Hz-Magnet**, die 150 bis 250 m vor dem Hauptsignal eine direkte Prüfung der Geschwindigkeit auslöst. Sie muss unterhalb der von der Zugartstellung vorgegebenen Geschwindigkeit liegen.
- Eine Beeinflussung am **2000 Hz-Magnet** am Hauptsignal, die bei dessen Haltstellung eine sofortige Zwangsbremsung bewirkt.

## Geschwindigkeitsprüfeinrichtung

*Geschwindigkeitsüberwachung*

Zur Geschwindigkeitsüberwachung zum Beispiel bei Langsamfahrstellen sind am Gleis Geschwindigkeitsprüfabschnitte verlegt. Der Fahrzeugmagnet induziert beim Überfahren im Einschaltmagneten eine Spannung. Dadurch wird im Schaltkasten ein Relais angespeist, dass einen elektronischen Zeitkreis anlaufen lässt. Nach Ablauf einer vorab eingestellten Zeit wird der in einem bestimmten Abstand hinter dem Einschaltmagneten verlegte Wirkmagnet unwirksam geschaltet.

- **Zuggeschwindigkeit > Prüfgeschwindigkeit**: Der Zug durchfährt die Mess-Strecke in einer kürzeren Zeit als der eingestellten. Der Wirkmagnet ist noch wirksam und beeinflusst die Fahrzeugeinrichtung.

*Abbildung: Geschwindigkeitsprüfabschnitt.*

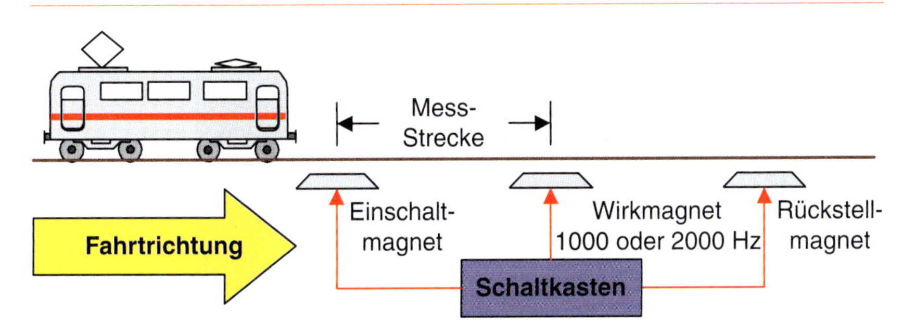

- **Zuggeschwindigkeit < Prüfgeschwindigkeit**: Der Zug durchfährt die Mess-Strecke in einer längeren Zeit als der eingestellten. Der Wirkmagnet ist nicht mehr wirksam.

Der Rückstellmagnet bringt die Geschwindigkeitsprüfeinrichtung wieder in die Grundstellung zurück.

### Fahrzeugeinrichtungen

Neben dem Fahrzeugmagneten sind im Führerstand des Triebfahrzeuges bzw. Steuerwagens folgende Einrichtungen angebracht:

- Leuchtmelder blau „85“, „70“ und „55“ (Betriebsbereit und eingeschaltete Zugart).
- Leuchtmelder gelb „1000 Hz“ (Überprüfung der Wachsamkeit)

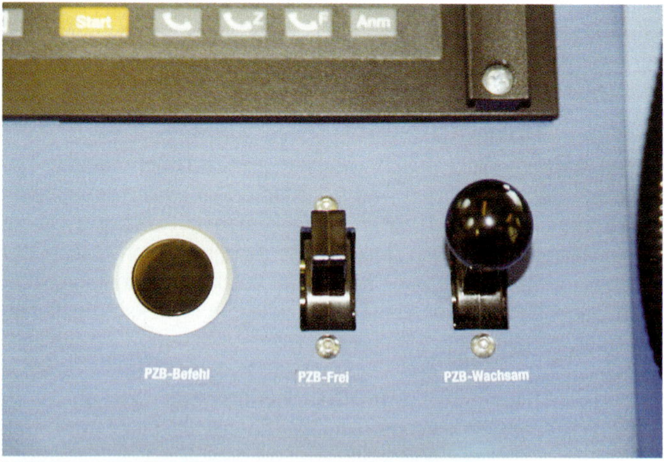


*Abbildung: Wachsamkeitstaste, Frei- und Befehlstaste.*

*Abbildung: Leuchtmelder.*

- Leuchtmelder rot „500 Hz“ (leuchtet nach einer 500 Hz-Beeinflussung)
- Leuchtmelder weiß „Befehl 40“ (leuchtet bei betätigter Befehltstaste und 2000 Hz-Beeinflussung)
- PZB-Taster (Wachsamkeits-, Frei- und Befehlstaste)
- Hupe
- Schaltkasten und Sicherungsautomaten

*Indusi-Taster*

Wird ein wirksamer 1000 Hz-Magnet überfahren, muss die **Wachsamkeitstaste** betätigt werden. Es ertönt die Hupe und der gelbe Leuchtmelder zeigt Dauerlicht.

Die **Freitaste** ist nach einer Indusi-Zwangsbremsung bei Schnellbremsstellung des Führerbremsventils solange zu drücken, bis die Hupe verstummt.

Die **Befehltstaste** darf nur während der Vorbeifahrt an einem haltzeigenden oder gestörten Hauptsignal und nur auf besondere Anordnung bedient werden. Als Mittel der Fahrtdokumentation dient ein Registriergerät. Hier werden vor Fahrtantritt eingegebene Zugdaten erfasst und die aktuelle Geschwindigkeit mit der jeweiligen Bedienhandlung des Lokführers gespeichert.

### Indusi-Bauarten

*PZ80, I60R, I80*

Die Indusi wurde im Laufe der Zeit ständig geändert und den steigenden Sicherheitsbedürfnissen angepasst. Neben einigen älteren Bauarten werden heute meist neuere Geräte mit den Bezeichnungen PZ80, I60R und I80 eingesetzt.

*PZB 90*

Bei der Punktförmigen Zugbeeinflussung PZB 90 handelt es sich nicht um eine besondere Indusi-Bauform, sondern um eine Systemänderung mit der alle bestehenden Indusi-Anlagen umgerüstet und vereinheitlicht werden.

*Beispiel Zugart „U“ Brh < 66*

Hier wird die 1000 Hz-Überwachung bis auf 55 km/h abgesenkt und auf eine Gesamtlänge von 1250 m ausgedehnt. Für den Fall, dass ein haltzeigendes Hauptsignal wieder auf „Fahrt“ gestellt wird, besteht die Möglichkeit, sich durch Betätigung der PZB-Freitaste wieder aus der Überwachung zu befreien. Die 500 Hz-Überwachung erfolgt auf einer Länge von 250 m und läuft entsprechend der eingestellten Zugart von 40 km/h auf bis zu 25 km/h (Stellung „U“) herunter (Vü 1).

### Restriktive Geschwindigkeitsüberwachung

Bei Erreichen einer Umschaltgeschwindigkeit (Vum) wird die restriktive Geschwindigkeitsüberwachung (Vü 2) wirksam. Damit soll z.B.

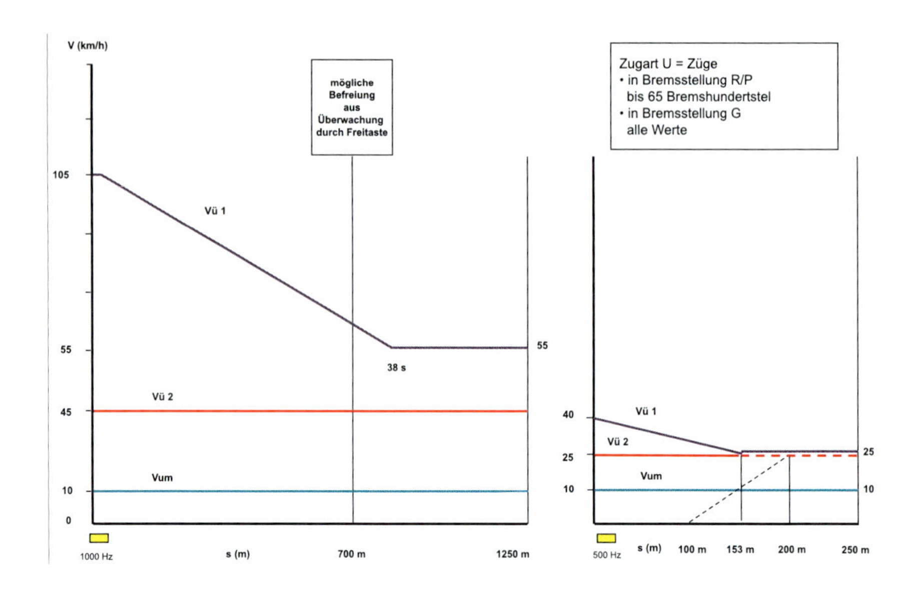


*Abbildung: Geschwindigkeitsüberwachungsfunktion (Beispiel: Zugart U).*

nach einem Halt das Anfahren gegen Halt zeigende Signale unterbunden werden.

Die richtige Bedienung der PZB 90 wird durch die erweiterten Anzeigen der Leuchtmelder unterstützt. Der blaue Leuchtmelder (blinkend) wird zusätzlich zum gelben Leuchtmelder zur Anzeige einer wirksamen 1000 Hz-Geschwindigkeitsüberwachung verwendet. Das Wechselblinken der beiden blauen Leuchtmelder „85“ und „70“ dient zur Anzeige einer wirksamen restriktiven Geschwindigkeitsüberwachung.

### Registriergerät/Datenspeicherkassette

Bei älteren Fahrzeugen werden sämtliche Betriebsvorgänge durch ein Registriergerät auf einem Schreibstreifen aufgezeichnet. Der Schreibstreifen wird vor der Fahrt vom Lokführer beschriftet.

Bei neueren Einrichtungen werden sämtliche Daten auf einer Datenspeicherkassette gespeichert. Der Speicherinhalt kann mit Lesegeräten (Laptop) ausgelesen und anschließend ausgewertet werden. Der Triebfahrzeugführer gibt über eine Tastatur seine Tf-Kennung, Zugnummer und Zugdaten ein.

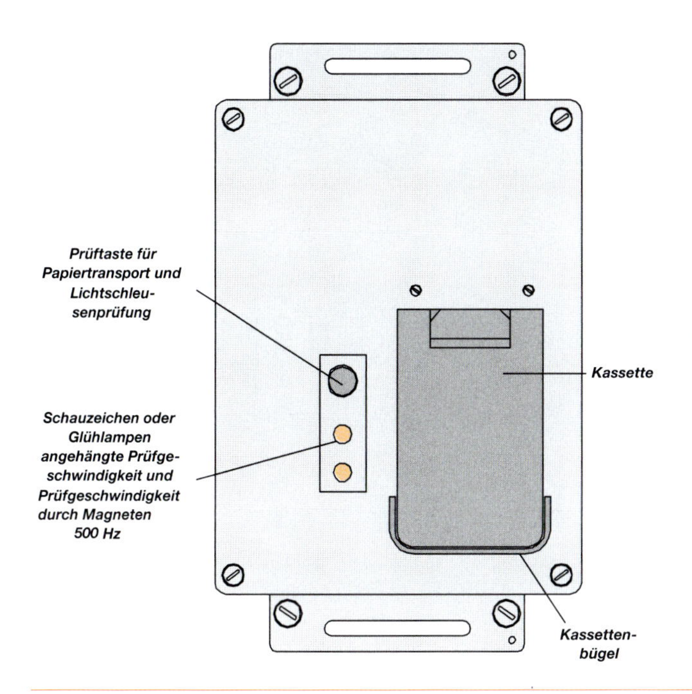


*Abbildung: Elektronisches Registriergerät ER 4. Der Zugart-umschalter ist an der Seite angeordnet.*

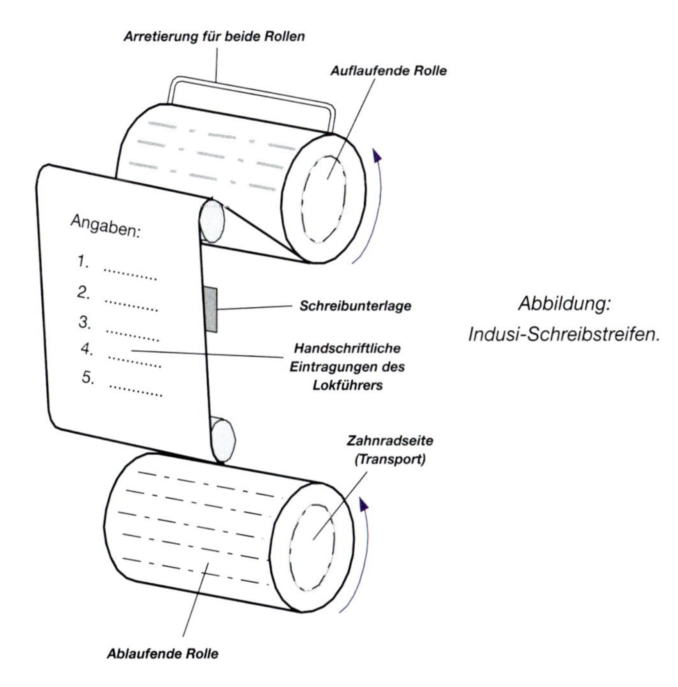


*Abbildung: Indusi-Schreibstreifen.*

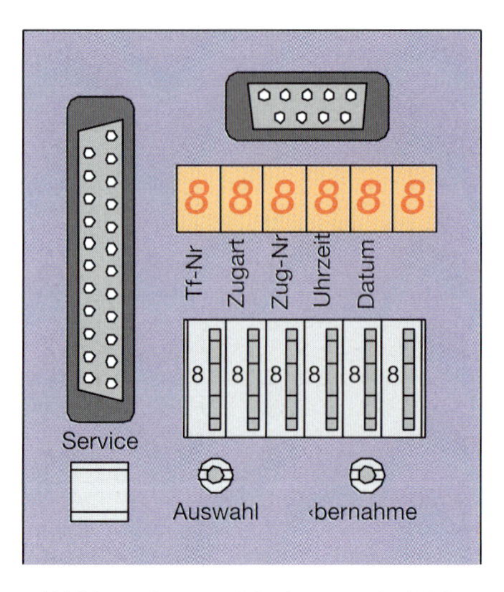


*Abbildung: Datenspeicherkassette der I60 R.*

## 2.7.3. Linienzugbeeinflussung

*Abkürzung: LZB*

Die Linienzugbeeinflussung (LZB) ist ein rechnergestütztes System, bei dem die Zugfahrten im Gegensatz zur Punktförmigen Zugbeeinflussung lückenlos gesteuert und gesichert werden.

Weil höhere Geschwindigkeiten längere Bremswege erfordern ist die LZB für Geschwindigkeiten ab 160 km/h zwingend erforderlich. Das hängt damit zusammen, das die Bremswege bei derartigen Geschwindigkeiten größer sind, als die Abstände zwischen den Vor- und Hauptsignalen.

### Einrichtungen an der Strecke

*Linienleiter*

Bei der LZB werden Informationen über im Gleis verlegte Kabel (Linienleiter) an das Triebfahrzeug gesendet.

*Lückenlose Steuerung*

Ein Streckenabschnitt wird von einer Streckenzentrale gesteuert und überwacht. Mit den Stellwerken tauscht diese Zentrale Informationen über die Signalstellung, Weichen und Bahnübergangssicherungen aus und übermittelt an das Fahrzeuggerät Aufträge zur Steuerung der Zugfahrt.

Die Streckenzentrale erhält vom Zug die Daten über sein Bremsvermögen, die Zuglänge, die zulässige Höchstgeschwindigkeit, den augenblicklichen Fahrort sowie die Ist-Geschwindigkeit.

*Abbildung: LZB-Streckeneinrichtung.*

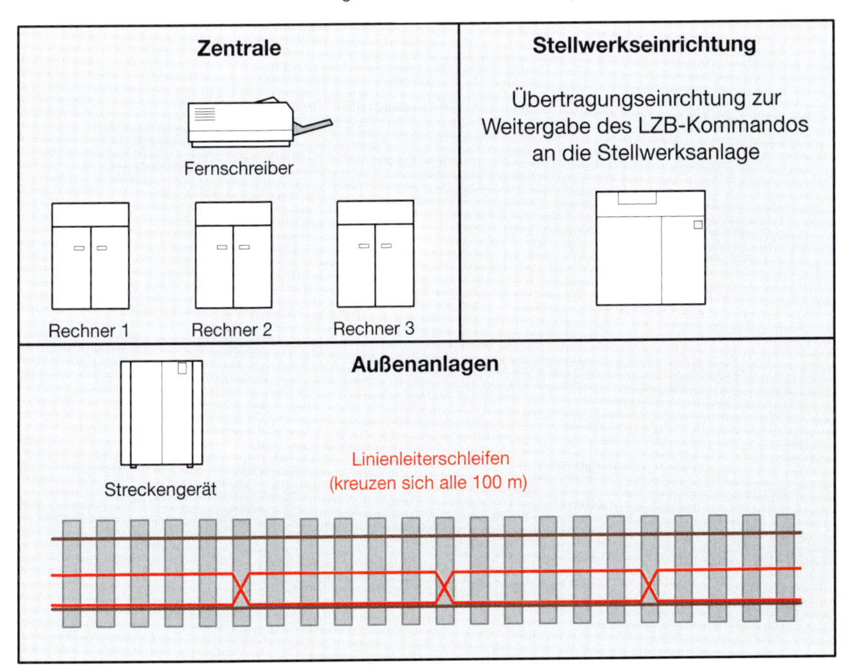

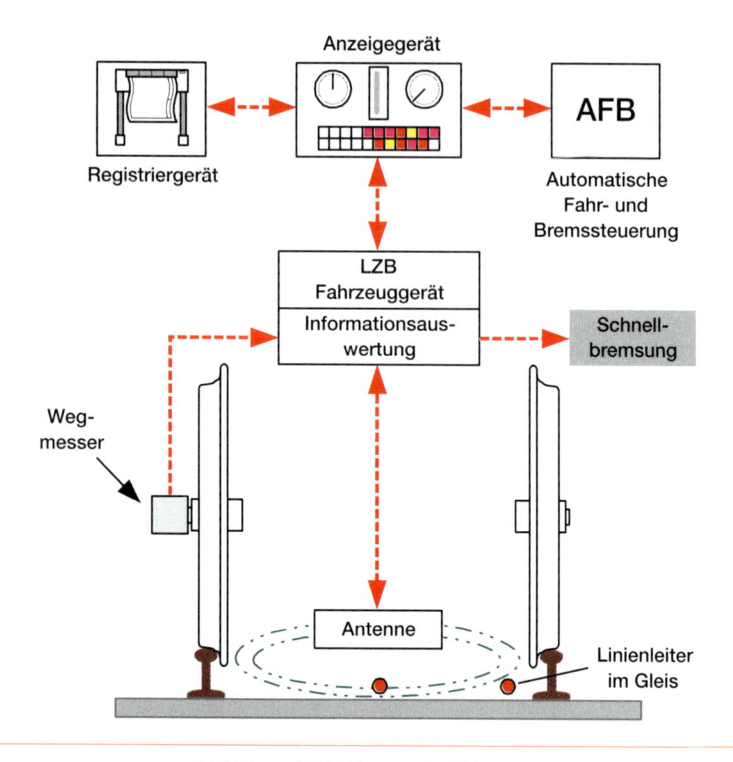


*Abbildung: LZB Fahrzeugeinrichtungen.*

## Einrichtungen auf dem Fahrzeug

*LZB-Fahrzeug-einrichtungen*

An der Fahrzeugunterseite sind Sende- und Empfangsspulen untergebracht. Im Fahrzeug werden die übertragenen Informationen ausgewertet und dem Triebfahrzeugführer zur Verfügung gestellt.

- Die **modulare Führerraumanzeige** (MFA) informiert den Lokführer über alle Funktionen. Die **Indusi-Technik** wird hier mit der LZB-Technik zusammengefasst.
  Bei aktiver LZB ist die Indusi unwirksam.
- Der **Zugdateneinsteller** (ZDE) liefert die individuellen Daten eines Zuges, die für die sichere Führung notwendig sind (Bremsart, Bremshundertstel).
- Das **Registriergerät** zeichnet Betriebsdaten und Bedienungshandlungen auf. Der Fahrtverlauf wird fest gehalten.
- Der **Wegmesser** ermittelt die vom Zug zurückgelegte Strecke und liefert die Informationen, um den exakten Fahrort des Zuges bestimmen zu können.
- Die **automatische Fahr- und Bremssteuerung** (AFB) ermöglicht eine automatische Steuerung der Zugfahrt.

## LZB-Leuchtmelder

Leuchtmelder auf dem modularen Anzeigegerät MFA (siehe Kapitel 2.6.6.) informieren über wichtige LZB-Funktionen und geben Hinweise für die Bedienung.

*Abbildung: LZB-Leuchtmelder auf dem modularen Anzeigegerät.*

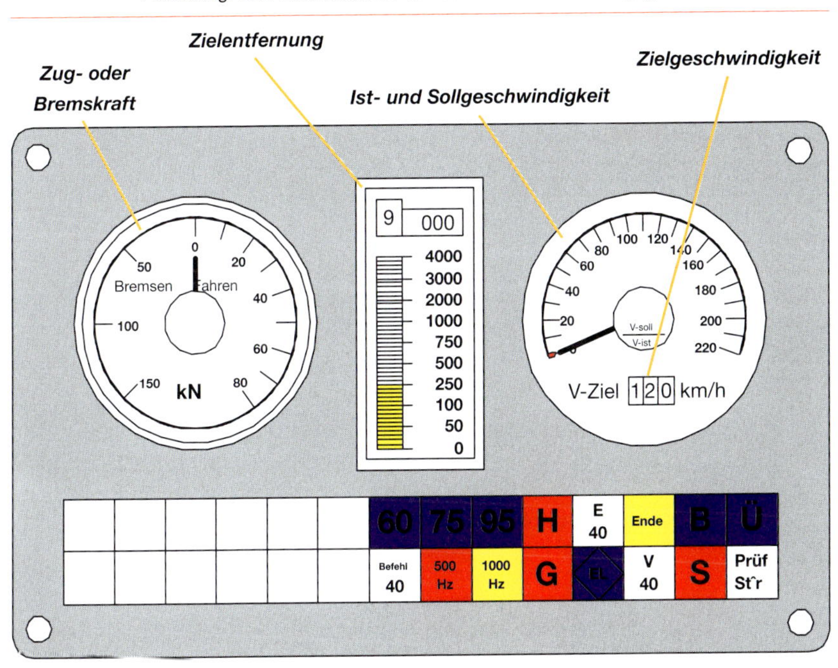


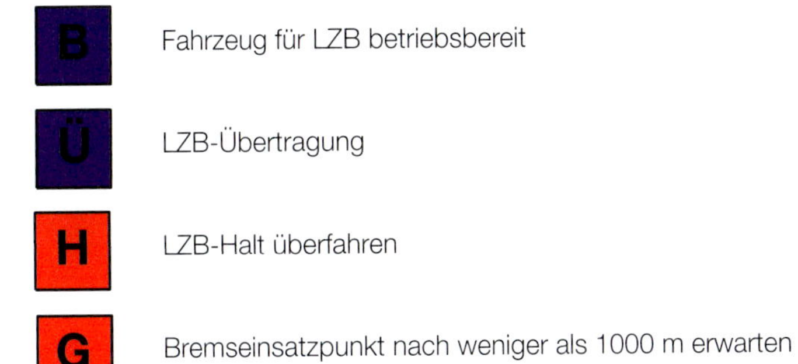

**B** Fahrzeug für LZB betriebsbereit

**Ü** LZB-Übertragung

**H** LZB-Halt überfahren

**G** Bremseinsatzpunkt nach weniger als 1000 m erwarten

**E 40** LZB-Ersatzauftrag bei Dauerlicht des LM. LZB-Falschfahrauftrag bei blinkendem LM.

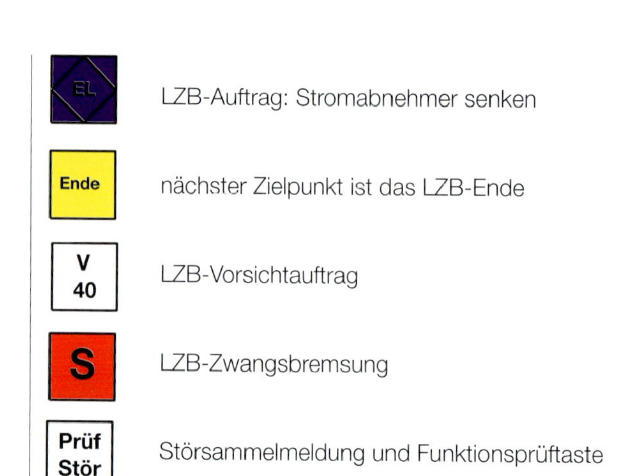


*Abbildung: Bedeutung der LZB-Leuchtmelder.*

### Zugdatensteller

*Daten des Zuges*

Mit dem Zugdatensteller (ZDE) werden alle erforderlichen technischen Daten eines Zuges erfasst. Dazu gehören Bremsart (BRA), Bremshundertstel (BRH), Zuglänge (ZL) und Höchstgeschwindigkeit (VMZ). Der Triebfahrzeugführer stellt diese Daten mit Hilfe der LZB-Einstelltabelle an ZDE ein.

*Abbildung: Zugdateneinsteller (ZDE) Bauart I80.*

## 2.7.4. European Train Control System

*Abkürzung: ETCS*

Neue Fahrzeuge, die auch im grenzüberschreitenden Verkehr eingesetzt werden, sind mit einem Zugsicherungssystem nach den ERTMS/ETCS-Regeln ausgerüstet, deren Anwendung europaweit vorgesehen ist.

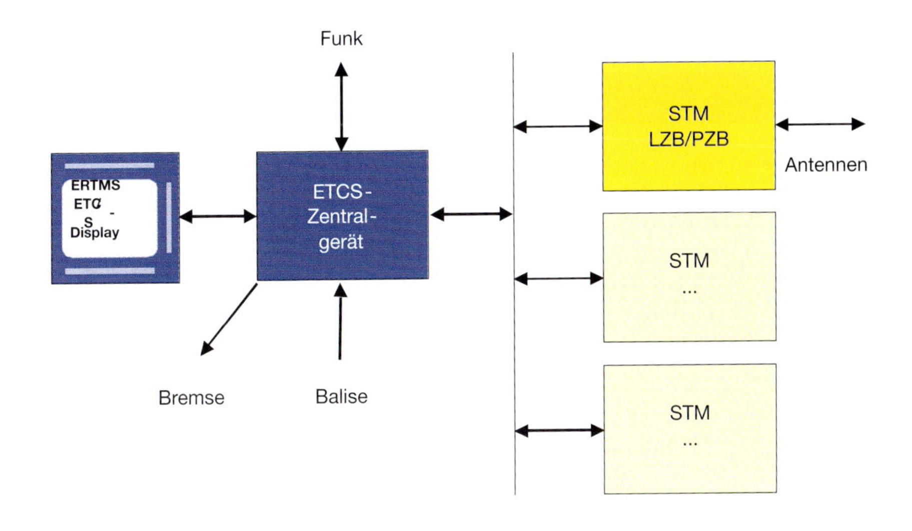


| | |
|---|---|
| *ERTMS* | *European Rail Trafic Management System* |
| *ETCS* | *European Train Control System* |
| *LZB/PZB* | *Linienzugbeeinflussung/Punktförmige Zugbeeinflussung* |
| *STM* | *Specific Transmission Module (Übertragungsmodule für ausländische Zugsicherungssysteme)* |

*Abbildung: Zugsicherung ETCS.*

Das MMI-System des Führerstandes auf ETCS-Basis wird davon unabhängig benutzt und über den MV-Bus angeschlossen. So werden landesspezifische Anzeigesysteme vermieden.

## 2.7.5. Zugfunk

*Allgemeines*

Unter Zugfunk (ZF) versteht man die Fernsprechverbindung zwischen den Sprechstellen auf den Führerständen der Triebfahrzeuge und Triebwagen mit den ortsfesten Sprechstellen auf Stellwerken und Betriebsleitungen. Neben der Verwendung als normales Telefon kann das Zugfunkgerät auch für Kurzinformationen wie kodierte Aufträge und Meldungen genutzt werden.

Abgesehen von den kodierten Aufträgen kann der Triebfahrzeugführer nur Gesprächswünsche bei einer Zugfunk-Vermittlung anmelden.

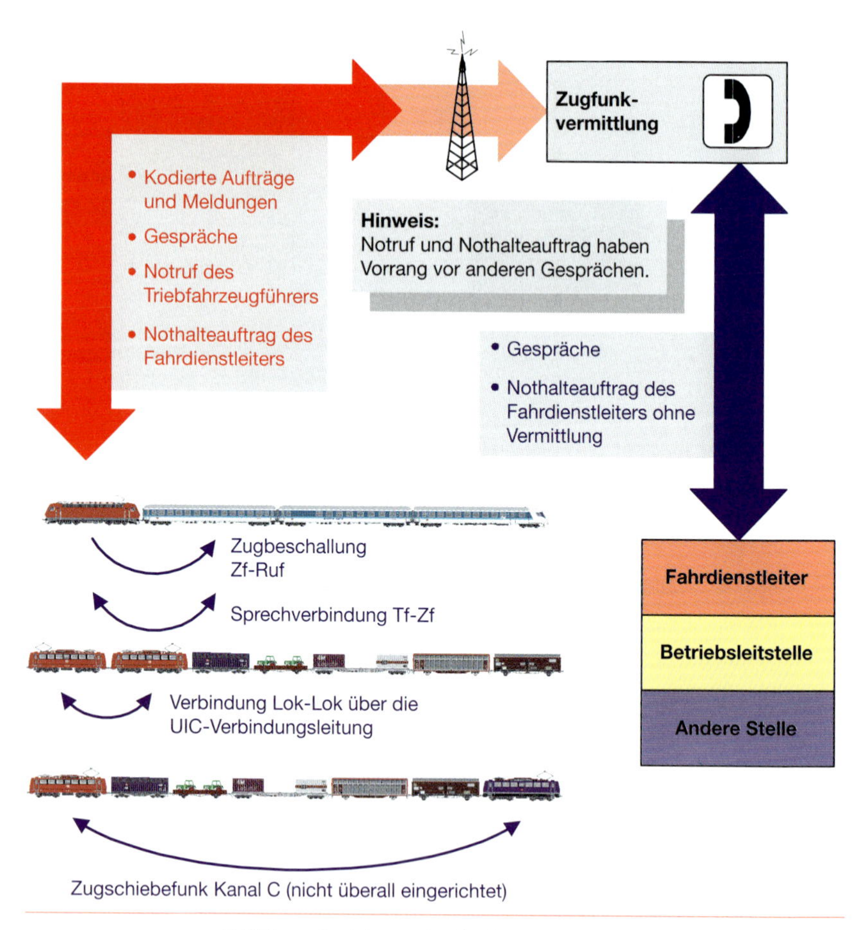


*Abbildung: Funktionsweise Zugfunk DB (nicht DR).*

## Technische Einrichtungen

*Fahrzeug-einrichtung*

Die Zugfunkeinrichtung besteht im wesentlichen aus der Fahrzeugeinrichtung, Zugfunk-Vermittlung und Streckeneinrichtung. Jeder Bahnstrecke ist ein eigener Funkkanal zugeordnet. Um Funkstörungen zu vermeiden benutzen benachbarte Streckenfunkstellen grundsätzlich nicht die gleiche Sendefrequenz.

Zur Fahrzeugeinrichtung gehört auf jedem Führerstand das Bediengerät mit Hörer und Lautsprecher sowie die Sende- und Empfangsanlage. Das Bediengerät erhält die Auftragsmelder (Lampen) für Aufträge an die Zentrale, die Tasten für Meldungen an die Zentrale und die sonstigen zum Betrieb notwendigen Schalter.

*Strecken-einrichtung*

Entlang der Strecke reiht sich eine Kette von Streckenfunkstellen, die über eine Leitung mit der jeweiligen Zugfunk-Vermittlung verbunden sind. Jede Zugfunk-Vermittlung betreut dabei einen Streckenabschnitt von ca. 100 km.

## Bedienungshinweise

*Orts- oder Streckenfunk*

*Betriebsarten*

Beim Einschalten des Gerätes muss zwischen Streckenfunk oder Ortsfunk (für den Rangierbetrieb) gewählt werden. Während beim Streckenfunk ein Duplexbetrieb wie beim Telefon möglich ist, lässt der Ortsfunk nur Siplexbetrieb zu, bei dem entweder nur gesprochen oder gehört werden kann. Alle Ortsfunkteilnehmer senden auf demselben Kanal und können mithören. Orts- und Streckenfunk sind in verschiedene Betriebsarten unterteilt:

- **Betriebsart A:** Streckenfunk mit kodierten Aufträgen im Bereich der ehemaligen DB.
- **Betriebsart E:** Streckenfunk mit kodierten Aufträgen im Bereich der ehemaligen DR.
- **Betriebsart C:** Ortsfunk DB in Bahnhöfen.
- **Betriebsart O:** Ortsfunk DR in Bahnhöfen.

Während bei der Einstellung „Streckenfunk“ der Gesprächspartner die zuständige Zugfunk-Vermittlung ist, meldet sich bei der Einstellung „Ortsfunk“ der zuständige Fahrdienstleiter bzw. der gewünschte Gesprächspartner, der über „Sammelruf“ angesprochen wurde. Vor jeder Zugfahrt müssen die entsprechende Sendefrequenz (Kanalnummer) und als Identbegriff die jeweilige Zugnummer eingestellt werden.

## Zugfunkgeräte

*Mit Display*

Heute werden größtenteils Zugfunkgeräte vom Typ MESA 2002 und ZF 90 eingesetzt. Diese Geräte besitzen ein Display, in dem allgemei-

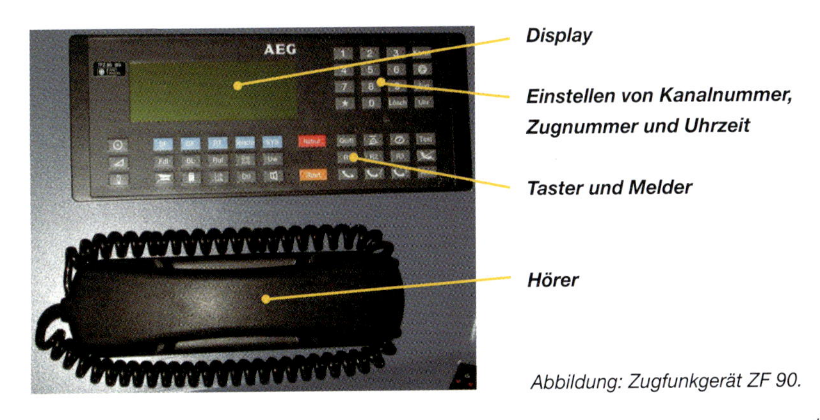


*Abbildung: Zugfunkgerät ZF 90.*

| Taste | Bedeutung | Taste | Bedeutung |
|---|---|---|---|
| Kanal | Einstellen der Kanalnummer | Zug | Einstellen der Zugnummer |
| Uhr | Einstellen der Uhrzeit | Lösch | Löschen von Eingaben und Aufträgen |
| | Ein- Aus | | Lautstärke |
| SF | Streckenfunk Betriebsart „A“, „B“ und „E“ | FDL | örtliche Stelle rufen |
| | Zugführerruf | OF | Ortsfunk Betriebsart „C“ und „O“ |
| RT | Rangiertaste | Ruf | Ruftaste |
| Lok Lok | Lok/Lok (Drahtverbindung) | Sprache | Sprachumschalttaste |
| Zug Zug | Bandlagenwechsel | | Zugbeschallung |
| Notruf | Notruftaste. Erlaubt eine sofortige Sprechmöglichkeit auch bei besetzten Funkkanal. | Start | Starttaste (wird nach Betätigung einer Sprechwunschtaste gedrückt) |
| Quit | Quittiertaste | | Sprechen |
| F | Vermittlungswunsch an die Zentrale | | Letzte abgesetzte Meldung löschen |

*Abbildung: Bedeutung der Meldungs- und Zifferneingabetasten am Beispiel des Zugfunkgerätes ZF 90.*

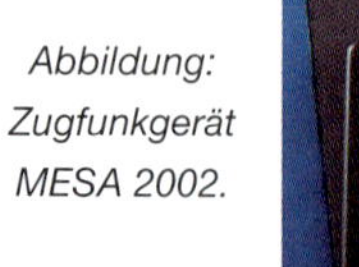

*Abbildung: Zugfunkgerät MESA 2002.*

ne Informationen wie Betriebsart, Uhrzeit, Kanalnummer und Kanalzustand angezeigt werden. Zusätzlich erscheinen je nach Situation Kurzinformationen, Aufträge und Meldungen wie zum Beispiel „Fahrzeit kürzen“, „langsamer fahren“, „Zusatzsignal erwarten“ oder „Bremse lösen“.

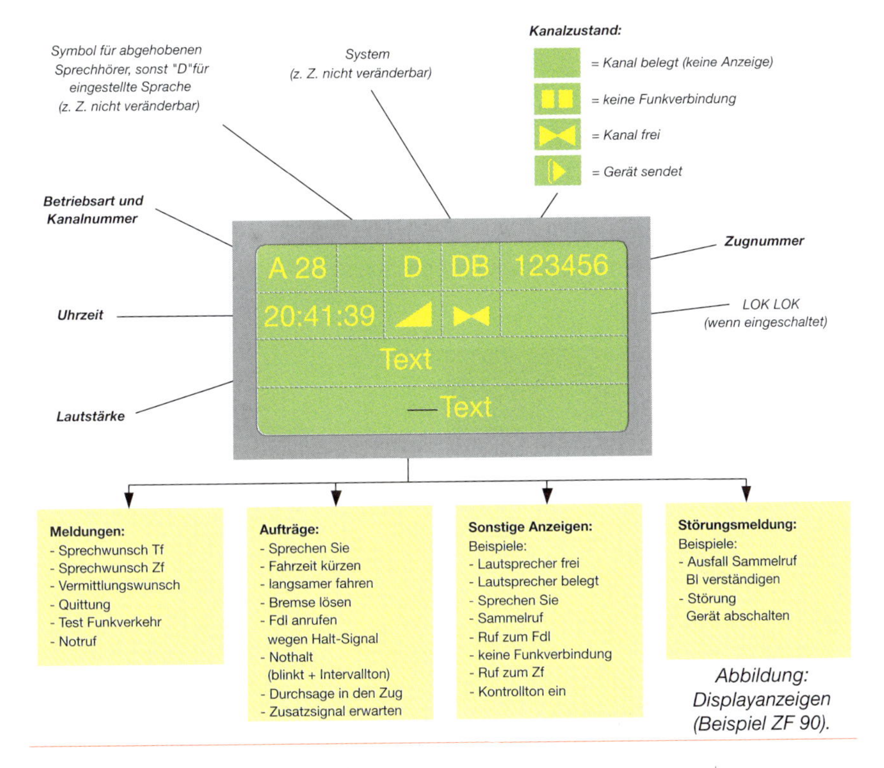


*Abbildung: Displayanzeigen (Beispiel ZF 90).*

## Digitalfunk System GSM-Rail

Die verschiedenen analogen Systeme werden zur Zeit durch ein digitales Funknetz ersetzt. Dieses soll auf einer einheitlichen Systemplattform beispielsweise Zugfunk, Rangierfunk, Zugbeeinflussung, Funkfahrbetrieb, automatische Zugsteuerung und Fahrgastinformation vereinen.

*Europaweites System (GSM-R)*

GSM-Rail funktioniert wie ein normales Mobilfunknetz. Es ist jedoch aus Sicherheitsgründen von außen nicht zu beeinflussen und ermöglicht unterschiedliche Prioritäten für die einzelnen Verbindungen. Beispielsweise geht ein Notruf allen anderen vor. Jeder Zug kann über seine Zugnummer angesprochen werden, auch alle Züge in einem bestimmten Bereich sind vom Fahrdienstleiter oder einer anderen Stelle zu erreichen. Das System funktioniert im Hochgeschwindigkeitsverkehr genauso sicher und zuverlässig wie im Tunnel. Es ermöglicht nicht nur die Zugsteuerung auch unter Einbeziehung von satellitengestützter Ortung (GPS) sondern z.B. auch das Auslesen von Diagnose- oder Energiedaten, die Information von Fahrgästen und Zugpersonal über Verspätungen und Anschlüsse, sowie die Aktualisierung des elektronischen Buchfahrplans EbuLa.

# 2.8. Serviceeinrichtungen

## 2.8.1. Einstiegtüren

*Schwenk-schiebetür*

Triebwagen sind mit Einzel- oder Doppel-Schwenkschiebetüren ausgerüstet. Diese werden pneumatisch oder elektrisch geöffnet bzw. geschlossen. Die leichte Zugänglichkeit der Einstiege ist von allen üblichen Bahnsteighöhen gegeben.

*Abbildung: Einzel-Schwenkschiebetüren beim ICE.*

*Abbildung: Doppel-Schwenkschiebetüren bei Nahverkehrstriebwagen.*

*Türsteuerung*

Während der Fahrt sind alle Türen aus Sicherheitsgründen blockiert. Das Öffnen und Schließen der Türen geschieht durch die Fahrgäste an der jeweiligen Tür. Das Schließen kann auch zentral vom Führerraum aus vorgenommen werden. Ein im Einstiegsbereich vieler Triebwagen angeordneter Personenflussmelder (Infrarotlichttaster) oder eine Lichtschranke verhindert das automatische Schließen der Tür solange noch Fahrgäste ein- und aussteigen. Die Einstiegstüren sind an der Schließkante zur Sicherheit der Fahrgäste mit Fingerschutzgummis und integriertem Druckwellenschalter versehen.

Türstörungen werden dem Triebfahrzeugführer auf dem Führerraumdisplay angezeigt.

## Bedienelemente im Türbereich

*Öffnungs- und Schließtaster*

Die Bedienung der Schwenkschiebetür wird über Innen- und Außentaster vorgenommen die entweder im Türblatt oder neben der jeweiligen Einstiegstür angebracht sind.

Die Tür kann geöffnet werden, solange im Taster die grünen LED leuchten. Um die Klimaanlage zu entlasten werden bei einigen Nahverkehrstriebwagen die Türen am Bahnsteig automatisch über eine Lichtschranke nach 6 Sekunden geschlossen, wenn niemand mehr aus- oder einsteigt.

Eine Vierkantverriegelung (innen und außen) dient zum Abschließen der jeweiligen Tür. Sie ist damit mechanisch verriegelt und aus der Überwachung genommen. Bestimmte Türen sind mit Außennotentriegelung und Schaffnerschalter ausgestattet.

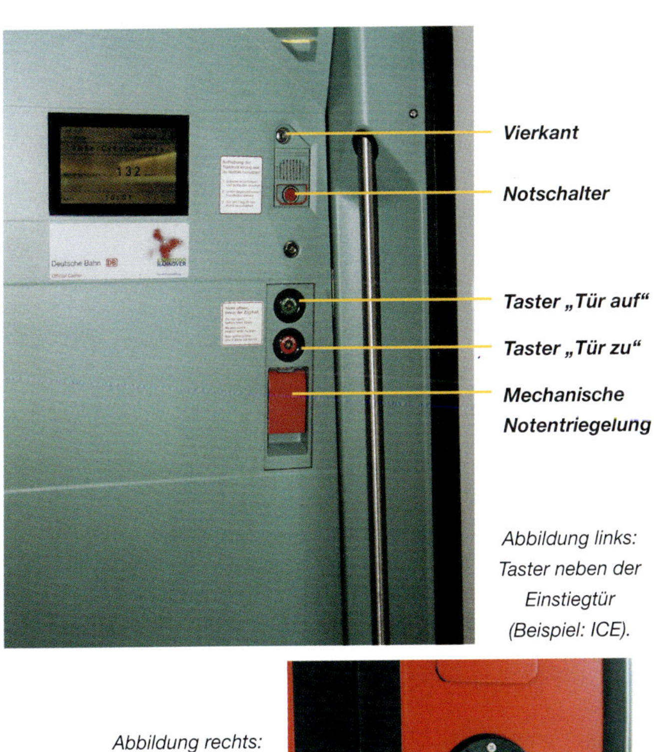


*Abbildung links: Taster neben der Einstiegtür (Beispiel: ICE).*

*Abbildung rechts: Taster im Türblatt.*

## Schließen der Türen

*Zugbegleiter*

Wenn das Aus- und Einsteigen beendet ist und die betrieblichen Bedingungen zur Abfahrt erfüllt sind, schließt der Zugbegleiter mit dem Vierkantschalter die Türen. Die eigene Tür bleibt dabei geöffnet. Sie schließt nach einer wiederholten Betätigung des Schaffnerschalters.

*Triebfahrzeugführer*

Der Triebfahrzeugführer schließt die Einstiegtüren mit dem Taster „TZ“ im Seitenmikrofon oder einem Kippschalter auf dem Führerstand (Zwangsschließen).

*Abbildung: Abfahrt eines Zuges.*

## Notentriegelung

*Im Notfall*

Alle Türen sind von innen mit einer an jeder Tür vorhandenen mechanischen Notentriegelung von Hand zu öffnen. Dazu muss zuerst der Notschalter hinter der Glasscheibe betätigt werden. Das Zugbegleitpersonal kann die gleiche Funktion durch Umstellen des Vierkantschalters erzielen, ohne die Scheibe zu zerstören. Der Türantrieb wird drucklos bzw. abgeschaltet und ein Warntongeber gibt einen Dauerton. Die Türöffnung erfolgt dann über die Betätigung der mechanischen Notentriegelung.

## Einklemmschutz

Alle Außentüren sind mit einem Einklemmschutz versehen. Wenn jemand von einer Tür eingeklemmt wird, die über eine Lichtschranke geschlossen wird, so öffnet die Tür vollständig und schließt nach einiger Zeit wieder.

Wird eine Person von einer Tür erfasst, die (zwangs-)geschlossen wird so öffnet sie und schließt nach einiger Zeit erneut. Stößt diese Tür mehrmals auf ein Hindernis, so bleibt sie stehen. Auf dem Führerstandes erscheint ein Störmeldesignal. Nach dem Beseitigen des Hindernisses kann die Tür mittels Türwahlschalter geschlossen werden.

## Triebfahrzeugführereinstieg und -ausstieg

*Schlüsselschalter*

Der Triebfahrzeugführereinstieg erfolgt mit Hilfe eines besonderen Schlüsselschalters. Die Türen werden beim Einschalten für eine bestimmte Zeit freigegeben. Öffnen lässt sich die Tür dann mit einem Öffnungstaster oder, wenn keine Druckluft zur Verfügung steht, mit der Notentriegelung.

Bei einigen Triebzügen befindet sich der Schlüsselschalter am Kurzkupplungsende des Endwagens. Zum Abrüsten werden die Türen durch „Tasten" mit dem Schlüsselschalter in Stellung „Ab" geschlossen und verriegelt. Das Fahrzeug wird anschließend automatisch abgerüstet.

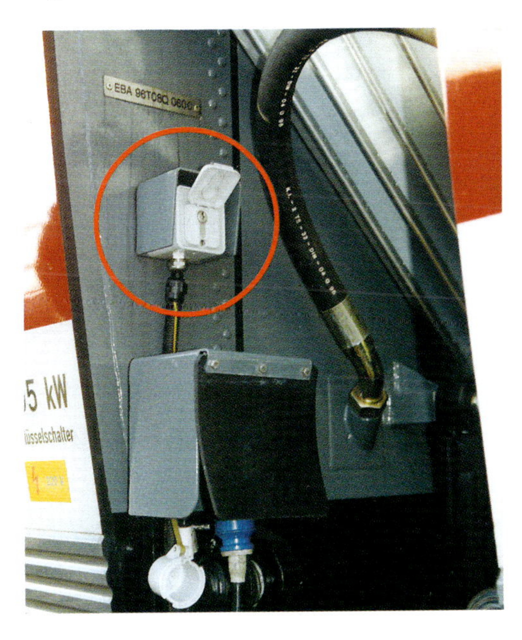


*Abbildung: Schlüsselschalter am Kurzkupplungsende des Endwagens (VT 644).*

## Klapp- oder Schiebetritt

*Bei geringen Bahnsteighöhen*

Zur Bedienung von 380 mm hohen Bahnsteigen steht bei vielen Fahrzeugen eine Klapp- oder Schiebetritt zur Verfügung. Der Schiebetritt wird in der Regel mit dem zugehörigen Schalter vom Führerstand aus aktiviert.

Bei Betätigung eines Türöffnungstasters fährt zuerst der Klapp-/ Schiebetritt aus. Erst wenn sich dieser in Endlage befindet, öffnet sich die zugehörige Tür. Sollen die Türen endgültig vor der Abfahrt schließen und verriegeln, dann schließt der Klapp-/Schiebetritt erst, nachdem die Tür ordnungsgemäß verschlossen ist.

Beim Selbstschließen der Tür über die Lichtschranke ohne zu verriegeln – wenn sechs Sekunden lang kein Fahrgast ein- oder aussteigt – verbleibt der Klapp-/Schiebetritt in seiner ausgefahrenen Stellung. Jeder Klapptritt ist mit einem Einklemmschutz versehen. Bei Bedarf kann der Klapptritt mit einem Schalter außer Betrieb genommen werden, ohne dass dadurch die Tür in ihrer Funktion beeinträchtigt wird.

*Abbildung: Schiebetritt.*

### Haltewunschtaster

Bei einigen Nahverkehrstriebwagen kann während der Fahrt von den Fahrgästen ein Haltewunsch mittels Haltewunschtaster eingegeben werden.

### Einstiegshilfe

Ein Teil der Fahrzeuge besitzen eine Rampe für behinderte Mitmenschen. Diese ist in einem Schrank untergebracht und darf nur vom Zugpersonal eingesetzt werden.

*Abbildung: Rampe als Einstieghilfe.*

**Türsteuerung**

Schalter

Auf den Führerpulten der Triebwagen befinden sich in der Regel Türsteuerungsschalter. Damit lassen sich die Türen jeder Zugseite zum Öffnen freigeben und zentral schließen.

*Abbildung: Türsteuerungsschalter auf dem Führerpult.*

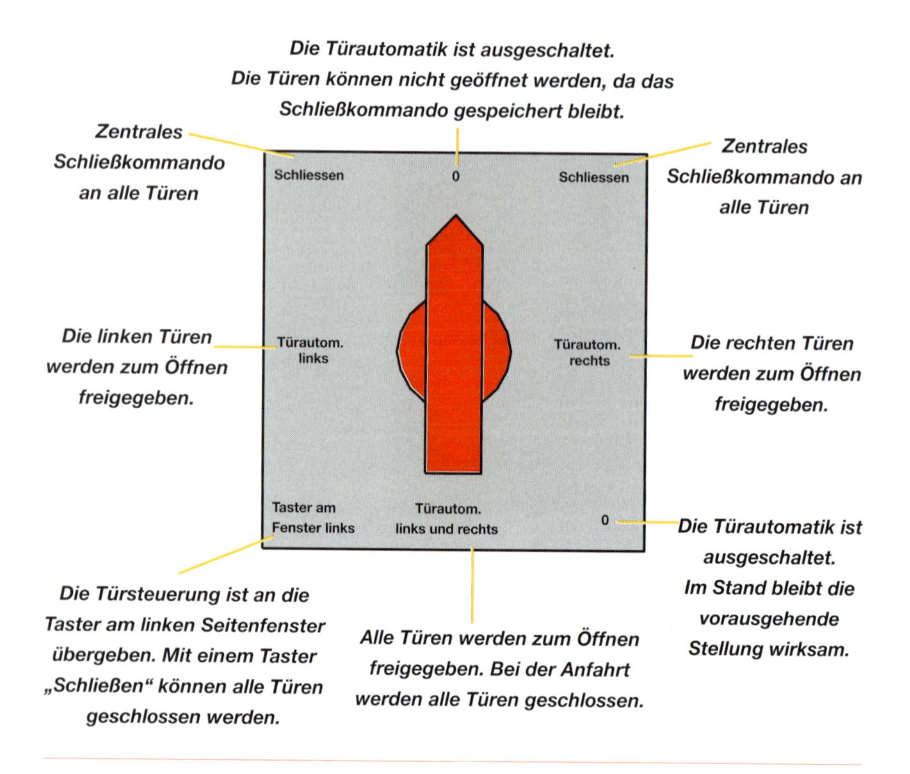


*Abbildung: Türsteuerungsschalter (Beispiel VT 628).*

## 2.8.2. Fahrgastinformationssystem

*FIS und GPS*

Das Fahrgastinformationssystem (FIS) dient zur akustischen und optischen Information der Fahrgäste. Je nach Einsatzzweck des Triebwagens (Nah- oder Fernverkehr) werden Fahrgästen und Personal folgende Dienste geboten:

- Zuglauf- bzw. Zugzielanzeigen innen und außen
- Elektronische Sitzplatzreservierung
- Personenruf
- Serviceruf
- Audiounterhaltung am Sitzplatz
- Öffentlicher Fernsprecher
- Interne Kommunikation
- Großraumdisplays
- Infrastruktur zur Nutzung privater GSM-Telefone
- Reiseauskunftssystem mit verteilten Bildschirmen
- Video am Reihensitz und Telefax im Zug-Abteil

Darüber hinaus besitzen viele Triebwagen die Möglichkeit, dass Reisende in Notsituation mit dem Triebfahrzeugführer kommunizieren können. Die Anlagen sind in der Regel für Mehrfachtraktion ausgelegt.

*Abbildung: Zugzielanzeige bei einem Triebwagen der Baureihe 425.*

## Global Positioning System

*Satellitenortung*

Teilweise arbeiten Fahrgastinformationssysteme im Nahverkehr mit dem Global Positioning System (GPS). Hier bewirkt die Satellitenortung, dass der nächste Haltbahnhof des Zuges automatisch angesagt bzw. angezeigt wird. Der Triebfahrzeugführer kann Anzeige und Ansage auch manuell bedienen.

**Auf dem Führerpult**

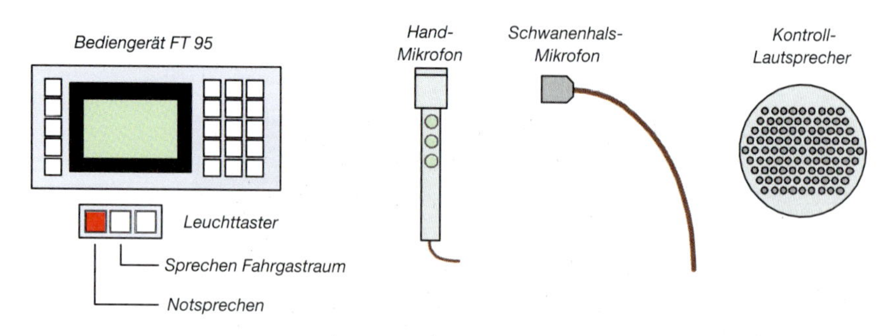


**Im Fahrgastraum**

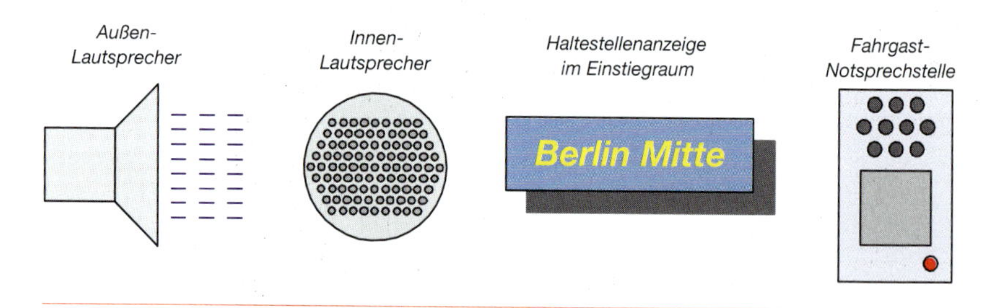


*Abbildung: Fahrgastinformationssystem (FIS).*

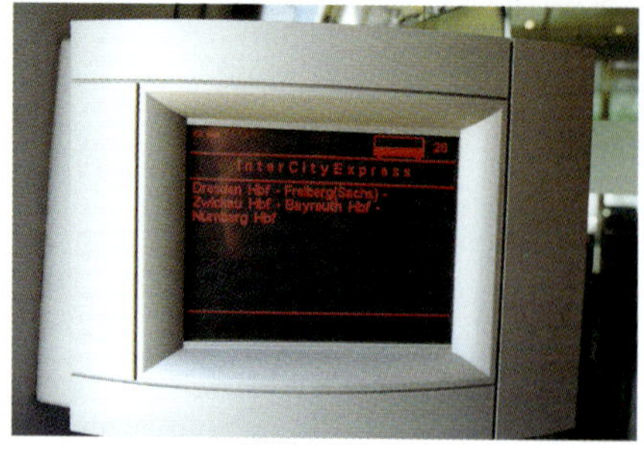


*Abbildung:*
*Möglichkeiten der Fahrgastinformation.*

## Bediengerät

FT 95 ist die Bezeichnung für das Fahrgastinformationssystem, mit dem alle neuen Triebwagen des Nahverkehrs ausgerüstet sind. Der Triebfahrzeugführer wählt am Bediengerät eine bestimmte Ident-Nr. des Zuges vor. Die Durchsagen für die einzelnen Halte sind im Gerät gespeichert. Fehlt das Signal des Satelliten, kann mit einem Taster auf dem Führerstand die Ansage manuell gestartet werden.

*Bezeichnung: FT 95*

*Abbildung: Bediengerät FT 95.*

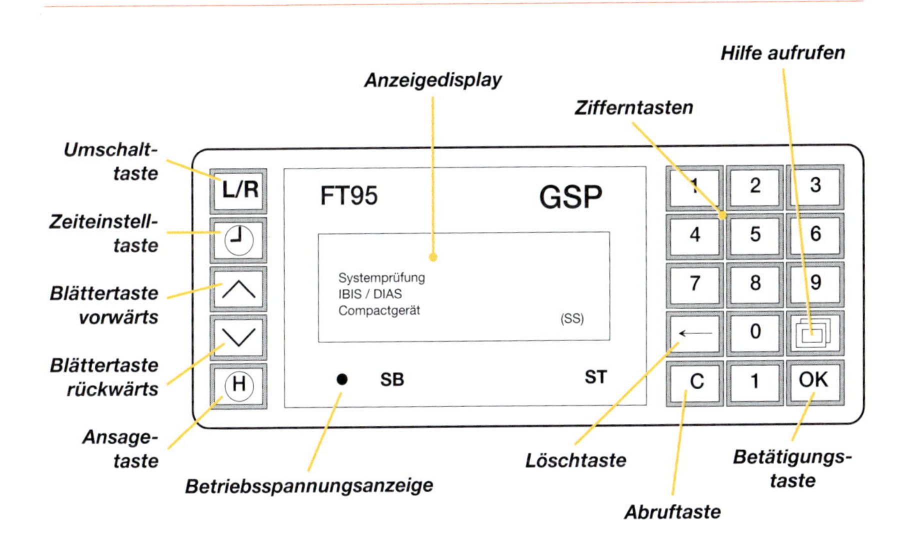


## Lautsprecheranlage

Die Lautsprecheranlage ermöglicht Durchsagen an die Fahrgäste sowie die Betreibung von Notsprechstellen im Zug. Die Lautsprecher werden durch Betätigen des entsprechenden Leuchttasters aktiviert. Mit den Tastern „außen links", „außen rechts" und „innen gesamt" werden die entsprechenden Lautsprecher eingeschaltet, wenn der Taster leuchtet.

*Innen- und Außenlautsprecher*

Besteht der Zugverband aus mehreren Einheiten, kann zum Teil mit dem Taster „Innenlautsprecher ausblenden" auf dem Terminal eine Maske aufgerufen werden, mit der die Lautsprecher einzelner Einheiten bei Bedarf zu- oder abgeschaltet werden können. Dabei können jedoch nur die Innenlautsprecher abgeschaltet werden. Die Außenlautsprecher bleiben im ganzen Zug aktiv.

Schwanen-halsmikrofon

Mit dem Schwanenhalsmikrofon kann der Triebfahrzeugführer nach Drücken des Tasters „Notsprechen-Durchsage“ über die Innenlautsprecher im Fahrzeug zu den Fahrgästen sprechen. Weiterhin besteht die Möglichkeit des Wechselsprechens zwischen allen Führerräumen durch Betätigung des Tasters „Führer-Führer“. Mit dem Seitenmikrofon kann nach Drücken des Sprechtasters eine Außenbeschallung vorgenommen werden.

*Abbildung: Schwanenhalsmikrofon.*

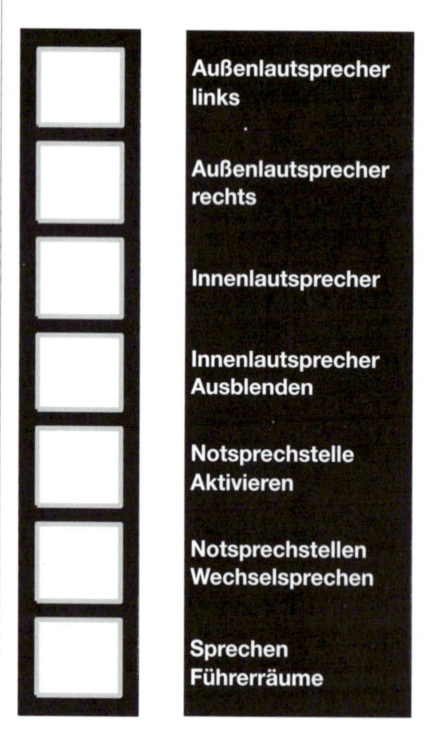


*Abbildung: Taster der elektroakustischen Lautsprecheranlage (ELA).*

## Wegabhängige Steuerung

Bei einigen Triebzügen arbeitet das Fahrgastinformationssystem wegabhängig. Die Durchsagen werden auch hier rechtzeitig vor dem jeweiligen Halt abgerufen.

## Notsprechanlage

*Notsprechstelle*

Bei Nahverkehrstriebwagen kann der Fahrgast von einer Notsprechstelle aus mit dem Triebfahrzeugführer sprechen. Durch Betätigen des roten Tasters leuchtet auf dem Führerpult ein Leuchtdrucktaster auf. Der Triebfahrzeugführer kann nun nach Betätigung eines Tasters den Fahrgast auffordern, sich zu melden und über das Schwanenhalsmikrofon mit dem Fahrgast sprechen.

## Videoüberwachung

Die Fahrgasträume und die Notsprechstellen bestimmter Nahverkehrstriebwagen können mit Videoanlagen überwacht werden. Der Überwachungsbildschirm befindet sich auf dem Führerpult. Der Triebfahrzeugführer kann dabei auf einzelne Kameras umschalten.

## Datenzentrale

Bei den ICE-Triebzügen befindet sich die FIS-Datenzentrale im Zugbegleiterabteil. Von hier aus werden sämtliche bahninternen Funktionen zentral gesteuert. Lautsprecheranlagen, schnurloses Telefon und Notsprechstellen sind über einen Sprachbus mit der FIS-Zentrale verbunden. Zusätzlich werden alle Anzeigen im Triebzug, der Personen bzw. Serviceruf und die elektronische Platzreservierung gesteuert.

## Unterhaltung

*Audio und Video*

Bei den ICE-Triebzügen und auch bei einigen Nahverkehrstriebwagen werden dem Reisenden Unterhaltungsprogramme geboten. Über eine in der Armlehne des Sitzes angeordneten Anschlussbuchse kann der Reisende über handelsübliche Kopfhörer mit 3,5 mm-Stecker mehrere Audioprogramme hören. Neben Rundfunkprogrammen sind dabei auch Bordprogramme mit Musik und Informationen vom Band bzw. von der CD zu hören. Die Regulierung der Lautstärke sowie die Kanalwahl kann über Wipptasten vorgenommen werden.

In verschiedenen ICE-Wagen sind Sitzplätze mit Video-Anlagen ausgerüstet. Die dazugehörenden Bildschirme befinden sich meist in den Rückenlehnen der Vordersitze. Bei Fahrzeugen mit Audio-/Video-System werden die Signale mittels HF-Bus im Zug verteilt.

## 2.8.3. Heizungs- und Klimaanlage

*Ausrüstung und Anordnung*

Fahrgast- und Führerräume sind bei neueren Fahrzeugen klimatisiert. Dabei besitzt jedes Fahrzeug eine eigene Klimaanlage die entweder im Dachraum (Nahverkehrstriebwagen) oder unter dem Wagen (ICE 1 und 2) angeordnet ist. Sie versorgen im Heiz- und Kühlbetrieb die einzelnen Räume des Zuges mit der erforderlichen Luftmenge. Bei Dieselfahrzeugen ist die Klimaanlage meist mit einer Warmwasserheizung kombiniert. Die Energie für die Beheizung der Fahrgast- und Führerräume wird bei Dieseltriebwagen und -triebzügen dem Kühlwasser des Traktionsdieselmotors entnommen. Sollte diese nicht ausreichen, kann mit einem Ölheizgerät zusätzlich geheizt werden.

### Warmwasserheizung

*Abkürzung: Whz*

Bei der Warmwasserheizung ist der Motor-Kühlwasserkreislauf mit dem Heizwasserkreislauf über ein elektronisch betätigtes Dreiwegeventil verbunden. Zur Vermeidung von Frostschäden ist dem Kühl- und Heizwasser ein Frostschutzmittel zugemischt. Eine Frostschutzhupe, die bei Ausfall der Heizung anspricht, ist nicht bei allen Fahrzeugen vorhanden.

*Vorheizen am Beispiel VT 628*

Beim Vorheizen wird zunächst über die Heizungssteuerung der Heizkessel in Betrieb genommen. Anschließend erfolgt durch Öffnen des Dreiwegeventils die Zuschaltung der Heizkreisläufe und damit auch die Vorheizung der Fahrgasträume. Beim Erreichen einer bestimmten Rücklauftemperatur im Heizkreislauf wird über das Dreiwegeventil der Kühlwasserkreis des Motors mit einbezogen.

*Nutzung der Abwärme*

Bei laufendem Motor wird die Wagenheizung vorrangig mit der Abwärme des Motors gespeist. Reicht dafür die Abwärme des Kühlwassers nicht aus, schaltet sich ein Heizkessel selbsttätig zu. Eine kombinierte Temperatur- und Mischersteuerung hält die Raumtemperatur je nach Einstellung der Thermostaten konstant. Bei höheren Außentemperaturen wird die für die Wagenheizung nicht benötigte Kühlwasserwärme über den Kühler abgeführt.

### Klimaanlage

*Abkürzung: Klima*

Bei Fahrzeugen mit Klimaanlage wird Luft in einem Klimagerät angesaugt, gefiltert und je nach Bedarf erwärmt (Heizregister) oder gekühlt (Kühlregister). Über Luftkanäle gelangt die aufbereitete Luft dann in den Fahrzeuginnenraum.

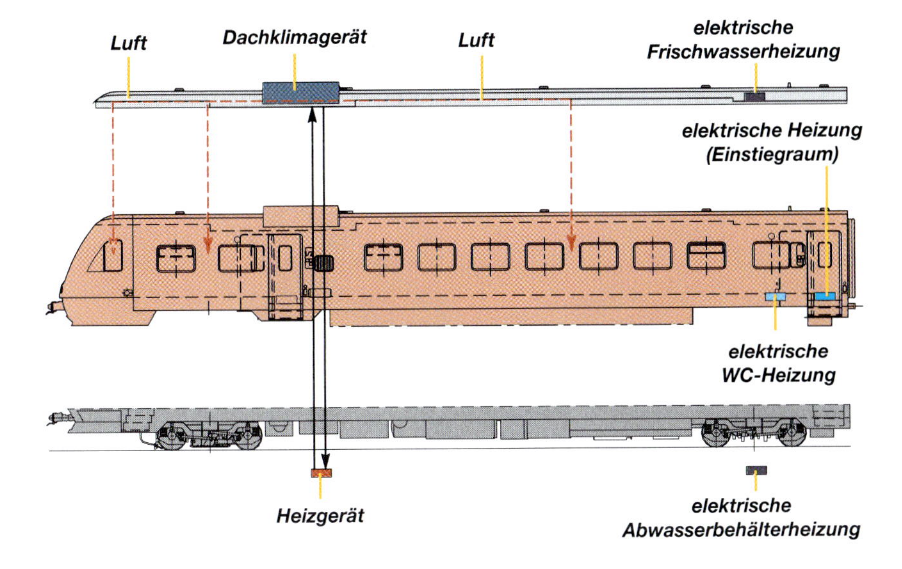


*Abbildung: Bauteile der Heizung/Klimaanlage (Beispiel VT 612).*

*Abbildung: Betriebszustände bei Fahrzeugen mit Klimaanlage.*

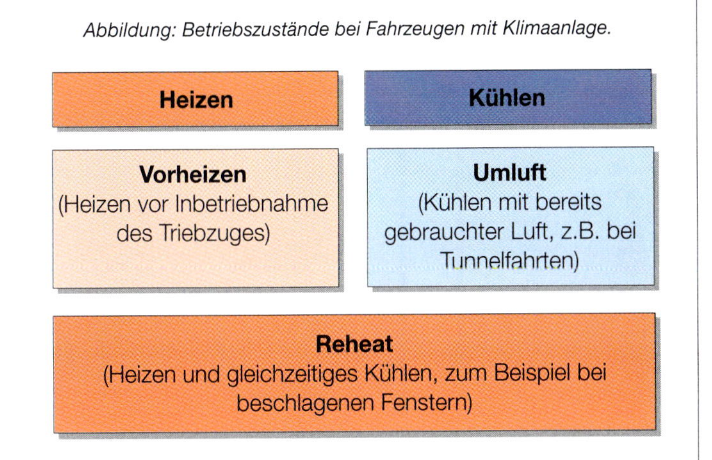


## Temperaturvorwahl (Sollwertvorgabe)

*Fernverkehrs-triebwagen*

ICE-Züge sind mit druckgeschützter Einkanal-Klimaanlage ausgestattet. Hier erfolgt die Temperaturvorwahl entweder zentral vom Zugbegleiterabteil oder über eine eigene Temperaturstelleinrichtung im Wagen (ICE 1 und 2). Jede Wagenklimaanlage besitzt hier ein eigenes Steuerungs- und Regelsystem. Steuerungs- und Diagnosedaten werden über den Fahrzeugbus ausgetauscht.

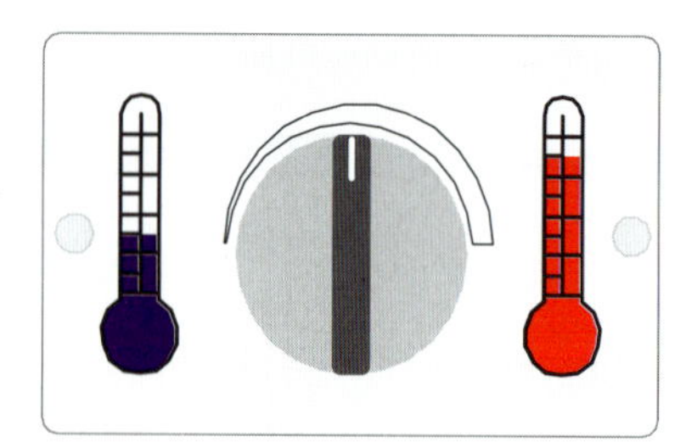

*Abbildung: Sollwertvorgabe bei Fahrzeugen mit Klimaanlage.*

*Nahverkehrstriebwagen*

Bei Nahverkehrstriebwagen wird der Betriebszustand der Klimaanlage in der Regel vom Triebfahrzeugführer eingestellt. Dafür kommen Bediengeräte unterschiedlicher Bauart zum Einsatz. Vielfach kann die Klimaanlage auch über das Display auf dem Führerstand geschaltet werden.

*Zusatzheizgerät*

Zum Teil sind separate Zusatzheizgeräte eingebaut. Diese können im Vorheizbetrieb über eine Schaltuhr in Verbindung mit einer Fremdeinspeisung oder bei laufenden Dieselmotor benutzt werden. Über die Schaltuhr kann der Triebfahrzeugführer beim Verlassen des Triebzuges die gewünschte Einschaltzeit eingeben.

*Abbildung: Bedienelemente der Warmwasserheizung (Beispiel VT 628).*

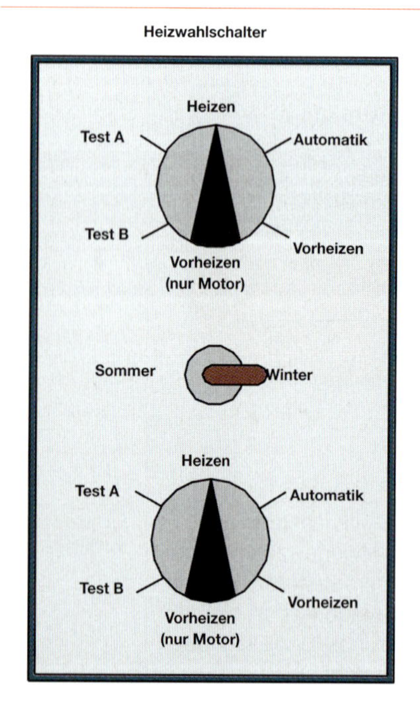


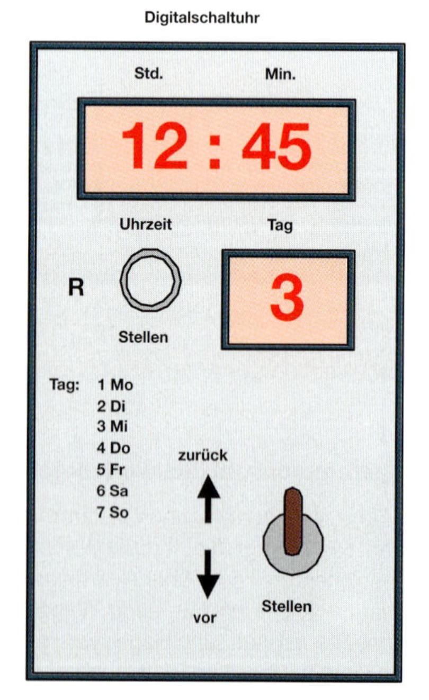

## 2.8.4. WC-Kabine

Bei Fernverkehrstriebwagen ist in der Regel jeder Sitzwagen mit mindestens einem WC ausgestattet. Hier befindet sich ein geschlossenes Toilettensystem mit Frischwasser- und Fäkaliensammelbehälter sowie ein Handwaschbecken. Nahverkehrstriebwagen sind dagegen meist nur mit einer WC-Kabine ausgerüstet.

*Geschlossenes Toilettensystem*

*Abbildung: WC-Kabine bei einem Nahverkehrstriebwagen.*

Das Fassungsvermögen des Fäkaliensammelbehälters gestattet bei einem Fassungsvermögen von beispielsweise 300 Liter ca. 240 Benutzungen. Bei Erreichen einer Füllmenge von 80 % folgt der Entsorgungshinweis „Abwasserbehälter 80 % voll". Bei einem Füllstand von 95% wird das WC abgeschaltet.

*Füllstand im Fäkalienbehälter*

*Abbildung: Anschlüsse der WC-Anlage.*

## Füllen des Wasserbehälters

*Füllstutzen in der Seitenwand*

Das Füllen des Wasserbehälters erfolgt über eine Füllleitung mit Füllstutzen. Die Füllstutzen sind in der Seitenwand versenkt angeordnet und durch Klappen abgedeckt. Der Füllkopf ist als Bajonettverschluss ausgeführt. Bei Überfüllung des Wasserbehälters läuft das überschüssige Wasser über eine Überlaufleitung ab.

Wasserstandsanzeigen innerhalb oder außerhalb des Wagens zeigen in Verbindung mit im Wasserbehälter angeordneten Gebern kontinuierlich den Wasserstand an. Bei einige Wagen muss zuvor eine Abruftaste betätigt werden.

*Handwaschbecken*

Das Abwasser vom Waschbecken wird bei Nahverkehrstriebwagen in der Regel ins Freie geleitet. Die Abwassereinheit ist frostgeschützt untergebracht und lässt sich von beiden Wagenseiten über einen Standartanschluss absaugen.

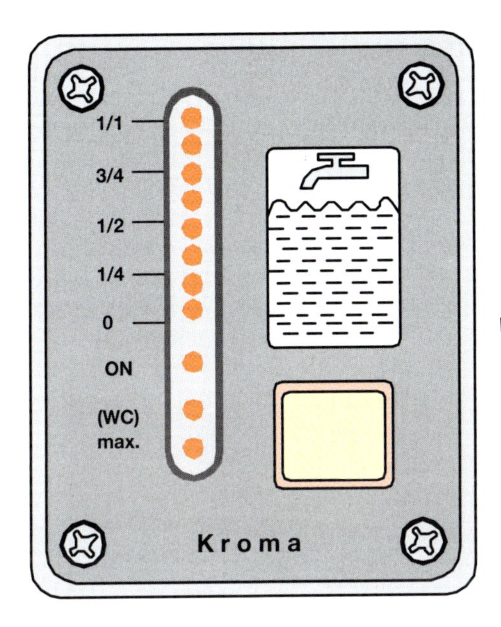


*Abbildung: Wasserstandsanzeige.*

## Rückspülbox

Eine Steuertafel hinter dem WC-Spiegel gestattet über Taster die Durchführung von Hilfsfunktionen für den Service. Mit den beiden Tastern der Rückspülbox lassen sich Verstopfungen beseitigen.

## Frostschutzentleerung

Über die Fremdeinspeisung ist eine elektrische Beheizung der Behälter als Frostschutz möglich. Ohne Fremdeinspeisung und bei Temperaturen unter dem Gefrierpunkt dürfen die meisten Fahrzeuge maximal 10 Stunden ohne Frostschutzentleerung abgestellt werden.

Während der Frostentleerung wird sämtliches Wasser aus der Toilette herausgeblasen. Eingeschaltet wird die Frostschutzentleerung mit dem entsprechenden Schalter auf der Steuertafel hinter dem Spiegel. Das System führt dabei so viele Spülvorgänge durch, bis ein Sensor feststellt, dass der Behälter leer ist.

## Notruftaster

Während an den Außentüren der Fahrzeuge vielfach Notsprechstellen eingerichtet sind, mit denen eine Sprechverbindung vom Fahrgast zum Triebfahrzeugführer geschaltet wird, ist im WC eine Notruftaste installiert. Bei deren Betätigung wird der Triebfahrzeugführer informiert, eine Sprechmöglichkeit besteht jedoch nicht.

# 2.9. Anschriften und Signale

## 2.9.1. Fahrzeuganschriften

*Wichtige Angaben*

Die Anschriften kennzeichnen die verschiedenen Eigenschaften und technischen Merkmale eines Triebfahrzeuges bzw. Triebwagens und geben Auskunft über besondere Einrichtungen und Ausrüstungen.

Die Bedeutung der im Anschriftenbild verwendeten Buchstaben, Zahlen und Zeichen ist zum Teil international festgelegt.

*Abbildung: Fahrzeuganschriften eines Triebwagens.*

### Allgemeine Anschriften und Zeichen

Fahrzeugnummer zur Kennzeichnung und Unterscheidung der Fahrzeuge hinsichtlich ihrer Bauart, Einsatzmöglichkeit und Identität (siehe Kapitel 1.1.3.).

Angabe der Fahrzeughöchstgeschwindigkeit. Bei einigen Fahrzeugen befinden sich hier auch Angaben über die Verwendbarkeit im internationalen Verkehr.

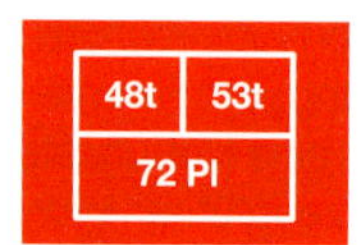


Gewichtsraster enthält das Eigengewicht, Gesamtgewicht sowie die Anzahl der Sitzplätze. Bei Fahrzeugen mit zwei Wagenklassen werden die Sitzplätze für beide Klassen angeschrieben (Beispiel: 08-64Pl).

## Fahrzeuggattung

Die Triebwagen sind in Gattungen eingeteilt, die mit Buchstaben bezeichnet werden. Dabei ist eine Kombination von Buchstaben zur Kennzeichnung von Fahrzeugen mit Bereichen, die verschiedenen Zwecken dienen, möglich.

A = 1. Klasse
B = 2. Klasse

D = Gepäck- oder Mehrzweckraum
p = Großraum

## Technische Merkmale und Maße

Motorleistung des Fahrzeuges.

Länge des Fahrzeuges über die nicht eingedrückten Puffer (bzw. AK).

Abstand zweier Drehgestelle (Drehzapfenabstand) oder Abstand der Endachsen.

Drehgestell-Achsstand.

## Toilette und Brauchwasseranlage

Das Fahrzeug ist mit einem geschlossenem WC ausgerüstet.

oder

Diese Anschrift befindet sich neben dem Wasserfüllstutzen.

Sie kennzeichnet die Frostsicherheit der Brauchwasseranlage.

**Gelber Ring:** Die Wasseranlage ist nicht isoliert aber beheizt. Unbeheizte Fahrzeuge sind bei Frostgefahr zu entwässern.

**Gelber Kreis:** Die Wasseranlage ist isoliert und beheizt. Für das Abstellen unbeheizter Fahrzeuge bei Frostgefahr gelten besondere Bestimmungen.

Kennzeichnung der Lautsprecherausrüstung.

## Bremsanschrift

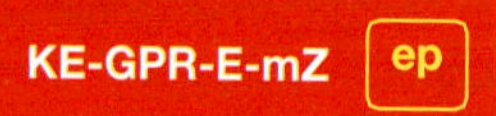


Die Bremsanschrift enthält Angaben über die Bauart der Bremse, die am Bremsstellungswechsel einstellbaren Bremsstellungen und zusätzliche Bremsausrüstungen (siehe Kapitel 2.3.).

*Bremsbauart*

Die Bauart einer Bremse wird durch das Steuerventil bestimmt und in der Bremsanschrift mit einer entsprechenden Buchstabenkombination abgekürzt.

**KE** **K**norr-Bremse mit Einheitswirkung.

**KBGMC** **K**norr-**B**remse **G**leitschutz **M**ikroprozessor **C**omputergesteuert.

**MRPC** **M**annesmann-**R**exroth **P**neumatik **C**omputergesteuert.

**Kdi** **K**norr-Bremse für **d**irekte Bremswirkung am bedienten Triebfahrzeug und **i**ndirekte Bremswirkung an den angeschlossenen Fahrzeugen.

*Bremsstellungen*

Die in ihrer Wirkung unterschiedlichen Bremsstellungen werden am Bremsstellungswechsel eingestellt.

**GPR** Güterzug/Personenzug/Schnellzug

*Zusätzliche Einrichtungen*

Besitzt das Fahrzeug zusätzlichen Einrichtungen für den Bremsbetrieb, so wird die Bremsanschrift entsprechend erweitert:

**A** **A**utomatische Lastabbremsung

**el** **El**ektrische Bremssteuerung (direkt wirkend)

**E** **E**lektrische Bremse (Dynamische Bremse)

**H** **H**ydrodynamische Bremse (Dynamische Bremse)

**Mg** **Mag**netschienenbremse

**Wb** **W**ir**b**elstrombremse

**mZ** **m**it **Z**usatzbremse

**Nbü** = **N**ot**b**rems**ü**berbrückung mit Steuerung über das UIC-Kabel.

ep

**ep-Bremse** = **E**lektro**p**neumatische Bremse mit Steuerung über das UIC-Kabel.

Auch Informationen über besondere Formen der Bremskrafterzeugung werden in der Bremsanschrift angegeben.

*Ergänzungen*

| | |
|---|---|
| **pn** | **Pn**eumatische Bremskrafterzeugung |
| **h** | **H**ydraulische Bremskrafterzeugung |
| **f** | Bremskrafterzeugung durch **F**ederspeicher |
| D | Scheibenbremse (**D**iskus) |
| K | **K**unststoff-Bremsklotzsohlen |

### Bremsgewichtsanschrift

Das Bremsgewicht beschreibt das zu einer Bremsstellung gehörende Leistungsvermögen der Fahrzeugbremse.

*Brems-vermögen*

| | | | | |
|---|---|---|---|---|
| KE-GPR-EmZ | R+E 160 | 173 t | R | 120 t |
| | R+E | 160 t | P | 83 t |
| | P+E | 140 t | G | 56 t |

### Heizung/Klimatisierung

Eine Kennzeichnung gibt Auskunft über die Art der Heizungseinrichtung und die Wärmeerzeugung.

*Art und Wärme-erzeugung*

| | | | |
|---|---|---|---|
| **Whz** | = **W**armwasser**h**ei**z**ung | **d** | = **D**ampf |
| **Klimae** | = **Klima**anlage | **e** | = **e**lektrischer Strom |
| **Lhz** | = **L**uft**h**ei**z**ung | **kü** | = **Kü**hlwasser |
| **s** | = **s**elbsttätige Regelung | **ö** | = **Ö**lfeuerung |

## 2.9.2. Optische und akustische Signale

### Spitzen- und Schlusslicht

Spitzen- und Schlusslicht werden mit Schaltern auf dem Führerpult direkt ein- und ausgeschaltet. Mit einem Schalter kann auch von Abblendlicht auf Fernlicht umgeschaltet werden. Bei Fernlicht leuchtet zusätzlich ein blauer Leuchtmelder.

*Vom Führer-pult aus*

*Abbildung: Spitzenlicht einer elektrischen Lokomotive.*

*Abbildung: Schalter für Spitzen- und Schlusslicht.*

## Thyphon

*Unterschiedliche Töne*

In der Regel sind die Fahrzeuge mit 2 Thyphon mit unterschiedlich hohen Tönen ausgerüstet. Mit einem pneumatischen Taster werden die beiden Thyphon einzeln angesteuert. Der Taster ist in allen Führerräumen aktiv.

# 3. Fahrzeugtechnik der BOStrab-Fahrzeuge

## 3.1. Straßenbahn und Stadtbahn

### 3.1.1. Systeme

*Bau und Betrieb nach der BOStrab*

Straßenbahn und Stadtbahn sind Verkehrssysteme des Stadtverkehrs, die unterschiedliche Einsatzbereiche und Leistungsfähigkeiten aufweisen, aber alle nach den Vorschriften der „Verordnung über den Bau und Betrieb der Straßenbahnen" (BOStrab) zu bauen und zu betreiben sind (Siehe Kapitel 1.1.1.).

**Straßenbahn**

*Verkehrt im Straßenbereich*

Ende des 19. Jahrhunderts begann in vielen Städten Deutschlands die Umstellung der Pferdebahnen auf elektrisch angetriebene Straßenbahnen. Die klassischen Straßenbahnen verkehren überwiegend im Straßenbereich auf straßenbündigem Bahnkörper, wobei Streckenabschnitte auf besonderem Bahnkörper zunehmend für bessere Beförderungsqualität mit höherer Fahrgeschwindigkeit und größerer Zuverlässigkeit sorgen. Auch kurze Tunnelabschnitte kommen vor, machen das System damit allerdings noch nicht zu einer Stadtbahn im nachstehend definierten Sinne.

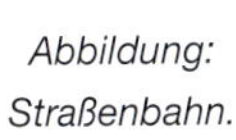
*Abbildung: Straßenbahn.*

Straßenbahnen fahren auf Sicht und heben sich insoweit von den Stadtbahnen und U-Bahnen ab. Viele Haltestellen sind ebenerdig, allenfalls mit niedrigen Halteinseln ausgestattet. Bei älteren Hochflur-Straßenbahnen mit einer Fußbodenhöhe von ca. einem Meter über Schienenoberkante ist der Einstieg für viele Fahrgäste beschwerlich. Erhebliche Verbesserungen bieten hier die Niederflurstraßenbahnen, die von einer niedrigen Haltestellenplattform niveaugleich oder mit nur geringer Reststufe betreten bzw. verlassen werden können.

## Stadtbahn

*Leistungsfähiges System*

Stadtbahnen sind in Deutschland elektrische Schienenbahnen für den Nahverkehr, die sich aus den Straßenbahnen weiterentwickelt haben und in ihrer Leistungsfähigkeit zwischen den Straßenbahnen und U-Bahnen liegen. Für Stadtbahnen charakteristisch ist die Aufgabe, die zentralen Bereiche großstädtischer Verdichtungsräume optimal zu erschließen und mit dem Umland mit kurzen Reisezeiten zu verbinden. Dies führt zu relativ großen Haltestellenabständen und Linienlängen. Die Strecken werden teilweise auf besonderem oder kreuzungsfrei auf unabhängigen Bahnkörper geführt. Damit ist ein hochleistungsfähiger Betrieb möglich, der dem einer klassischen U-Bahn nahe kommt. Auf der anderen Seite sind alle Ausbaustufen und Betriebsformen bis hin zum klassischen Straßenbahnbetrieb möglich. Damit deckt das Stadtbahnkonzept eine große Breite möglicher Einsatzfälle mit unterschiedlichen Anforderungen ab.

*Abbildung:*
*Stadtbahnwagen Typ B beim Befahren eines Tunnelabschnittes.*

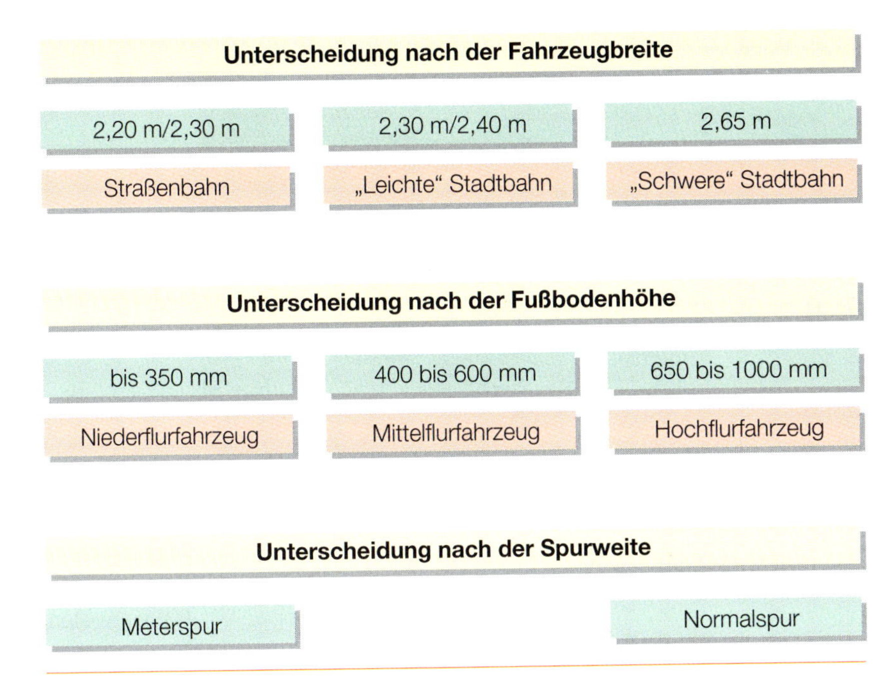


*Abbildung: Einteilung der Straßenbahn- und Stadtbahnfahrzeuge.*

## 3.1.2. Einteilung und Unterscheidung

*Ausstattung*

Die verschiedenen Straßenbahn- und Stadtbahnfahrzeuge lassen sich hinsichtlich ihrer Breite, ihres Gewichtes, sowie nach der Fußbodenhöhe und Spurweite wie in der vorherigen Abbildung dargestellt einteilen.

### Niederflurfahrzeuge

Straßenbahn- und Stadtbahnfahrzeuge wurden schon immer so gebaut, dass sie den Fahrgästen den Einstieg erleichtern. Je nach Anteil des niederflurigen Bereiches in Bezug auf die Gesamtlänge des Fahrzeuges werden die verschiedene Bauarten von Niederflurfahrzeugen unterschieden.

*Abbildung: Niederflurstraßenbahn.*

*Niederfluranteil 15 %*

Zu Beginn der Entwicklung wurden in konventionelle zweiteilige Gelenktriebwagen niederflurige Mittelteile eingefügt. Diese erweiterten die Kapazität der Fahrzeuge zu vergleichsweise niedrigen Kosten und schafften ein Niederflurabteil mit stufenlosen Einstieg. Hier finden vorzugsweise mobilitätsbehinderte Fahrgäste sowie Kinderwagen und Rollstühle ihre Plätze. Eine Variante dieser Lösung stellen niederflurige Beiwagen dar, wie sie teilweise eingesetzt werden.

*Niederfluranteil 60 – 75 %*

Bei diesen Fahrzeugen ist lediglich der Endbereich hochflurig, unter dem die Triebdrehgestelle in konventioneller Technik angeordnet sind. Die technischen Innovationen beschränken sich hier auf die nicht angetriebenen Fahrwerke sowie die Gelenke.

*Niederfluranteil 100 %*

Heute haben die vollständig niederflurigen Fahrzeuge den Straßenbahnmarkt voll erobert und sogar – an geeigneter Stelle – auch bei Stadtbahnen und im Regionalverkehr Einzug gehalten. Hier lässt es sich nicht vermeiden, dass die Räder und Antriebe den Wagenboden durchdringen und deshalb durch große Kästen überbaut werden müssen.

## Fahrzeugabmessungen

*Höchstwerte nach BOStrab*

Die Fahrzeugmaße werden durch die in der BOStrab festgelegten Höchstwerte begrenzt. Ein Regellichtraum mit Grenzlinien analog der EBO existiert hier nicht. Es wird lediglich die Umgrenzung eines für den sicheren Betrieb notwendigen lichten Raumes definiert, der zwischen Fahrzeug, Gleis sowie festen und beweglichen Gegenständen (die so genannte Hüllkurve) ermittelt werden muss. Als Fahrzeugmaße sind jedoch mit einer Breite von 2,65 m und einer Zuglänge von 75 m im Falle der Teilnahme am Straßenverkehr zwei für die Fahrzeuggestaltung elementare Grenzwerte festgelegt.

## Fahrzeugkasten

*Aufbau*

Die Fahrzeugkästen sind in selbsttragender Stahlleichtbauweise oder auch in Aluminiumstrangpressprofilbauweise ausgeführt. Die Beblechung von Seitenwand- und Dachbaugruppen ist auf dieses Gerippe geschweißt. Charakteristisch ist die Verwendung rostfreier Stähle. Verschiedentlich ist auch eine Beplankung mit aufgeklebten Aluminium- oder Kunststoffplatten eingeführt worden.

*Abbildung: Wagenkasten eines Straßenbahnfahrzeuges.*

Meist befindet sich im Untergestell jeweils am Kupplungsträger eine automatische Mittelpufferkupplung (MPK) mit beiderseitigen Elektrokupplungen und zum Teil auch mit Abdeckung.

*Abbildung: Stadtbahnfahrzeug mit automatischer Kupplung (Stuttgart).*

## Der Innenraum

*Innen-einrichtung*

Die Innenausstattung der Fahrzeuge ist ansprechend und komfortabel, gleichzeitig auch widerstandsfähig gegen Vandalismus. Die Sitze sind mit hochwertiger Polsterung oder mit leicht zu reinigender, harter Kunststoff- oder Sperrholzoberfläche ausgerüstet. Einen Kompromiss zwischen Aussehen und Dauerhaftigkeit bieten Kunststoffschalensitze mit aufgeklebten Wollplüsch.

*Abbildung: Die Fahrzeuge weisen eine vandalismusdämpfende Inneneinrichtung, ansprechende Raumgestaltung und Transparenz auf.*

*Abbildung: Fahrausweisverkauf durch Automaten an Bord der Fahrzeuge.*

Fahrzeuge mit hoher Kapazität weisen entsprechend große Stehplatzflächen und demzufolge weniger Sitzplätze auf. Gleichzeitig sind hier auch entsprechend viele Türen für einen raschen Fahrgastwechsel erforderlich.

Zum Wohlbefinden der Reisenden trägt auch das Raumklima bei, das durch moderne Heizungs-, Lüftungs- und Klimatechnik nachhaltig verbessert wird.

## Modular aufgebaute Fahrzeugsysteme

*Multigelenkfahrzeuge*

Neuartige Fahrzeuge werden vielfach modular aufgebaut und in modernster Technologie und in großer Serie hergestellt. Anstelle von Typenvielfalt und Kleinserienfertigung tritt hier ein Baukastensystem, dessen Elemente die Zusammenstellung zu verschiedenen Fahrzeuggrößen in unterschiedlichster Länge, Kapazität und Leistungsfähigkeit ermöglicht.

***Wagen 1, 7:***
*Kopfmodul mit Triebfahrwerk und einer Schwenkschiebetür.*

***Wagen 2, 6:***
*Mittelmodul mit zwei Schwenkschiebetüren je Seite.*

***Wagen 3, 5:***
*Fahrwerkmodul mit Lauf- oder Triebfahrwerk.*

***Wagen 4:***
*Mittelmodul mit einer Schwenkschiebetür je Seite.*

*Abbildung: Fahrzeug bestehend aus insgesamt sieben Modulen mit einer Gesamtlänge von 42 m (Typ „Combino“).*

## 3.1.3. Fahrzeugtechnik

*Der Fahrerplatz*

Die Führerstände neuer Fahrzeuge sind nach neuesten ergonomischen Erkenntnissen gestaltet. Sie zeichnen sich durch eine gute Erreichbarkeit aller Bedienelemente aus. Ein Informations- und Diagnosesystem informiert den Fahrzeugführer laufend über den Betriebszustand des Fahrzeuges

*Abbildung: Der Fahrzeugführerstand zeichnet sich durch eine gute Erreichbarkeit aller Bedienelemente aus.*

## Trassierung

*Spurweite, Spurführung*

Die Strecken sind entweder in Normal- oder Meterspur ausgeführt sein. Hinsichtlich der Radreifen- und Schienenprofile sowie in den in BOStrab-Bereichen verwendeten Gleisen bestehen Unterschiede zu den EBO-Strecken.

*Abbildung: Gleisanlage (München).*

*Einige Kenngrößen*

Entsprechend der BOStrab-Trassierungsrichtlinie ist ein kleinster befahrbarer Bogenhalbmesser von 25 m vorzusehen. Darüber hinaus existieren im BOStrab-Bereich auf Betriebshöfen, bei Rangiergleisen oder besonderen Engpassstellen der Trassierung auch kleinere Radien von bis zu 15 m. Die Achslasten im BOStrab-Bereich bewegen sich in einer Größenordnung von etwa 10 t. Die Strecken sind im Regelfall mit 600, 750 oder 1500 V Gleichstrom elektrifiziert.

## Signal- und Sicherungstechnik

*BOStrab*

Die BOStrab nennt Anforderungen für Signaleinrichtungen, die vor allem aus der StVO (Straßen-Verkehrs-Ordnung) für den Einsatz im öffentlichen Straßenraum resultieren. Dazu gehören

- ausreichend beleuchtende und gleichmäßig abblendbare Scheinwerfer,
- Fahrtrichtungssignale an den Längsseiten vorn und hinten im gleichen Takt blinkend,
- Bremssignale und
- im gleichen Takt blinkende Warnblinkleuchten.

Abhängig vom System kann für den BOStrab-Bereich auch eine Zugsicherung erforderlich sein.

## Fahrwerke

*Eine Vielzahl von Ausführungsformen*

Meist kommen Drehgestell-Fahrwerke zum Einsatz. Die Triebdrehgestelle besitzen teilweise durchgehende innengelagerte Treibradsatzwellen. Die notwendige Freigängigkeit bei dem Befahren von Gleisbögen wird durch das Ausdrehen der Wagenteile untereinander und der Triebdrehgestelle gegenüber den Endwagenteilen erreicht. Die einzelnen Wagenteile sind im Dachbereich mit schwebenden Gelenken verbunden.

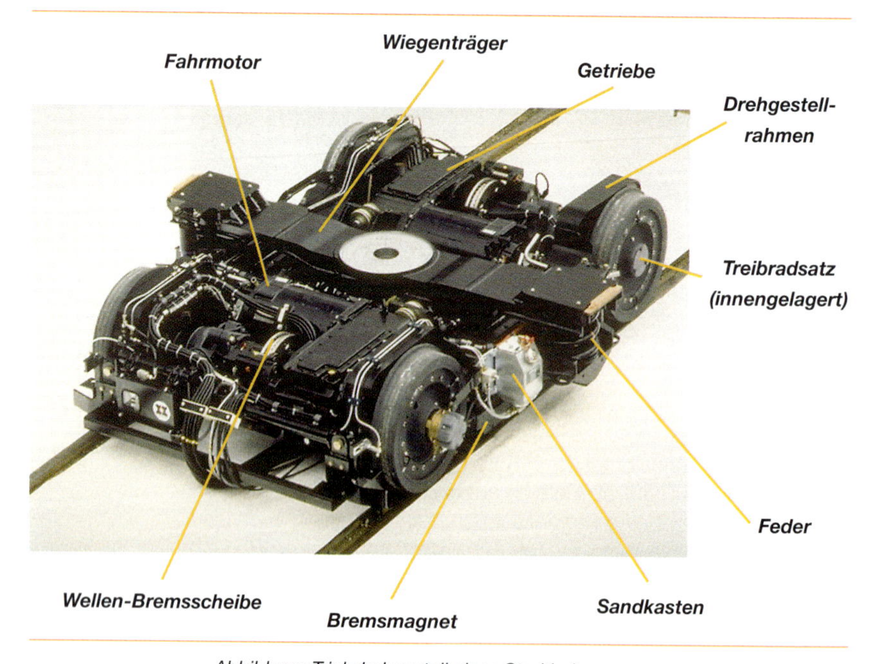


*Abbildung: Triebdrehgestell eines Stadtbahnwagens.*

Beim ersten und vorletzten Treibradsatz sind beheizbare, druckluftbetätigte und richtungsabhängige Sandstreudüsen untergebracht. Sie werden automatisch bei Schleuder- und Gleitvorgängen betätigt. Die Sandkästen besitzen ein Schauglas. Sie können von außen – vielfach auch von innen – über staubdichte Verschlüsse befüllt werden.

Die Wagenkästen sind zum Teil auch auf Luftfedern gelagert. Zwei Luftfedern tragen den Wiegenträger, der über einen Mittelzapfen mit dem Hauptquerträger des Untergestells verbunden ist. An jeder Luftfeder regelt ein Ventil das Wagenkastenniveau unabhängig von der Beladung. Mit der weiteren Entwicklung der Niederflurfahrzeuge haben sich neuartige Fahrwerkstechniken durchgesetzt. Dabei soll ein möglichst großer Raum in der Fahrwerksmitte freigehalten werden, so dass eine Fußbodenhöhe von maximal 350 mm bei einer Gangbreite von mindestens 800 mm eingehalten wird.

*Niederflurfahrzeuge*

Um einen großen durchgehenden Niederflurbereich zu erreichen, besitzen diese Fahrzeuge zusätzliche nichtangetriebene Lauffahrwerke mit sehr kleinen Rädern, Losrädern und Einzelachsfahrwerken.

*Abbildung: Triebfahrwerk mit Radblockantrieb (Typ Combino).*

*Abbildung: Nichtangetriebenes Lauffahrwerk.*

## Bremseinrichtung

*Kombination verschiedener Systeme*

Die Bremsanlage besteht in der Regel aus elektrodynamischer (ED-) und Magnetschienen-(MG-)Bremse. Einige Fahrzeuge können auch mit elektropneumatischer (EP-) oder elektrohydraulischer (EH-) Bremse ausgerüstet sein. Die zusätzlich vorhandene elektrische (E-)Bremse speist die Bremsenergie bei neueren Fahrzeugen ins Netz zurück.

Die Antriebseinheit besteht meist aus Fahrmotor, Getriebe, Kupplung und eine auf der Hohlwelle sitzende Bremsscheibe. Diese wird von einem hydraulisch betätigten zweistufigen Federspeicher gebremst. Das dazugehörige Hydrogerät sitzt mitsamt dem Membranspeicher auf dem Drehgestellrahmen.

*Abbildung: Bremseinrichtung (Stadtbahnfahrzeug).*

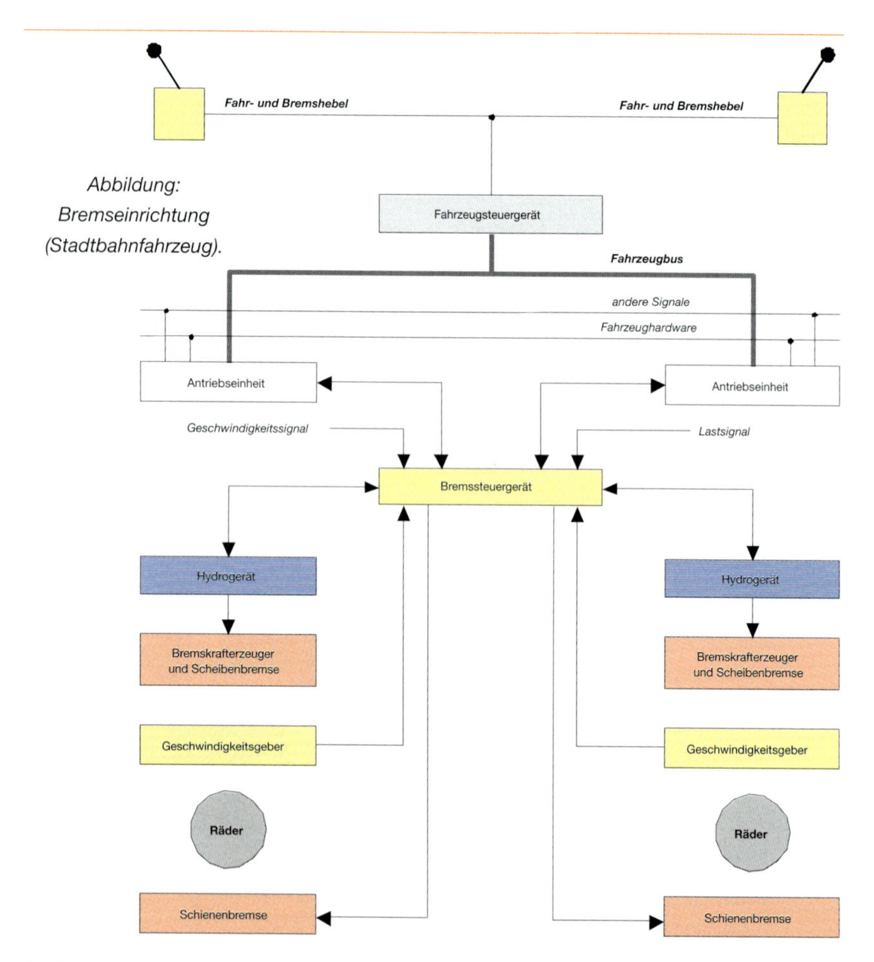

## Antriebstechnik

*Drehstrom-antriebstechnik*

Während ältere Fahrzeuge noch mit Gleichstrommotoren ausgerüstet sein können, werden bei neueren Fahrzeuge ausschließlich Drehstrommotoren verwendet. Bei Niederflurfahrzeugen sind die Motoren in den Drehgestellen zum Teil in Längsanordnung seitlich, als auch im Wagenkasten gelagert und durch Kardanwellen mit den Triebrädern verbunden. Vielfach kommen auch Drehstromradnabenmotoren zum Einsatz, die entweder im Drehgestell, oder in kompakter Form in das Rad integriert sind.

Zur Kühlung der Motoren sowie der Leistungselektronik werden Luft oder Wasser als Kühlmittel eingesetzt.

## Einstiegstüren

*Außen-schwenk- oder Schwenk-schiebetür*

Die klassischen Drehfalttüren der Straßenbahnen sind inzwischen durch Außenschwenk- und Schwenkschiebetüren abgelöst worden. Die elektronische Regelung und die Überwachung des Motorstromes im Türantrieb sorgen für eine sichere Türfunktion und verhindern das Einklemmen der Fahrgäste. Sowohl bei Hochflur- als auch bei Niederflurfahrzeugen gehören lichte Türbreiten von über 90 cm inzwischen zum Standard. Seitliche Haltegriffe und eine im Einstiegbereich der Doppeltüren etwa mittig oder außermittig angebrachte Haltestange erleichtern den Ein- und Ausstieg, vor allem, wenn aufgrund eines Höhenunterschiedes zwischen Bahnsteigkante und Fahrzeugfußboden eine oder mehrere Stufen zu überwinden sind.

*Abbildung: Einstiegtüren eines Fahrzeuges. Die Niederflurbauweise sowie die große Öffnungsweite erleichtern den Fahrgastwechsel.*

## Geräte und Ausrüstungen

*Unterflur oder im Dachbereich*

Während sich bei Hochflurfahrzeugen die elektrische Starkstromausrüstung, die Bremsausrüstung, die Druckluftanlage und dergleichen mehr unter dem Fußboden befindet, sind diese Geräte bei Niederflurwagen überwiegend im Dachbereich in einem Zentralcontainer angeordnet. Hier befinden sich neben der Batterie die Bauteile der Bordnetzverteilung, die Antriebssteuerung, die Fahrmotorumrichter, der Bremswiderstand, die Lüfter und der Bordnetzumformer. Dieser Container bildet gleichzeitig das Fahrzeugdach.

*Abbildung: Zentralcontainer auf dem Fahrzeugdach.*

Neben den Dachcontainern sind zusätzlich noch Elektronikschränke im Fahrzeug montiert.

## Heizung, Lüftung, Klimatisierung

Stand der Ausrüstung sind heute Dachlüftungsgeräte mit Lufterwärmung für die einzelnen Wagenteile. In verschiedenen Fahrzeugen sind diese Geräte auch als vollständige Klimaanlage ausgeführt.

## 3.1.4. Regionalstadtbahn

*Verknüpfung mit EBO und BOStrab*

Das Produkt „Regionalstadtbahn“ stellt eine Verknüpfung zweier schienengebundener Nahverkehrssysteme dar. Hier verkehren Fahrzeuge, die entsprechend ihrer Zulassung bzw. von Sondergenehmigungen für beide Betriebsarten zugelassen sind, sowohl auf BOStrab- als auch auf EBO-Strecken.

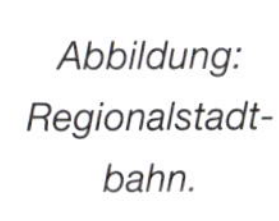

*Abbildung: Regionalstadtbahn.*

Eine gute Voraussetzung für die Verknüpfung von Stadt- und Eisenbahnsystemen ist die Regelspurweite 1435 mm. Wenn diese im BOStrab-Bereich nicht vorhanden ist (Beispiel: Meterspurstraßenbahn), kann eine Kombination beider Systeme durch Verlegung einer dritten Schiene innerhalb der gemeinsam befahrenen Bereiche erfolgen.

Die Durchführung eines Mischbetriebes mit Fahrzeugen beider Systeme erfordert Anpassungen, um den Anforderungen der Spurführung gerecht zu werden. Das Radreifenprofil ist deshalb als „Mischprofil“ ausgeführt. Es gestaltet auch das Befahren von Rillenschienen und bietet aufgrund des ausreichend hohen Spurkranzes auch eine sichere Spurführung beim Befahren von EBO-Weichen.

### Energieversorgung

*Mehrere Varianten*

Während die BOStrab-Strecken im Regelfall mit Gleichstrom elektrifiziert sind, kann im EBO-Bereich sowohl Elektrifizierung mit 15 kV Wechselstrom als auch Nichtelektrifizierung vorliegen. Als Lösungsmöglichkeit bietet sich der Einsatz von elektrischen Zweisystemfahrzeugen (Gleich- und Wechselstrom), Dieselfahrzeugen sowie Hybridfahrzeugen (Gleichstrom und dieselelektrisch) an.

Die Umschalteinrichtung für den Systemwechsel arbeitet ohne Bedienungshandlung des Fahrers. Der motorbetriebene Dreiwegetrenner geht automatisch beim Durchfahren eines spannungslosen Fahrleitungsabschnittes in Nullstellung und nach der Zuordnung der anschließend gemessenen Spannung in die Stellung Gleich- oder Wechselstrom. Ein Aufschaltschütz trennt den 15 kV-Wechselstrom-Teil, wenn das Fahrzeug im Gleichspannungs-Fahrleitungsnetz betrieben wird.

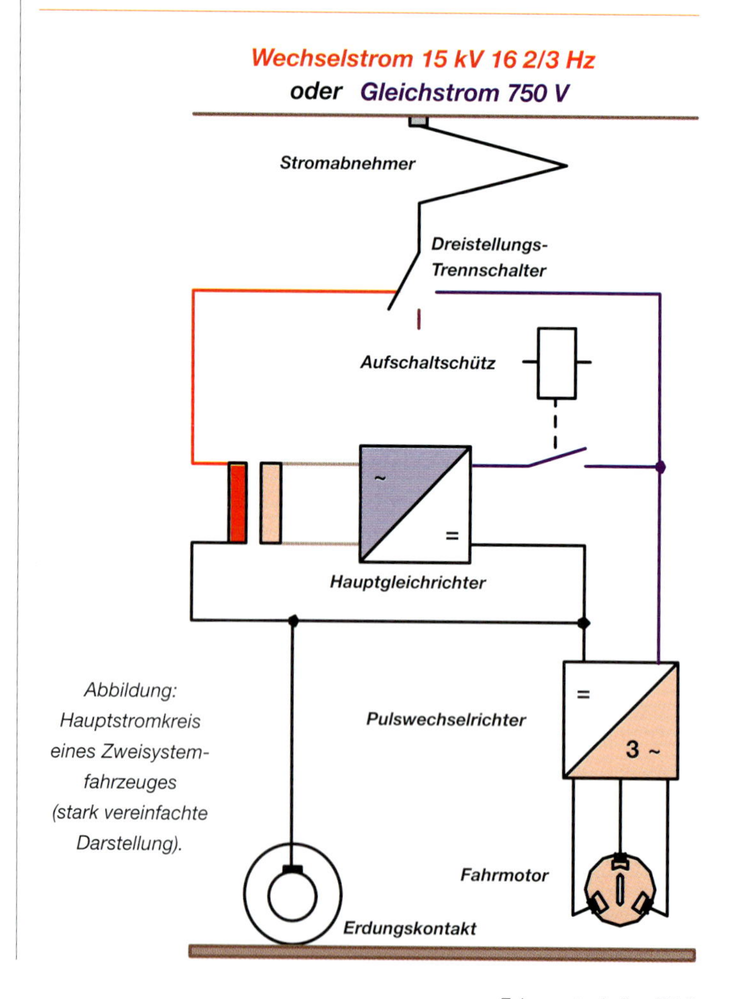


*Abbildung: Hauptstromkreis eines Zweisystemfahrzeuges (stark vereinfachte Darstellung).*

## Signal- und Sicherungstechnik

*Zwei Systeme*

Hier sind die Maßgaben der BOStrab sowie der EBO berücksichtigt. Für den Einsatz auf EBO-Strecken sind die Fahrzeuge mit Indusi/PZB 90 und Sifa ausgerüstet. Weiterhin verfügen sie über Funkeinrichtungen, die für beide Systeme funktionsfähig sind.

## Bahnsteigseitige Anpassungen

*Anpassungen am Fahrzeug*

Die maximale Fahrzeugbreite von 2,65 m macht bei Bahnsteigen im EBO-Bereich fahrzeug- oder bahnsteigseitige Anpassungen erforderlich, um den entstehenden Spalt zwischen Bahnsteig und Fahrzeug zu überbrücken. Fahrzeugseitig ist dies je nach Bahnsteighöhe (380 – 760 mm) durch eine ausfahrbare oder bewegliche Trittstufe oder aber einen speziellen Trittstufenmechanismus möglich. Bahnsteigseitig kann dies beispielsweise durch Verschiebung der durch die Mischbetriebsfahrzeuge benutzten Schienen zum Bahnsteig hin erfolgen.

*Abbildung: Bahnsteigsonderlösung durch Vierschienengleis.*

# 3.2. U-Bahn

## 3.2.1. Grundlagen

*Für höchste Fahrgastzahlen*

Obwohl die U-Bahnen in Deutschland definitionsgemäß zum BOStrab-Bereich gehören, unterscheiden sie sich hinsichtlich der Aufgaben und er Einsatzbedingungen erheblich von Straßen- und Stadtbahnsystemen.

Die U-Bahn ist ein Massenverkehrsmittel, das in Ballungszentren dichtbesiedelte Bereiche mit Zentral- und Wirtschaftsbereichen verbindet und eine hohe Leistungsfähigkeit mit kurzen Fahrzeiten aufweist. Der U-Bahn-Betrieb wird grundsätzlich auf unabhängigen Bahnkörper mit Zugsicherung durchgeführt, im Kernbereich im Tunnel oder aufgeständert. Abseits der Innenstadtbereiche werden die Strecken zur Kostenminimierung auch oberirdisch geführt.

Die U-Bahn-Systeme sind gekennzeichnet durch separate Haltestellenbauten sowohl unterirdisch als auch oberirdisch. Die Hochbahnsteige und die Hochflurfahrzeuge lassen die Realisierung weitgehend optimaler Einstiegverhältnisse mit kleiner Stufe und kleinem Spalt zu. Dies bringt neben dem hohen Komfort für den Fahrgast auch schnelle Ein- und Ausstiegzeiten sowie kurze Haltestellenaufenthalte mit sich.

Die U-Bahn ist das öffentliche Verkehrsmittel mit den höchsten Fahrgastzahlen. Typische Kenndaten des U-Bahn-Systems sind:

- Höchste Fahrgeschwindigkeit: 70 bis 90 km/h
- Reisegeschwindigkeit: 30 bis 35 km/h
- Haltestellenabstand: 500 bis 1200 m
- Zugabstand im Berufsverkehr: 1,5 Minuten

Klassische, völlig separat geführte U-Bahn-Systeme gibt es in Deutschland in den Städten Berlin, Hamburg, München und Nürnberg. Die U-Bahnen in Berlin und Hamburg gehören mit zu den ältesten, diejenigen in München und Nürnberg zu den jüngeren U-Bahn-Systemen der Welt.

*Abbildung: Berliner U-Bahn.*

## 3.2.2. Fahrzeugtechnik

*Gleichstrombahner*

Da die Strecken völlig kreuzungsfrei ausgebaut sind, konnten die Fahrzeuge mit seitlichen Stromabnehmern und die Gleise mit seitlicher Stromschiene ausgerüstet werden. Dadurch sind bei Tunnelstrecken geringere Tunnelhöhen erforderlich, als bei Systemen mit Oberleitung und Stromabnehmer. Aufgrund ihrer Konstruktion sind Stromschienen wartungsärmer und erheblich weniger störanfällig als Fahrleitungsanlagen.

*Abbildung: Oberirdischer Streckenabschnitt der Hamburger U-Bahn.*

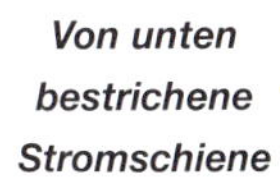

*Abbildung: Seitliche Stromabnahme.*

### Wagenkasten

*Unterschiedliche Fahrzeugbreiten*

Deutscher Standard ist heute eine Breite von 2,9 m und eine Länge von 18,2 m, der jedoch nur bei neuen U-Bahn-Systemen angewendet werden kann. Bei den „alten" Systemen sind die vorhandenen, historisch gewachsenen Lichtraumprofile für die Wagenkastenabmessungen maßgebend. Der gesamte Wagenkasten ist in Leichtbauweise ausgeführt. Neuere Fahrzeuge sind mit Übergängen zwischen den Wagen oder mit großen Scheiben ausgerüstet, um das Sicherheitsempfinden der Fahrgäste zu erhöhen.

Hinsichtlich des Fahrzeuggesamtkonzeptes geht die Entwicklung von den bisher zweiteiligen Fahrzeugen hin zu größeren Einheiten. So werden heute vielfach 4- und 6-Wagen-Fahrzeuge eingesetzt.

*Tabelle 1: Größe und Fahrzeugzahl der jeweils neuesten U-Bahn-Wagen in Deutschland.*

| Stadt | Berlin | | Hamburg | München | Nürnberg |
|---|---|---|---|---|---|
| | Kleinprofil | Großprofil | | | |
| Wagenlänge | 12,4 m | 15,7 m | 14,5 | 18,2 m | 18,2 m |
| Wagenbreite | 2,30 m | 2,65 m | 2,58 | 2,90 m | 2,90 m |
| Anzahl der Wagen pro Fahrzeug | 2 | 6 | 4 | 2 | 2 |
| Anzahl der Wagen pro Zug | 8 | 6 | 8 | 6 | 4 |

Die elektrisch betätigten Einstiegtüren moderner Fahrzeuge zeichnen sich durch eine sensible Berührungsüberwachung und einen geräuscharmen Schließvorgang aus.

## Inneneinrichtung

*Vandalismusresistenz*

Die Innenausstattung ist individuell den Anforderungen der jeweiligen Metropole angepasst. Dabei ist der Auffangraum am Fahrzeugende großzügiger gestaltet, um Kinderwagen, Rollstühle und Fahrräder aufnehmen zu können. Bei der Formgebung und der Auswahl von Materialien und Oberflächenstrukturen wird von vornherein auf Vandalismusresistenz und Graffiti-Schutz geachtet.

*Abbildung: Inneneinrichtung eines U-Bahn-Fahrzeuges.*

## Führerstand

*Vorbereitet für den fahrerlosen Betrieb*

Für den Betrieb moderner U-Bahn-Fahrzeuge stehen Betriebsführungssysteme mit zentraler Haltestellenüberwachung und Fernsteuerung der Haltestellenfunktionen zur Verfügung. Teilweise fahren die Züge automatisch, wobei der Fahrer lediglich die Zugabfertigung in den Haltestellen und die Streckenbeobachtung übernimmt. Die technischen Einrichtungen der Zugfahrerselbstabfertigung werden zusätzlich dafür genutzt, um auf den Abfertigungsmonitoren Vorgaben für die Fahrweise aus dem Betriebsführungssystem an den Fahrer zu übermitteln.

Die Dienstfähigkeit des Fahrers wird durch ein Totmannpedal überwacht. Wird dieses Pedal nicht in der mittleren Stellung gehalten, kommt es zu einer automatischen Notbremsung des Fahrzeuges.

Die Führerstände moderner U-Bahn-Fahrzeuge sind bereits für einen automatischen fahrerlosen Betrieb ausgerüstet.

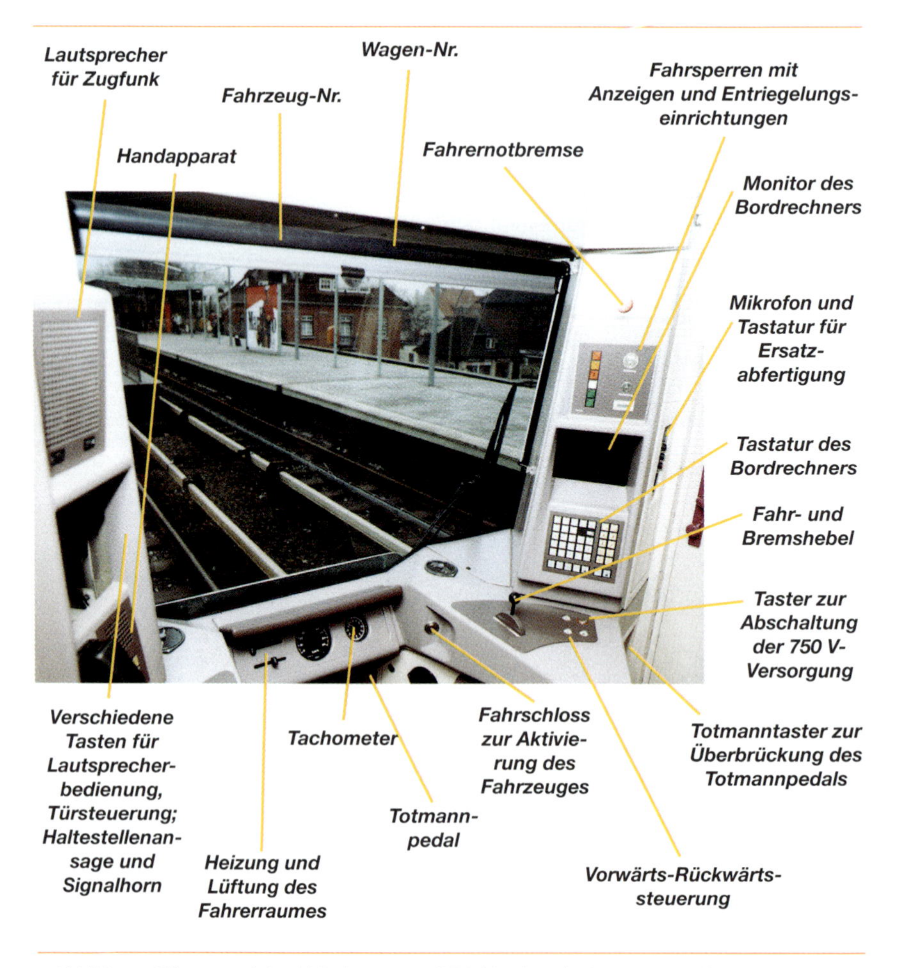


*Abbildung: Führerstand des U-Bahnwagens DT4 (Hamburg) mit modernen Kommunikations- und Displaytechniken.*

## Antriebstechnik

*Drehstromtechnik*

Die Antriebe der neuen Fahrzeuge sind generell mit Drehstrommotoren in querliegender Einzelachsanordnung ausgestattet. Mit abschaltbaren Thyristoren aufgebaute Wechselrichter erzeugen das zum Betrieb dieser Motoren erforderliche Dreiphasensystem variabler Spannung und Frequenz.

Vollgekapselte hochtourige Asynchronmotoren mit nachgeschaltetem 2-stufigen Getriebe führen zu erheblicher Geräuschreduzierung, deutlicher Gewichtsminderung und Wartungsfreiheit über eine sehr lange Lebensdauer. Antriebmotoren und Leistungselektronik der neueren Fahrzeuge werden mit Wasser gekühlt.

Moderne U-Bahn-Fahrzeuge sind mit Diagnosesystemen ausgerüstet, die Störungen der Fahrzeugausrüstung während der Fahrt registrieren.

# 4. Fahrzeugübersicht

## 4.1. Lokomotiven

### 4.1.1. Elektrische Lokomotiven in konventioneller Technik

*Eine große Anzahl Baureihen*

Eine Vielzahl elektrischer Triebfahrzeuge prägt heute das Bild der Eisenbahnen in Deutschland. Neben neuen Fahrzeugen sind noch zahlreiche Fahrzeuge älterer Baureihen im Einsatz. In der nachfolgenden Übersicht sind die Fahrzeuge chronologisch vorgestellt.

#### Einheitslokomotive

*Altbaufahrzeuge*

Anfang der 50er Jahre entwickelte die DB zusammen mit der Industrie ein neues Typenprogramm elektrischer Lokomotiven. Dabei wurden folgende Baureihen beschafft:

- E 10 (später BR 110) für den Schnell- und Eilzugdienst,
- E 40 (später BR 140) für den gemischten und schweren Güterzugdienst,
- E 41 (später BR 141) für den leichten Personen- und Güterzugdienst sowie
- E 50 (später BR 150) für den schweren Güterzugdienst.

*Abbildung: Baureihe 110 während einer Modernisierung.*

| Technische Daten: | BR 110 | BR 140 | BR 141 | BR 150 |
|---|---|---|---|---|
| Höchstgeschwindigkeit: | 140 km/h | 110 km/h | 120 km/h | 100 km/h |
| Leistung: | 3.620 kW | 3.620 kW | 2.400 kW | 4.500 kW |
| Länge über Puffer: | 16.490 mm | 16.490 mm | 15.660 mm | 19.490 mm |
| Fahrzeuggewicht: | 86 t | 83 t | 67 t | 128 t |
| Erstes Baujahr: | 1956 | 1954 | 1956 | 1957 |

Die Baureihen wurden aus Gründen einer kostengünstigen Unterhaltung und Ersatzteilwirtschaft weitgehend einheitlich ausgeführt. Auf Grund der Einheitszeichnung konnten alle deutschen Lokhersteller am Bau beteiligt werden.

Dabei wurde erstmals der neu entwickelte Gummiringfederantrieb eingebaut. Auf die Drehgestelle stützte sich über je zwei seitliche Abstützungen der Brückenrahmen mit dem Kastenaufbau ab. Brükkenrahmen und Kastengerippe wurden als selbsttragende Konstruktion miteinander verschweißt. Der Kastenaufbau enthielt den Maschinenraum mit zwei Seitengängen und die beiden Führerräume. Haupttransformator, Ölkühler und Hilfsmaschinen können nach Abnehmen der Dachaufbauten oder entsprechender Luken aus- und eingebaut werden. Die o.g. Einheitslokomotiven wurden bis in die 60er Jahre in großen Stückzahlen und weiteren Varianten gebaut. Noch heute sind viele dieser Fahrzeuge im Einsatz.

**BR 103**

Mit diesem Triebfahrzeug begann in Deutschland Mitte der 60er Jahre das Tempo-200-Zeitalter. Die sechsachsige Lokomotive erreicht eine Kurzzeitleistung von 10.400 kW und ist damit bis heute die am stärksten motorisierte Lokomotive der DB.

*Erstmals planmäßig mit 200 km/h*

Der Lokkasten besteht aus dem auf den Drehgestellen aufliegenden Brückenrahmen und den darauf befestigten Führerhäusern und Maschinenraumhauben. Die Zugkraftübertragung von den Drehgestellen auf den Lokkasten erfolgt über schrägliegende Zugstangen. Die Fahrzeuge der Baureihe 103 waren die ersten Lokomotiven, die mit einer selbsttätigen Geschwindigkeitsregelung ausgerüstet wurden. Inzwischen wurden die in großer Stückzahl beschafften Fahrzeuge weitgehend abgestellt.

*Abbildung: Baureihe 103.*

| Technische Daten: | BR 103 |
|---|---|
| Höchstgeschwindigkeit: | 200 km/h |
| Dauerleistung: | 7.000 kW |
| Länge über Puffer: | 20.200 mm |
| Fahrzeuggewicht: | 116 t |
| Erstes Baujahr: | 1965 |

**BR 111**

*Universal-lokomotive für Reisezüge aller Art*

Älteres Triebfahrzeug für Züge des Nahverkehrs und leichte Fernverkehrszüge. Anfang der Siebzigerjahre in konventioneller Technik mit Wechselstrommotoren und Gummiringfederantrieb gebaut.

Diese Baureihe wurde so entwickelt, dass die Hauptbauteile der „Einheitslokomotive" (Fahrmotoren mit Gummiringfederantrieb, Transformator usw.) unverändert oder mit nur geringen Bauartänderungen übernommen werden konnten.

Zur Verringerung der Beanspruchung zwischen Fahrzeug und Gleis wurde das Drehgestell lauftechnisch verbessert. Das Drehgestell besitzt deshalb eine Flexicoil-Kastenabstützung und eine Radsatzanlenkung mit Lemniskatenlenkern.

Weitere Verbesserungen betrafen die direkte Ansaugung der Kühlluft über eigene Kanäle aus den Seitenwänden der Lok. Außerdem kamen Führerstände zum Einsatz, die nach ergonomischen Gesichtspunkten gestaltet waren. Erstmals erfolgte eine Aufteilung der Instrumente in einen Informations- und einen Aktionsbereich. Für den Lokführer machte sich das durch den Entfall des bis dahin üblichen Handrades bemerkbar. An seine Stelle trat der horizontal zu betätigende Fahrschalter, der in einer Auf-/Absteuerung die gewünschten Spannungsstufen anwählt. Die Fahrzeuge sind für den Wendezugeinsatz hergerichtet und doppeltraktionsfähig. Einige Fahrzeuge erhielten eine besondere Ausrüstung für den Einsatz im S-Bahn-Verkehr.

| Technische Daten: | BR 111 |
| --- | --- |
| Höchstgeschwindigkeit: | 160 km/h |
| Leistung: | 3.700 kW |
| Länge über Puffer: | 16.750 mm |
| Fahrzeuggewicht: | 83 t |
| Erstes Baujahr: | 1974 |

**BR 112/143**

*Fern- und Nahverkehr sowie S-Bahn*

In mehreren Bauserien und großer Stückzahl gebaute Lokomotive. Sie entstand als Weiterentwicklung der 1982 erstmals vorgestellten DR-212 die konstruktiv so ausgelegt war, das bei geringfügigen Bauartänderungen sowohl die Beschaffung einer Mehrzweckvariante mit einer Höchstgeschwindigkeit von 120 km/h als auch einer Schnellzugvariante möglich war.

Die Lokomotive besitzt eine moderne Stahlleichtbau-Konstruktion. Oberrahmen und Lokkasten bilden dabei eine tragende Einheit mit geringer Eigenmasse im Verhältnis zu ihrer Tragfähigkeit und Zugfestigkeit. Außen liegende Flexicoilfedern stützen den Lokkasten auf die Drehgestelle ab und führen diese nach Kurvenfahrten wieder zurück. Zug- und Stoßkräfte werden von den Drehgestellen über Drehzapfen übertragen. Die Drehgestelle sind tief angelenkt.

Viele Lokomotiven der Baureihe 143 verfügen über eine Zeitmultiplexe Wende- und Doppeltraktionssteuerung sowie über Zusatzeinrichtungen für den S-Bahn-Verkehr.

*Abbildung: Baureihe 143.*

| Technische Daten: | BR 112 | BR 143 |
|---|---|---|
| Höchstgeschwindigkeit: | 160 km/h | 120 km/h |
| Leistung: | 4.200 kW | 3.720 kW |
| Länge über Puffer: | 16.640 mm | 16.640 mm |
| Fahrzeuggewicht: | 83,8 t | 82,8 t |
| Erstes Baujahr: | 1990 | 1984 |

## BR 151

*Schwerer Güterverkehr*

Ältere und in großer Stückzahl gebaute sechsachsige Lokomotive für den schweren Güterverkehr. Die elektrische Ausrüstung erfolgte in enger Anlehnung an die Konstruktion der Baureihen 110 bis 140.

Als Fahrmotoren wurden die bereits in der 110 bewährten Motoren verwendet. Die Übertragung der Zugkraft vom Fahrmotor zum Radsatz erfolgt durch einen Gummiringfederantrieb. Die elektrische Bremse ist als netzabhängige, fremderregte Gleichstrom-Widerstandsbremse ausgeführt. Die Lokomotiven sind Wendezug- und vielfachtraktionsfähig. Für den schweren Erzverkehr in Doppeltraktion sind einige Fahrzeuge dieser Baureihe mit einer Mittelpufferkupplung ausgerüstet.

*Abbildung: Baureihe 151.*

| Technische Daten: | BR 151 |
| --- | --- |
| Höchstgeschwindigkeit: | 120 km/h |
| Leistung: | 6.000 kW |
| Länge über Puffer: | 19.490 mm |
| Fahrzeuggewicht: | 118 t |
| Erstes Baujahr: | 1972 |

## BR 155

*Schwerer Güterverkehr*

Kastenförmige sechsachsige Lokomotive für schwere Güterzüge. Das Betriebsprogramm sieht die Beförderung von 3000-t-Güterzügen in der Ebene mit 95 km/h und 1800-t-Güterzügen mit 110 km/h vor. Die Radsätze werden jeweils durch einen 12-poligen Wechselstrom-Reihenschlussmotor über einen Gummikegelringfeder-Antrieb mit Gummikegelfeder und zweiseitigem schrägverzahnten Stirnradgetriebe angetrieben. Die Ober- und Unterspannungswicklung des Transformators ist in zwei galvanisch getrennte Kreise für die jeweils drei Fahrmotoren eines Drehgestells unterteilt. Die Fahrzeuge besitzen eine thyristorgeregelte elektrische Widerstandsbremse.

| Technische Daten: | BR 155 |
|---|---|
| Höchstgeschwindigkeit: | 125 km/h |
| Leistung: | 4.950 kW |
| Länge über Puffer: | 19.600 mm |
| Fahrzeuggewicht: | 123 t |
| Erstes Baujahr: | 1974 |

*Abbildung: Baureihe 155.*

## 4.1.2. Elektrische Drehstromlokomotiven

### BR 120

*Erste Drehstromlok*

Universallok für schnelle Reise- und schwere Güterzüge. Mit diesem Triebfahrzeug begann Anfang 1980 zunächst mit fünf Vorauslokomotiven das Zeitalter der Drehstrom-Antriebstechnik. Auf Grund ihrer Antriebstechnik, die automatisch die bestmögliche Ausnutzung des Kraftschlusses zwischen Rad- und Schiene herbeiführt, konnte die Baureihe 120 die Betriebsleistungen von sechsachsigen Lokomotiven übernehmen. Grundlegen neu war auch die erstmalige Anordnung des Transformators unter dem Lokkasten.

Gegenüber den Prototypen erhielten die 1987 gelieferten Serienlokomotiven eine zeitmultiplexe Wendezugsteuerung, eine automatische Fahr- und Bremssteuerung sowie die Linienzugbeeinflussung.

Seitdem hat sich diese Technik sowohl bei den Stromrichtern als auch bei der Leittechnik stürmisch weiterentwickelt. GTO-Stromrichter und höher integrierte Elektroniksysteme wurden in der Leistungsklasse ab 4 MW inzwischen sowohl bei zahlreichen Lokomotiven ausländischer Bahnkunden als auch ab 1991 bei den Triebköpfen ICE und später bei neusten Drehstromlokomotiven der Baureihe 101/145/152 eingesetzt.

*Weiterentwicklung zur BR 101*

| Technische Daten: | BR 120 |
|---|---|
| Höchstgeschwindigkeit: | 200 km/h |
| Leistung: | 5.600 kW |
| Länge über Puffer: | 19.200 mm |
| Fahrzeuggewicht: | 84 t |
| Erstes Baujahr: | 1987 (Serie) |

## BR 101

Elektrisches Triebfahrzeug der modernsten Fahrzeuggeneration für den Einsatz vor schnellen lokbespannten Reisezügen. Die vierachsige Hochleistungslokomotive mit Drehstromantrieb und elektronischer Leistungsregelung verfügt über hervorragende Fahrleistungen.

*Schnelle Fernverkehrszüge*

Die moderne Drehstromantriebstechnik ermöglicht dabei auch hier eine bestmögliche Ausnutzung des Kraftschlusses zwischen Rad und Schiene sowie die Netzrückspeisung der Bremsenergie. Das klassische Anordnungskonzept mit geradem Mittelgang, symmetrisch seitlich angeordneten Stromrichtern und Gerüsten sowie Unterflurtransformator kennzeichnet diese Lokomotive ebenso wie ihre Vorgängerin BR 120. Der entscheidende Unterschiede der BR 101 liegt in der Verwendung höher integrierter Bauelemente der Leistungs- und Steuerungselektronik sowie in der Anwendung von BUS-Systemen. Die dadurch realisierten Volumeneinsparungen und die drastisch reduzierte Zahl der Bauelemente, Steckkarten und Verbindungen machten es möglich, bei den Drehstromlokomotiven der zweiten Generation bei praktisch gleicher Fahrzeuglänge und gleicher Masse die Leistung zu erhöhen und die Radsatzeinzelsteuerung zu realisieren.

*Abbildung: Elektrisches Triebfahrzeug der BR 101.*

| Technische Daten: | BR 101 |
|---|---|
| Höchstgeschwindigkeit: | 220 km/h |
| Leistung: | 6.600 kW |
| Länge über Puffer: | 19.100 mm |
| Fahrzeuggewicht: | 86,0 t |
| Erstes Baujahr: | 1997 |

**BR 145/146/185**

*Universal-lokomotive*

Hochleistungslokomotive für den mittelschweren Güterverkehr (BR 145) oder hochwertigen Einsatz im Regionalverkehr (BR 146) mit Drehstromantriebstechnik, je einem elektrischen Antriebssystem pro Drehgestell und elektronischer Leistungsregelung.

Bei der Baureihe 185 handelt es sich um eine aus der Baureihe 145 abgeleiteten Zweifrequenz-Lokomotive, die sowohl mit dem in Deutschland verwendeten 15 kV-Wechselspannungssystem als auch mit dem in anderen Ländern benutzten 25 kV-Wechselstromsystem fahren kann.

Äußerlich unterscheidet sich die „Eurolok" von der BR 145 vor allem durch die vier Stromabnehmer. Der Lokführer kann beim Systemwechsel während der Fahrt den einen Stromabnehmer senken, vom Führertisch auf die neue Spannung umstellen und anschließend den anderen Stromabnehmer im neuen Spannungssystem wieder heben. Europäisch ausgelegt ist auch das Zugsicherungssystem und die Funkübertragung, die beide dem internationalen Standard entsprechen.

*Abbildung: Elektrische Zweifrequenz-Lokomotive der Baureihe 185 für 15 kV und 25 kV Wechselstrom.*

| Technische Daten: | BR 145 | BR 146 | BR 185 |
|---|---|---|---|
| Höchstgeschwindigkeit: | 140 km/h | 160 km/h | 140 km/h |
| Leistung: | 4.200 kW | 4.200 kW | 4.200 kW |
| Länge über Puffer: | 18.900 mm | 18.900 mm | 18.900 mm |
| Fahrzeuggewicht: | 80 t | 80 t | 82 t |
| Erstes Baujahr: | 1997 | 2000 | 2000 |

## BR 152/182

*Schwerer Güterverkehr*

Hochleistungslokomotive für den schweren Güterverkehr. Vierachsiges Kraftpaket, dass dank Drehstrom-Asynchronmotoren, Einzelradsatzregelung und innovativer Leistungselektronik ältere sechsachsige Güterzuglokomotiven ersetzt.

Aus der BR 152 wurde die ÖBB-Baureihe 1116 (Bezeichnung Taurus) entwickelt, die bei der DB als BR 182 zum Einsatz kommt. Anstatt des integrierten Tatzlagerantriebes kommt hier ein voll abgefederter Antrieb zum Einsatz, der auf Grund einer geänderten Getriebeausführung Höchstgeschwindigkeiten von 230 km/h ermöglicht.

Die BR 182 ist für den Einsatz als Zweisystemlok vorbereitet.

*Abbildung: Baureihe 152 (links) und 182 (rechts).*

| Technische Daten: | BR 152 | BR 182 |
|---|---|---|
| Höchstgeschwindigkeit: | 140 km/h | 230 km/h |
| Leistung: | 6.200 kW | 6.400 kW |
| Länge über Puffer: | 19.100 mm | 19.280 mm |
| Fahrzeuggewicht: | 88 t | 86 |
| Erstes Baujahr: | 1997 | 2001 |

Die BR 152 bildet zugleich die Basis für die Mehrsystem-Lokomotive 189. Diese soll neben den beiden Wechselstromsystemen 15 kV/ 16,7 Hz und 25 kV/50 Hz auch in Ländern mit den Gleichstromsystemen 1.500 V und 3.000 V verkehren können.

*Viersystemtechnik*

### 4.1.3. Diesellokomotiven

Dieseltriebfahrzeuge werden durch einen (oder mehrere) Dieselmotoren angetrieben deren Leistung elektrisch oder hydraulisch übertragen wird. Vielfach werden noch ältere Bauarten eingesetzt.

*Überblick*

**202/204/298**

In großer Stückzahl beschaffte Bauartfamilie für Nebenbahnzüge aller Art und für den Einsatz im schweren Rangierdienst. Die Lokomotive ist doppeltraktions- und wendezugfähig.

*Alle Einsatzfälle*

Der Fahrzeugteil dieser Diesellokomotive setzt sich aus dem Rahmen, den beiden Vorbauten, dem Führerhaus und den beiden Drehgestellen zusammen. Der Dieselmotor, die Kühlanlage und ein Kesselspeisewasserbehälter befinden sich im vorderen Vorbau.

*Aufbau*

Im kürzeren hinteren Vorbau befindet sich der Heizkessel, der Kesselspeisewasserbehälter, die Anlasslichtmaschine und die Batterien. Das Getriebe und zwei elektrisch angetriebene Luftverdichter befinden sich unter dem Führerhaus. Die Kraftstoffbehälter sind zwischen den Drehgestellen unter dem Hauptrahmen untergebracht. Über Türen und Klappen sowie eine haubenförmige Schiebetür sind sämtliche Einrichtungen von außen zugänglich.

Das Führerhaus ist für jede Fahrtrichtung mit einem eigenen Führerpult ausgerüstet.

| Technische Daten: | BR 202 | BR 204 | BR 298 |
|---|---|---|---|
| Höchstgeschwindigkeit: | 100 km/h [1)]<br>65 km/h [2)] | 100 km/h | 80 km/h [1)]<br>33 km/h [2)] |
| Leistung: | 883 kW | 1.100 kW | 750 kW |
| Länge über Puffer: | 14.240 mm | 14.240 mm | 14.240 mm |
| Fahrzeuggewicht: | 64 t | 64 t | 67,3 t |
| Baujahr: | ab 1981 | 1983 | 1978 |

[1)] *Streckengang* [2)] *Rangiergang*

## BR 215/216/218

*Güter- und Reisezüge*

In großer Stückzahl und mit unterschiedlichen Motoren gebaute vierachsige Diesellokomotive hoher Leistung für schnelle Reise- und Güterzüge. Die Fahrzeuge sind wendezugfähig. Während die älteren Baureihen 215 und 216 noch mit einer Dampfheizung ausgerüstet sind, erfolgte mit der Baureihe 218 der Übergang zur elektrischen Zugheizung.

*Antrieb*

Bei beiden Baureihen ist der Motor im Hauptrahmen elastisch gelagert und überträgt seine Kraft über ein hydraulisches Getriebe. Bei der Baureihe 218 wird der Heizgenerator über ein hydraulisches Getriebe vom Fahrmotor aus angetrieben. Serienmäßig wurde neben der Hochleistungsbremse eine hydrodynamische Bremse installiert.

Der Fahrzeugkasten stimmt mit dem der Vorgängerbaureihen überein. Die Drehgestelle sind sogar untereinander tauschbar.

*Abbildung: Diesellokomotive der BR 218.*

| Technische Daten: | BR 216 | BR 216 | BR 218 |
|---|---|---|---|
| Höchstgeschwindigkeit Langsamgang: | 90 km/h | 80 km/h | 100 km/h |
| Höchstgeschwindigkeit Schnellgang: | 130/140 km/h | 120 km/h | 140 km/h |
| Leistung: | 1400/1840 km/h | 1.298 kW | 1.840/2.060 kW |
| Länge über Puffer: | 16.400 mm | 16.000 mm | 16.400 mm |
| Fahrzeuggewicht: | 80 t | 77 t | 79 t |
| Erstes Baujahr: | 1968 | 1961 | 1968 |

## BR 232/234

*Diesel-elektrisch*

In der Ukraine gebaute schwere sechsachsige Diesellokomotive für den Reise- und Güterzugbetrieb. Die Kraftübertragung erfolgt dieselelektrisch. Die Fahrzeuge besitzen eine elektrische Wiederstandsbremse und Einrichtungen für die elektrische Energieversorgung. Die elektrischen Schaltgeräte sind in einer Hochspannungskammer separiert. Beide Führerstände haben den gleichen Aufbau. Alle wichtigen Aggregate werden elektrisch überwacht. Die BR 234 ist für den Einsatz im Wendezugbetrieb teilweise mit ZDS/ZWS ausgerüstet.

*Baureihe 241*

Einige Triebfahrzeuge wurden für den grenzüberschreitenden Güterzugverkehr mit den dafür notwendigen Zugsicherungseinrichtungen ausgestattet (BR 241).

| Technische Daten: | BR 232 | BR 234 |
|---|---|---|
| Höchstgeschwindigkeit: | 120 km/h | 140 km/h |
| Leistung: | 2208 kW | 2208 kW |
| Länge über Puffer: | 20.820 mm | 20.820 mm |
| Fahrzeuggewicht: | 120 t | 120 t |
| Erstes Baujahr: | 1973 | 1992 (Umrüstung) |

*Abbildung: Triebfahrzeug der BR 232.*

## BR 290/291/294/295

*Für den schweren Rangierdienst*

In großer Stückzahl beschaffte Lokomotive mit unterschiedlicher Motorisierung für den schweren Rangierdienst. Der Fahrzeugrahmen besteht aus zwei Doppel-T-Trägern, die mit mehreren quer liegenden Doppel-T-Profilen eine Einheit bilden. Zwei Drehtürme sind in den Rahmen eingeschweißt. Sie greifen in die Drehgestelle ein und übertragen die Zugkräfte. Auf dem Rahmen sind im vorderen Vorbau

Dieselmotor, Kühlanlage und Vorwärmgerät untergebracht. Im hinteren Vorbau befinden sich Lichtmaschine, Luftbehälter, Batterie und Schaltschrank. Das Führerhaus ist in der Fahrzeugmitte angeordnet. Die Lokomotiven der BR 294/295 sind mit Funkfernsteuerung ausgerüstet.

*Antrieb*

Der 12-Zylinder-Motor überträgt seine Leistung über eine Schwingmetallkupplung und eine Gelenkwelle auf ein Strömungsgetriebe. Auf Grund seiner Höchstgeschwindigkeit ist dieses Triebfahrzeug auch für den Streckendienst geeignet.

Die Drehgestelle sind aus kastenförmigen Längs- und Querträgern geschweißt. Die Lager der Radsätze werden in seitlichen Gummifederelementen geführt und abgefedert.

| **Technische Daten:** | **BR 290** | **BR 291** |
|---|---|---|
| Höchstgeschwindigkeit: | 80 km/h | 90 km/h |
| Leistung: | 1000 kW | 810 – 1.030 kW |
| Länge über Puffer: | 14.320 mm | 14.320 mm |
| Fahrzeuggewicht: | 78,8 t | 76 – 90 t |
| Erstes Baujahr: | 1964 | 1974 |

*Abbildung: Diesellokomotive der BR 291.*

## 4.1.4. Kleinlokomotiven

Zur Gruppe der Dieseltriebfahrzeuge gehören auch die Kleinlokomotiven. In diese Gruppe fallen Fahrzeuge einer genau definierten Leistungsklasse, die in der Regel Dieselmotoren geringer Leistung besitzen.

### Ausführungen

*2-achsig*

Die 2-achsigen Kleinlokomotiven der Baureihen 331 – 335 wurden in großer Stückzahl und verschiedenen Varianten gebaut. Bei diesem Fahrzeug handelt es sich um eine leichte Rangierlokomotive mit geschlossenen Endführerstand. Der Dieselmotor ist in dem schmalen Vorbau untergebracht von wo er bei neueren Baureihen seine Leistung über eine Gelenkwelle auf das hydraulische Getriebe abgibt, an dass ein mechanisches Wendegetriebe angeflanscht ist. Als Besonderheit besitzen die älteren Baureihen 331 und 332 noch einen Kettenantrieb.

Im Laufe ihrer Einsatzzeit wurden die Fahrzeuge mehrmals umgebaut. Ein Großteil der Fahrzeuge der BR 333 wurde inzwischen mit einer Funkfernsteuerung ausgerüstet und zur BR 335 umgezeichnet.

*Abbildung: 2-achsige Kleinlokomotive.*

*3-achsig*

Bei den Fahrzeugen der Baureihe 361 – 365 handelt es sich um dreiachsige Diesellokomotiven mit Blindwelle und Kuppelstange. Die drei Speichenradsätze besitzen innenliegende Doppelzylinder-Rollenlager. Der mittlere Radsatz ist in den Rollenlagern seitenverschiebbar angeordnet, um im Gleisbogen den Führungsdruck an den Endradsätzen herabzusetzen.

Unter dem vorderen Vorbau befinden sich der 12-Zylinder-Motor und die Kühleranlage. Das Führerhaus ist halbmittig angeordnet. Der rückwärtige Vorbau enthält den Hauptkraftstoffbehälter, die Druck und Handbetankungseinrichtung, sowie die Luftpresser für die Druckluftbremse. Die mit einer Funkfernsteuerung nachgerüsteten Lokomotiven erhielten die Baureihen-Bezeichnungen 364/365.

Vielfach werden auch 4-achsige Kleinlokomotiven der BR 345 bis 347 eingesetzt.

*Abbildung: 3-achsige Kleinlokomotive der Baureihe 364.*

| Technische Daten: | BR 332 – 335 | BR 345 – 347 | BR 360 – 365 |
|---|---|---|---|
| Art: | 2-achsig | 4-achsig | 3-achsig |
| Höchstgeschwindigkeit: | 45 km/h | 60 km/h | 60 km/h [1]<br>30 km/h [2] |
| Leistung: | 180 kW | 478 kW | 478 kW[3] |
| Länge über Puffer: | 7.830 mm | 10.880 mm | 10.450 mm |
| Fahrzeuggewicht: | 22 t | 55 – 60t | 48 – 54 t |
| Baujahr: | 1959 – 1965 | 1962 – 1975 | 1956 – 1964 |

[1] Streckengang [2] Rangiergang [3] BR 363 mit anderem Motor

## 4.1.5. Industrielokomotiven

*Einführung*

Eine unüberschaubare große Triebfahrzeugvielfalt herrscht auf den Strecken der Privat- und Industriebahnen. Vielfach sind sie in ihren Eigenschaften und Leistungsdaten den DB-Fahrzeugen vergleichbar, teilweise unterscheiden sie sich auch in wesentlichen Merkmalen. Deshalb sind nachfolgend nur einige wenige „Industrielokomotiven" beschrieben.

### Standart-Programm

*Vorteilhafte Modulbauweise*

Die Hersteller von Diesellokomotiven bieten heute für zwei bis vierachsige Lokomotiven ein Standardprogramm, das jeden Einsatzfall abdeckt. Die Modularität bietet eine große Variantenvielfalt in Bezug auf Leistung und Ausrüstung und außerdem eine optimale Wartungsfreundlichkeit. Zum Teil können die einzelnen Module nach Lösen weniger Verschraubungen und Trennen der elektrischen Steckverbindungen komplett abgehoben und ausgetauscht oder gewartet werden.

Die Kraftübertragung erfolgt entweder dieselhydraulisch oder dieselelektrisch. In der Regel besitzen die Lokomotiven Funkfernsteuerung. Vielfach bietet eine elektronische Fahr- und Bremssteuerung in rechnergestützter Ausführung ein Optimum an Automation und Funktionssicherheit. Die integrierte Diagnose ermöglicht dabei eine einfache und schnelle Fehlersuche.

Bei Lokomotiven mit Mittelführerhaus ermöglichen stufenlose Laufbleche einen ungehinderten Lok-Rundumgang und eine gute Zugänglichkeit der Einzelkomponenten.

*Abbildung: Dreiachsige Diesellokomotive.*

*Abbildung: Dieselhydraulische Lokomotive mit Endführerständen.*

| Technische Daten: | Variante 1 | Variante 2 | Variante 3 | Variante 4 |
|---|---|---|---|---|
| Art: | 2-achsig | 3-achsig | 4-achsig | 4-achsig |
| Gewicht: | 40 – 50 t | 60 – 70 t | 70 – 100 t | 80 – 100 t |
| Leistung: | 300 – 400 kW | 400 – 600 kW | 600 – 1.600 kW | 2.000 – 3.000 kW |
| Geschwindigkeit: | 30 – 80 km/h | 30 – 60 km/h | 60 – 120 km/h | 120 – 160 km/h |

# 4.2. Triebwagen und Triebzüge

## 4.2.1. Elektrische Fernverkehrstriebzüge

### BR 401

*ICE 1*

Mit dem ICE 1 begann in Deutschland das Hochgeschwindigkeitszeitalter. Der mehrteilige Triebzug besteht aus zwei gleichartigen Triebköpfen der Bauart 401 und bis zu 14 nicht angetriebenen Mittelwagen der Bauarten 801 bis 804. Auf Grund der aerodynamisch optimierten Gestaltung sowie der Ausführung in Aluminiumleichtbauweise ist dieser Triebzug für den Hochgeschwindigkeitsverkehr auf speziell gebauten Neubaustrecken geeignet.

*Abbildung: Triebzug ICE 1.*

*Zugbildung*

Der ICE 1 besteht aus 2 Triebköpfen und Mittelwagen der Bauarten 801 bis 804:

- **Fahrzeug 11 – 14:** Mittelwagen 1. Klasse mit drei Abteilen an einem Fahrzeugende, WC und einem Großraum.
- **Fahrzeug 10:** Servicewagen ohne Einstiegtüren mit Zugrestaurant, Bar, Bistro und höherer Dachanordnung mit zusätzlichen Oberlichtern.
- **Fahrzeug 9:** Mittelwagen 2. Klasse mit zusätzlicher Telefonkabine, Zugbegleiterabteil, rollstuhlgerechter Toilette und einem Abteil für Eltern mit Kindern.
- **Fahrzeug 1 – 8:** Mittelwagen 2. Klasse mit vier Abteilen an einem Wagenende, 2 WC und einem Großraum.

*Triebkopf*

Bei den Triebköpfen wurde weitgehend die Technik der Triebfahrzeugbaureihe 120 übernommen. Das gilt sowohl für die Drehstromantriebtechnik als auch für die Hilfsbetriebe.

*Innenraum*

In jedem Sitzwagen bietet der ICE 1 eine Kombination von Großraum und Abteilen mit Reihenbestuhlung und Sitzgruppen an Tischen. Ergonomisch gestaltete Sessel mit verstellbaren Rückenlehnen und Sitzflächen sowie Fußbodenheizung, zugfreie Klimaanlage und Fahrgastinformationssysteme sorgen für Wohlbefinden, Information und Unterhaltung. In jeweils einem Wagen der 1. und 2. Klasse sind an einigen Sitzplätzen im Großraum in den Rückenlehnen der Vordersitze LCD-Displays eingebaut, auf denen Video-Programme aus der Zugzentrale eingespielt werden können.

*Abbildung: 1. Klasse Sitzplätze im ICE 2.*

| Technische Daten: | BR 401 |
|---|---|
| **Anzahl Triebköpfe:** | 2 |
| **Anzahl Mittelwagen:** | 12 (max. 14) |
| **Höchstgeschwindigkeit:** | 280 km/h |
| **Leistung:** | 9.600 kW |
| **Anzahl Treibradsätze:** | 8 |
| **Zuglänge:** | 358 m (bei 12 Wagen) |
| **Sitzplätze gesamt:** | bis zu 673 (inklusive Restaurant) |
| **Zuggewicht:** | 782 t |
| **Erstes Baujahr:** | 1991 |

Das Bord-Restaurant mit Bistro überragt die übrigen Fahrzeuge des Zuges um 45 cm.

Der ICE 1 war ein Technologieschub, der vielen Innovationen den Weg bereitet hat, die noch heute Stand der Technik sind. Er wurde zum Technologieträger in allen Bereichen.

### BR 402

*ICE 2: Mit Steuerwagen*

Der Halbzug ICE 2 bestehend aus sechs Mittelwagen, Steuerwagen und nur einem Triebkopf wurde als Ergänzung zum ICE 1 für den Verkehr in Tagesrandlagen oder auf schwächer ausgelasteten Strecken beschafft.

*Zugkonfiguration*

Neben dem Triebkopf besteht ein ICE 2-Halbzug aus Fahrzeugen der Bauart 805 bis 808:

- **Fahrzeug 7:** 2. Klasse Steuerwagen mit Führerraum, Maschinenraum, Großraum, 2 Einstiegstüren und WC.
- **Fahrzeug 4:** 2. Klasse Großraumwagen (Raucher) mit 2 WC und 4 Einstiegstüren.
- **Fahrzeug 5:** 2. Klasse Großraumwagen (Nichtraucher) mit 2 WC und 4 Einstiegstüren.
- **Fahrzeug 4:** 2. Klasse Großraumwagen (Nichtraucher) mit 2 WC, 4 Einstiegstüren, Kleinkinderabteil und Rollstuhlstellmöglichkeit.
- **Fahrzeug 3:** Servicewagen mit Restaurant, Bistro, Küche, Zugbegleiterabteil, 2 Einstiegstüren und behindertengerechten WC.
- **Fahrzeug 2:** 1. Klasse Großraumwagen (Raucher) mit 2 WC und 4 Einstiegstüren.
- **Fahrzeug 1:** 1. Klasse Großraumwagen (Nichtraucher) mit 2 WC und 4 Einstiegstüren.

In Spitzenzeiten wird der Zug als Doppeleinheit mit zwei Halbzügen gefahren. Damit ist nicht nur eine flexiblere Zugbildung möglich, sondern es lassen sich auch Flügelzüge bilden. Während das Kuppeln zweier Halbzüge durch „Zusammenfahren" erfolgt, wird die Entkupplung elektropneumatisch vom Führerstand aus gesteuert. Sämtliche Luft- und Steuerleitungen werden dabei automatisch verbunden. Bei den Halbzügen wird die Reihung durch Zehnerangaben ergänzt (Beispiel: Fahrzeug 21, 22, … 27).

*Abbildung oben: Steuerwagen der Baureihe 808 für den Triebzug ICE 2.*

*Abbildung unten: Zugrestaurant im ICE 2.*

| Technische Daten: | BR 402 |
|---|---|
| **Anzahl Triebköpfe:** | 1 |
| **Anzahl Mittelwagen:** | 7, davon ein Steuerwagen |
| **Höchstgeschwindigkeit:** | 280 km/h |
| **Leistung:** | 4.800 kW |
| **Anzahl Treibradsätze:** | 4 |
| **Zuglänge:** | 205 m |
| **Sitzplätze gesamt:** | 391 (inklusive Restaurant) |
| **Zuggewicht:** | 410 t |
| **Erstes Baujahr:** | 1996 |

## BR 403/406

*ICE 3: Zwei Halbzüge*

Der aus zwei Traktionseinheiten zusammengesetzte Zug der Baureihe 403 erreicht eine Höchstgeschwindigkeit von 330 km/h. Dabei ist jeder Halbzug symmetrisch aufgebaut und besteht aus vier Fahrzeugen. Eine Verteilung der Antriebe auf 50 % der Achsen sorgt für eine gleichmäßige und sichere Übertragung der Antriebs- und Bremskräfte auch bei widrigen Witterungsbedingungen. Damit sind Beschleunigungen von null auf 100 in 49 Sekunden möglich. Außerdem bewältigt der ICE 3 Steigungen von bis zu 40 Promille mühelos.

*Viersystemtechnik*

Die Baureihe 406 ist für den grenzüberschreitenden Hochgeschwindigkeitsverkehr gerüstet: Die Viersystemtechnik ermöglicht die Anpassung an verschiedene europäische Stromsysteme.

*Abbildung: Triebzug ICE 3 im Herstellerwerk.*

*Abbildung: Grundriss Triebzug ICE 3 Mittelwagen 2. Klasse.*

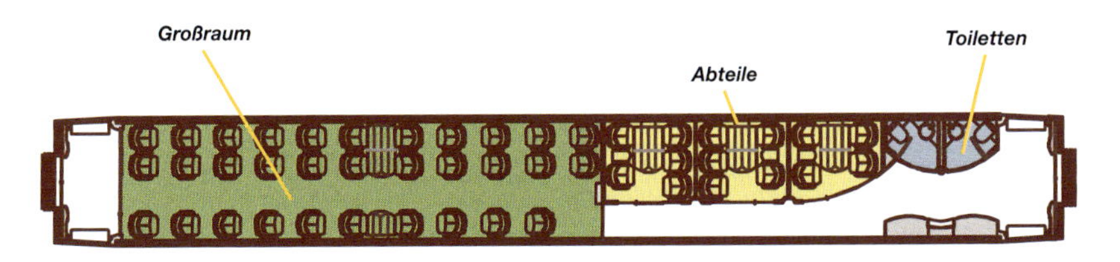

*Abbildung: Bord-Restaurant.*

*Zugkonfiguration*

Die Konfiguration des achtteiligen Triebzuges der Baureihe 403 sieht folgendermaßen aus:

- **Fahrzeug 1:** Angetriebener Endwagen (**EW**) mit Stromrichter. Der Wagen ist mit Lounge und Sitzplätzen für die 1. Klasse ausgestattet.
- **Fahrzeug 2:** Nicht angetriebener Transformatorwagen (**TW**) mit Stromabnehmer und Sitzplätzen für die 1. Klasse.
- **Fahrzeug 3:** Angetriebener Stromrichterwagen (**SRW**) mit Sitzplätzen für die 1. Klasse.
- **Fahrzeug 4:** Nicht angetriebener Mittelwagen (**MW**) mit Sitzplätzen für die 1. Klasse.
- **Fahrzeug 5:** Nicht angetriebener Mittelwagen mit Bistro/Restaurant.
- **Fahrzeug 6:** Angetriebener Stromrichterwagen mit Sitzplätzen für die 2. Klasse.
- **Fahrzeug 7:** Nicht angetriebener Transformatorwagen mit Stromabnehmer und Sitzplätzen für die 2. Klasse.
- **Fahrzeug 8:** Angetriebener Endwagen mit Stromrichter. Der Wagen ist mit Lounge und Sitzplätzen für die 2. Klasse ausgestattet.

| Technische Daten: | BR 403 | BR 406 |
|---|---|---|
| **Anzahl Fahrzeuge je Zug:** | 8 | 8 |
| **Höchstgeschwindigkeit:** | 330 km/h | 330 km/h |
| **Leistung:** | 8.000 kW | 8.000 kW |
| **Anzahl Treibradsätze:** | 16 | 16 |
| **Zuglänge:** | 200 m | 200 m |
| **Sitzplätze gesamt (inklusive Restaurant):** | 415 | 504 |
| **Zuggewicht:** | 409 t | 435 t |
| **Erstes Baujahr:** | 2000 | 2000 |

### BR 411/415

*ICE T: Mit Neigetechnik*

Um auch auf vorhandenen Strecken mit zum Teil engen Kurvenradien Komfort- und Fahrzeitgewinn zu erzielen, werden elektrische Triebzüge der Bauarten 411 und 415 mit Neigetechnik eingesetzt. Die sieben- bzw. fünfteiligen Triebzüge sind freizügig miteinander kuppelbar. Um unterschiedlichen Nachfragesituationen gerecht zu werden, lassen sich insgesamt sechs verschiedene Kombinationen in der Zugbildung realisieren:

- Triebzug als siebenteiliger 411
- Triebzug als fünfteiliger 415
- Verdoppelung durch Kupplung zweier gleichartiger Triebzüge
- Kombination eines 411 und eines 415
- Kupplung von drei Triebzügen 415

Die verschiedenen Zugzusammenstellungen ermöglichen die Realisierung von Flügelzugkonzepten. Für ein zusätzliches Einstellen zusätzlicher Mittelwagen mit und ohne Antrieb sind die Züge vorgerüstet.

Die Neigetechnik im ICE T macht den Zug je nach Streckenprofil um bis zu 20 Prozent schneller als herkömmliche Züge. Damit ist ICE-Komfort auch im bestehenden Altnetz möglich. Das Antriebkonzept des ICE T sieht eine Verteilung der Traktionsleistung auf die gesamte Zuglänge vor.

| Technische Daten: | BR 411 | BR 415 |
|---|---|---|
| **Anzahl Fahrzeuge je Zug:** | 7 | 5 |
| **Höchstgeschwindigkeit:** | 230 km/h | 230 km/h |
| **Leistung:** | 4.000 kW | 3.000 kW |
| **Anzahl Treibradsätze:** | 8 | 6 |
| **Zuglänge:** | 185 | 133 m |
| **Sitzplätze gesamt:** | 381 | 250 |
| **Zuggewicht:** | 366 t | 260 t |
| **Erstes Baujahr:** | 1999 | 1999 |

*Abbildung: Triebzug ICE T mit Neigetechnik.*

*Zugkonfiguration*

Die verschiedenen Zugkonfigurationen des ICE T werden aus drei fest zusammengehörenden Basiswagen (Endwagen **EW**, Stromrichterwagen **SRW**, Fahrmotorwagen **FMW**) und antrieblosen Mittelwagen **MW** gebildet. Für den siebenteiligen 411 ist folgende Verteilung von Geräten und Funktionen realisiert:

- **Fahrzeug 1:** EW mit Lounge, Sitzplätzen für die 1. Klasse und Servicezone für Großgepäck.
- **Fahrzeug 2:** SRW mit Sitzplätzen für die 1. und 2. Klasse und Servicezone für Großgepäck.
- **Fahrzeug 3:** FMW mit Restaurant und Sonderabteilen.
- **Fahrzeug 4:** MW mit Sitzplätzen für die 2. Klasse und Servicezone für Großgepäck.

- **Fahrzeug 5:** FMW mit Sitzplätzen für die 2. Klasse, Sonderabteilen und Servicezone für Großgepäck.
- **Fahrzeug 6:** SRW mit Sitzplätzen für die 2. Klasse, Sonderabteilen und Servicezone für Großgepäck.
- **Fahrzeug 7:** EW mit Lounge, Sitzplätzen 2. Klasse und Servicezone für Großgepäck.

*Baureihe 415*

Die Konfiguration des fünfteiligen 415 sieht folgendermaßen aus:
- **Fahrzeug 1:** EW mit Lounge, Sitzplätzen für die 1. Klasse und Servicezone für Großgepäck.
- **Fahrzeug 2:** SRW mit Restaurant und Sonderabteilen.
- **Fahrzeug 3:** FMW mit Sitzplätzen für die 2. Klasse, Sonderabteilen und Servicezone für Großgepäck.
- **Fahrzeug 4:** SRW mit Sitzplätzen für die 2. Klasse, Sonderabteilen und Servicezone für Großgepäck.
- **Fahrzeug 5:** EW mit Lounge, Sitzplätzen für die 2. Klasse und Servicezone für Großgepäck.

*Abbildung rechts: Triebzug ICE T – Führerraum und Lounge.*

*Abbildung links: Triebzug ICE T – Fahrgastraum 2. Klasse.*

## 4.2.2. Fernverkehrs-Dieseltriebzug

### BR 605

*ICD TD: Dieseltriebzug*

Der Dieseltriebzug der Baureihe 605 lehnt sich wesentlich an die elektrischen ICE T-Züge an. Dies betrifft vor allem seine konzeptionelle, technische und gestalterische Umsetzung. Lediglich für die Unterbringung der Antriebsanlage und der Hilfsbetriebe sind im Wesentlichen wagenbauliche Anpassungen erforderlich.

Mit einer Höchstgeschwindigkeit von 200 km/h zählt der dieselelektrische ICE mit Neigetechnik zu den schnellsten Dieseltriebzügen der Welt. Wie beim ICE T sind sämtliche Antriebsaggregate „unterflur" installiert.

| Technische Daten: | BR 605 |
|---|---|
| **Anzahl Fahrzeuge je Zug:** | 4 |
| **Höchstgeschwindigkeit:** | 200 km/h |
| **Leistung:** | 4 x 425 kW |
| **Länge (Zug):** | 106,7 m |
| **Sitzplätze:** | 195 |
| **Fahrzeuggewicht:** | 232 t |
| **Erstes Baujahr:** | 1999 |

*Zugkonfiguration*

Die Grundeinheit eines 605 besteht aus je einem angetriebenen End- und Mittelwagen die zusammen einen Halbzug bilden. Jeweils zwei dieser Einheiten bilden eine vierteilige Zugeinheit, in die später bei Bedarf antrieblose Mittelwagen eingestellt werden können.

*Abbildung: Triebzug der BR 605– Die Dieselvariante des ICE.*

Jeder Wagen der Grundeinheit ist mit einer vollständigen Antriebanlage ausgerüstet, die aus Dieselmotor, Drehstromgenerator und Triebdrehgestell besteht. Die elektrische Energie der Generatoren wird in eine über die vier Wagen einer Einheit laufenden Gleichstromschiene eingespeist, aus der wiederum die Versorgung der Traktions- und Hilfsbetriebeumrichter erfolgt. Diese Zusammenkopplung bewirkt einen Leistungsausgleich zwischen den einzelnen Wagen.

Die Konfiguration des viereiligen ICE TD sieht folgendermaßen aus:

- **Fahrzeug 1:** Angetriebener Endwagen mit Lounge, Sitzplätzen für die 1. Klasse und Servicezone für Großgepäck.
- **Fahrzeug 2:** Angetriebener Mittelwagen mit Bistro und Sitzplätzen für die 2. Klasse.
- **Fahrzeug 3:** Angetriebener Mittelwagen mit Sitzplätzen für die 2. Klasse, Sonderabteilen und Servicezone für Großgepäck.
- **Fahrzeug 4:** Angetriebener Endwagen mit Lounge und Sitzplätzen für die 2. Klasse, Sonderabteilen und Servicezone für Großgepäck.

*Abbildung: Mittelwagen mit Sitzplätzen für die 2. Klasse.*

*Neigetechnik*

Jeweils ein Drehgestell eines Wagens wird durch zwei elektrische Fahrmotoren angetrieben. Abweichend vom elektrischen ICE T verfügt die Neigetechnik über einen elektromechanischen Antrieb. Zusätzlich wird beim ICE TD die Seitenauslenkung der Wagenkästen durch eine aktive Querrückführung begrenzt.

*Leittechnik*

Die leittechnische Ausrüstung des Triebzuges ist vom Grundsatz her analog den Baureihen 411 und 415 ausgelegt. Daher sind alle drei Baureihen freizügig untereinander kuppelbar.

## 4.2.3. Elektrische Nahverkehrszüge

### BR 420/421

*S-Bahn*

In großer Stückzahl beschaffter Triebzug für den S-Bahn-Betrieb. Eine komplette Einheit besteht aus den beiden Endtriebwagen und einem Mittelteil (BR 421). Bis zu drei Einheiten können zu einem Langzug gekuppelt werden.

Erstmals wurde ein Fahrzeug mit Allachsantrieb ausgerüstet, was dem 420 eine enorme Anfahrbeschleunigung und die Bezwingung steiler Rampen ermöglicht. Die große Zahl von Doppelschiebetüren ermöglicht einen schnellen Fahrgastwechsel.

| Technische Daten: | BR 420 |
|---|---|
| **Anzahl Fahrzeuge je Zug:** | 3 |
| **Höchstgeschwindigkeit:** | 120 km/h |
| **Leistung:** | 2400 kW |
| **Anzahl Treibradsätze:** | 12 |
| **Länge über Kupplung:** | 67.400 mm |
| **Zuggewicht:** | 138 t |
| **Erstes Baujahr:** | 1972 |

*Abbildung: S-Bahn-Triebzug der BR 420.*

## BR 423/424/425/426

*Modulbauweise*

Diese Fahrzeuge in Modul-, Leicht- und Niederflurbauweise stellen eine neue Generation elektrischer Triebzüge für den S-Bahn- und Regionalverkehr dar. Auf der Basis gleicher Kernbaugruppen entstand eine moderne Fahrzeugfamilie bei der sich jeweils zwei Wagen auf ein Jakobsdrehgestell abstützen. Durch seine Konstruktion aus Leichtbauelementen ist dieser komfortable Zug sehr sparsam im Energieverbrauch. Bei den Fahrzeugen in Niederflurbauweise ermöglicht die niveaugleiche Höhe der Einstiegbereiche zum Bahnsteig dem Reisenden einen bequemen Ein- und Ausstieg der durch einen Klapptritt noch zusätzlich erleichtert wird. Lautsprecherdurchsagen, die über einen digitalen Sprachspeicher gesteuert werden, weisen die Fahrgäste auf die einzelnen Haltestellen hin. Das Zugziel wird außen an den Frontseiten und an den Seitenwänden angezeigt. Ebenfalls werden im Innern des Zuges die Haltestationen und Bahnhöfe durch ein Leuchtband angezeigt.

*Abbildung: Elektrischer Triebzug der BR 424.*

Eine energiesparende Luftkühlung sorgt für angenehme Temperaturen im Innern des Zuges. Wie heute üblich ist die bei den BR 424 bis 426 vorhandene Toilette als geschlossenes Systems ausgeführt.

*Inneneinrichtung*

Der Zug ist durchgängig begehbar. In jedem Einstiegsbereich sind Notsprechstellen mit Verbindung zum Fahrzeugführer sowie Notbremsen vorhanden. Die Trennwand zum Führerstand ist aus Glas. Der gesamte Zug ist dadurch von jedem Platz aus gut überschaubar. Der neue Zug bietet in der vierteiligen Ausführung Platz für 228

Reisende (Sitz- und Stehplätze). Mehrere Kurzzüge können zu einer Zugeinheit automatisch gekuppelt werden. So kann die Transportkapazität problemlos den jeweiligen Erfordernissen angepasst werden.

*Fahrzeugeinsatz*

Als erstes Fahrzeug dieser neuen Baureihe wurde der ET 424 der Deutschen Bahn übergeben, der das Rückgrad der S-Bahn-Netze in Hannover, Mannheim, Dresden und Leipzig bildet. Die Triebwagenbaureihe 423 ersetzt den 420/421 in den „klassischen" S-Bahn-Netzen in München, Frankfurt und Stuttgart sowie im Rhein-Ruhr-Raum. Die Baureihen 425 und 426 kommen im Regionalverkehr der Ballungsräume zum Einsatz. Die zweiteiligen Triebzüge der Baureihe 426 wurden für Strecken mit geringem Verkehr gebaut.

| Technische Daten: | BR 423 | BR 424 | BR 425 | BR 426 |
|---|---|---|---|---|
| **Höchstgeschwindigkeit:** | 140 km/h | 140 km/h | 160 km/h | 160 km/h |
| **Leistung:** | 2.350 kW | 2.350 kW | 2.350 kW | 1.175 kW |
| **Anzahl der Motoren:** | 4x2 | 4 x 2 | 4x2 | 2 x 2 |
| **Länge über Kupplung:** | 67,4 m | 67,5 m | 67,5 m | 36,5 m |
| **Sitzplätze gesamt:** | 192 | 206 | 206 | 100 |
| **Stehplätze gesamt:** | 352 | 246 | 228 | 112 |
| **Fußbodenhöhe:** | 995 mm | 798 mm | 798 mm | 798 mm |
| **Eigengewicht:** | 105 t | 110,5 t | 110,5 t | 62,9 t |
| **Erstes Baujahr:** | 1999 | 1999 | 1999 | 1999 |

### BR 445

*Dosto*

Dieser Doppelstocktriebzug ist eine Neuentwicklung für den S-Bahn- und Regionalverkehr und besteht aus zwei Elektrotriebwagen und einen Mittelwagen. Vielfältige Konfigurationen in der Triebzugbildung ermöglichen bedarfsgerechte Einheiten und damit eine optimale Reaktion auf wechselnde Verkehrsaufkommen. Die Aluminium-Leichtbauweise gewährleistet eine hohe Beförderungskapazität und reduziert die Betriebskosten.

Niederflureinstiege mit breiten Türen sogen für einen zügigen Fahrgastwechsel und ermöglichen auch Fahrgästen mit Kinderwagen und Fahrrädern einen problemlosen Zugang. Die Fahrgasträume besitzen eine hochwertige Innenausstattung und sind klimatisiert. Die Doppelstockausführung bietet eine hohe Sitzplatzzahl pro Fahrzeuglänge.

*Abbildung: Doppelstocktriebzug BR 445.*

| Technische Daten: | BR 445 |
|---|---|
| **Anzahl Fahrzeuge je Zug:** | 3 |
| **Höchstgeschwindigkeit:** | 140 km/h |
| **Leistung:** | 3.600 kW |
| **Zuglänge:** | 82,3 m |
| **Sitzplätze:** | 289 |
| **Zuggewicht:** | 179 t |
| **Erstes Baujahr:** | 1999 |

## 4.2.4. Triebwagen für Gleichstrom-Bahnen

Bei der Hamburger- und Berliner-S-Bahn werden elektrische Triebwagen eingesetzt bei denen die Stromzuführung über eine neben dem Gleis angebrachte Stromschiene erfolgt. Auf Grund unterschiedlicher Spannungen sind die Fahrzeuge nicht freizügig einsetzbar.

*Abbildung: Triebwagen der Baureihe 480 für Gleichstrom-Bahnen in der Werkstatt Berlin-Grunewald.*

## BR 481/482

*Berliner S-Bahn*

Der Fahrzeugpark der Berliner S-Bahn besteht aus Fahrzeugen verschiedener Bauserien. Neben den bewährten Fahrzeugen der Baureihen 480 und 485 werden mit den Baureihen 481/482 zunehmend neuere Triebzüge eingesetzt. Basismodell ist hier der Doppelzug (Viertelzug) bestehend aus je einen Wagen der Baureihen 481 und 482. Zwei Viertelzüge bilden die kleinste Betriebeinheit, den Halbzug. Zwei Halbzüge bilden einen Vollzug mit einer Länge von 147 m. Gegenüber den älteren Fahrzeugen wurde das Eigengewicht nennenswert reduziert. Energieverzehrelemente in den Zug- und Stoßeinrichtungen dienen zur Verminderung der Auswirkungen von Auffahrunfällen.

Die Fahrzeuge erhielten ein Außendesign unter Verwendung der bei der Berliner S-Bahn üblichen Traditionsfarben ockergelb und rubinrot sowie eine charakteristische und eigenständige Triebkopfgestaltung mit einer großen sphärisch gekrümmten Frontscheibe. Auf jeder Wagenseite befinden sich drei Doppelschwenkschiebetüren. Eine Klapprampe an ausgewählten Einstiegen dient Rollstuhlfahrern zur Verringerung des Spaltes zwischen Bahnsteig und Fahrzeug.

Jedes Fahrzeug besitzt einen großen Mehrzweckraum. Der Führerstand ist nach ergonomischen Erkenntnissen gestaltet und mit Informations- und Diagnosesystemen ausgestattet.

Der freie Durchgang durch den Viertelzug, die Kommunikationsmöglichkeit zum Fahrpersonal, die verglaste Führerraumrückwand und der freie Durchblick an den Stirnwänden tragen wesentlich zur Verbesserung der Sicherheit im Fahrzeug bei.

*Abbildung: S-Bahn-Triebzug der BR ET 481/482 für die Berliner S-Bahn.*

| Technische Daten: | BR 481/482 |
|---|---|
| **Fahrzeuge je Zug:** | 2 (Doppelzug) |
| **Höchstgeschwindigkeit:** | 100 km/h |
| **Leistung:** | 588 kW |
| **Länge über Kupplung:** | 36,8 m |
| **Sitzplätze:** | 44/50 |
| **Stehplätze:** | 159/141 |
| **Fahrzeuggewicht:** | 31/28 |
| **Erstes Baujahr:** | 1997 |

### BR 472/474

*Hamburger S-Bahn*

Diese Triebzüge werden auf den Strecken der Hamburger Gleichstrom-S-Bahn eingesetzt. Bei den älteren Fahrzeugen der Baureihe 472 besteht eine Einheit aus zwei Endwagen und einem Mittelwagen der BR 473.

*Kurzzug*

Die neueren Triebzüge der Baureihe 474 bestehen aus einer dreiteiligen Grundeinheit (Kurzzug) bestehend aus zwei Triebwagen und einem nicht angetriebenen Mittelwagen. Dabei können bis zur drei Grundeinheiten gekuppelt werden. Die Leichtbau-Fahrzeuge in Drehstrom-Antriebstechnik besitzen Wagenkästen aus nicht rostendem Stahl. Bei der Entwicklung wurde besonderer Wert auf den wirtschaftlichen Betrieb und die einfache Wartung gelegt. Der Zugang zum Fahrgastbereich ist niveaugleich. Zur Information stehen im Innern automatische Systeme zur Haltestellenanzeige und -ansage zur Verfügung. Außenfarbgebung und Innendesign wurden den neu entwickelten Triebwagen der Hamburger Hochbahn angeglichen. Die Fahrzeuge besitzen einen größeren Mehrzweckraum für Fahrräder und Gepäck und freie Sicht durch den ganzen Zug.

*Abbildung: S-Bahn-Triebzug der BR 474.*

| Technische Daten: | BR 472/473 | BR 474 |
|---|---|---|
| **Anzahl der Fahrzeuge:** | 3 | 3 |
| **Höchstgeschwindigkeit:** | 100 km/h | 100 km/h |
| **Leistung:** | 1500 kW | 920 kW |
| **Länge über Kupplung:** | 66 m | 66 m |
| **Sitzplätze:** | 196 | 208 |
| **Fahrzeuggewicht:** | 114 t | 102 t |
| **Erstes Baujahr:** | 1974 | 1997 |

## 4.2.5. Dieseltriebwagen und -züge

Dieseltriebwagen und -züge werden auf nichtelektrifizierten Haupt- und Nebenstrecken hauptsächlich im Nahverkehr eingesetzt.

### BR 610/611/612

*Mit Neigetechnik*

Zweiteiliger Triebzug für den Regionalverkehr mit dieselhydraulischem oder dieselelektrischem (BR 610) Antrieb und Neigetechnik.

Beim 612 wurden Außen- und Innendesign, die Anordnung der Türen und Details des Steuer- und Leitsystems gegenüber dem Vorgängermodellen (BR 610/611) modifiziert. Aus Gründen der Raumaufteilung kam es hier zum so genannten Dritteleinstieg an den Führerstandsenden. Der Zug besitzt je Zugseite 8 Schwenkschiebetüren mit elektropneumatischem Antrieb.

*Abbildung: Dieseltriebwagen der BR 612 mit Neigetechnik.*

*Raumaufteilung*

Die Raumaufteilung gliedert sich in 1. und 2. Klasse sowie jeweils Nichtraucher und Raucher und ein großzügiges Mehrzweckabteil. Alle Fahrgasträume verfügen über einen Mittelgang. Die Sitzanordnung besteht aus 2+2 Stühlen, die in Reihen bzw. als vis-a-vis Sitzgruppen mit Tischen angeordnet sind. Die Fahrgastabteile und Führerräume sind klimatisiert und erlauben eine separate Einstellung der Klimaanlage.

An den Wagenenden haben die Passagiere eine freie Sicht auf die Strecke, da Fahrgast- und Führerraum durch eine transparente Trennwand voneinander getrennt sind. Der Wellenbalgübergang zwischen den Wagen gestattet auch Rollstuhlfahrern einen gefahrlosen Übergang von Wagen zu Wagen.

*1. Klasse*

Im Zug sind zwei Abteile der 1. Klasse vorhanden. Das Nichtraucherabteil mit 16 Plätzen befindet sich hinter dem Führerraum im A-Wagen. Das Raucherabteil mit 8 Sitzplätzen befindet sich zwischen Dritteleinstieg und 2. Klasse-Abteil im A-Wagen.

Die Sitze sind mit Armlehnen und Kopfstützen versehen und verfügen über verstellbare Sitzflächen. Alle Plätze sind mit individuell schaltbaren Leseleuchten ausgestattet und haben mit Ausnahme der ersten Sitzreihe Tische. In jedem Sitzbereich sind Abfallbehälter angeordnet. Großzügige Gepäckablagen mit integrierter Fahrgastraum-Beleuchtung gestatten das Unterbringen auch größerer Gepäckstücke.

*Abbildung: Fahrgastraum 1. Klasse.*

*Abbildung: Fahrgastraum 2. Klasse.*

*2. Klasse*

Die Abteile der zweiten Klasse befinden sich sowohl im A- als auch im B-Wagen. Das Raucherabteil mit 23 Sitzplätzen befindet sich im B-Wagen, direkt im Anschluss an den Sanitärbereich. Im an das Mehrzweckabteil angrenzenden Fahrgastraum des A-Wagens ist Platz für einen Rollstuhlfahrer vorgesehen. Die Sitze sind mit Armlehnen und Kopfstützen versehen und überwiegend mit Klapptischen ausgestattet. Analog zur 1. Klasse gibt es die Abfallbehälter und die großzügigen Gepäckablagen.

*Mehrzweckraum*

Der Mehrzweckraum befindet sich im A-Wagen. Er ist mit Haltestangen, Gepäckablagen sowie 8 Klappsitzen ausgestattet. Rollgurte im

Bereich der Klappsitze gestatten das Befestigen von bis zu 6 Fahrrädern. Kinderwagen und große Gepäckstücke können in diesem Raum ebenfalls untergebracht werden. Das moderne 4-Kammer-Abfallsammelsystem erlaubt eine umweltfreundliche Mülltrennung.

Das passive Sicherheitsgefühl der Fahrgäste wird durch zwei Notsprechstellen (eine im Mehrzweckraum, eine im WC) deutlich erhöht. Sie ermöglichen im Gefahrenfalle die Kommunikation mit dem Triebfahrzeugführer. Die Züge sind im Fahrgastraum mit handbetätigten Innentüren oder elektropneumatisch angetriebenen Türen ausgerüstet.

*Führerraum*

Am Ende eines jeden Fahrzeuges befindet sich der Führerraum. Er verfügt über eine separate Klimaanlage, die von der Klimatisierung der Fahrgasträume unabhängig ist. Die in Stufen einstellbare Frischluftmenge kann sowohl zu den Stirnscheiben als auch in den Fußraum eingeblasen werden. Der ergonomisch gestaltete Führerraum ist mit einem Mittenführerstand für Einmannbetrieb konzipiert. Seitenabfahreinrichtungen an den Säulen zwischen Front- und Seitenfenster des Führerraumes und Handmikrofone an den Führerpultseitenflächen erlauben das Abfertigen des Zuges durch den Triebfahrzeugführer.

Neben dem Fahrersitz ist auch ein Klappsitz für eine Begleitperson angeordnet. In der Führerraumrückwand befinden sich in den Seitenschränken ein Wertfach, eine Ablage für die Triebfahrzeugführertasche, ein Kleiderfach sowie ein Feuerlöscher. Die Stirnscheiben bestehen aus Mehrschichten-Sicherheits-Verbundglas und sind elektrisch beheizbar.

*Sanitärzelle*

Jeder Zug verfügt über eine behindertenfreundliche Sanitärzelle. Darin enthalten sind WC-Sitz, Waschbecken, Spiegel, Seifen- und Handtuchspender, Toilettenpapierhalter, Abfallbehälter und Kleiderhaken. Die Toilette ist als Vakuumtoilette ausgeführt. Der Frischwasser- und Abwassertank sind im Bereich der Sanitärzelle untergebracht. Sie können beheizt und damit frostfrei gehalten werden.

Eine Notsprechstelle gestattet die Kommunikation mit dem Triebfahrzeugführer im Gefahrenfall.

*BR 610 und 611*

Neben den Dieseltriebwagen der Baureihe 612 gibt es noch die beiden älteren Baureihen 610 und 611. Im Gegensatz zur Baureihe 612 ist die BR 610 mit einer dieselelektrischen Kraftübertragung und einer gleisbogenabhängiger Wagenkastensteuerung nach dem vom Fiat entwickelten Pendolino-System ausgerüstet.

*Abbildung: Triebzug der BR 611 mit Neigetechnik.*

| Technische Daten: | BR 610 | BR 611 | BR 612 |
|---|---|---|---|
| **Fahrzeuge je Zug:** | 2 | 2 | 2 |
| **Höchstgeschwindigkeit:** | 160 km/h | 160 km/h | 160 km/h |
| **Leistung:** | 2 x 485 kW | 2 x 540 kW | 2 x 560 kW |
| **Länge über Kupplung:** | 51,75 m | 51,75 m | 51,75 m |
| **Sitzplätze:** | 136 | 148 | 146 |
| **Stehplätze:** | 105 | 146 | 138 |
| **Fahrzeuggewicht:** | 95 t | 94 t | 94 t |
| **Erstes Baujahr:** | 1992 | 1996 | 2000 |

**BR 614/914**

Dreiteiliger Dieseltriebzug bestehend aus je zwei Endwagen und einen antrieblosen Mittelwagen. Der Zug kann auch zwei- oder vierteilig, oder auch in Doppeltraktion gefahren werden.

Jeder Endtriebwagen besitzt einen 370 kW starken 12-Zylinder-Boxermotor der Firma MAN. Die Triebwagen haben an den Führerstandsenden normale Zug- und Stoßeinrichtungen während die Mittelwagen untereinander durch Scharfenberg-Mittelpufferkupplungen verbunden sind. Die einzelnen Triebzugteile sind durch Übergänge miteinander verbunden.

*Abbildung: Triebzug der BR 614.*

| Technische Daten: | BR 614/914 |
|---|---|
| **Anzahl Fahrzeuge je Zug:** | 3 |
| **Höchstgeschwindigkeit:** | 140 km/h |
| **Leistung:** | 2 x 370 kW |
| **Zuglänge:** | 79,5 m |
| **Sitzplätze:** | 252 |
| **Zuggewicht:** | 124 t |
| **Erstes Baujahr:** | 1971 |

### BR 627/628/928

Die Einzel- wie auch die Doppeltriebwagen wurden erstmals 1974 präsentiert. Die in Leitbauweise gefertigten Triebwagen werden durch unterflur angeordnete Dieselmotoren angetrieben, die auf eines der beiden luftgefederten Drehgestelle wirken. Gegenüber den Serienfahrzeugen wurden die Prototypfahrzeuge mit gesickten Seitenwänden gefertigt. Während es bei den Einzeltriebwagen insgesamt bei einer relativ geringen Stückzahl geblieben ist, wurden die Doppeltriebwagen in mehreren Bauserien und mit unterschiedlichen Motorisierungen in großer Stückzahl beschafft.

Die Konfiguration des Doppeltriebwagens sieht folgendermaßen aus:

- **Fahrzeug 1:** Triebwagen mit Sitzplätzen für die 2. Klasse und Mehrzweckraum (BR 628).

● **Fahrzeug 2:** Steuerwagen mit Sitzplätze für die 1. und 2. Klasse und Mehrzweckraum (BR 928).

Die Mehrzweckräume hinter den Führerständen können wahlweise als Fahrgast- oder Gepäckräume benutzt werden. Ferner sind Möglichkeiten zur Rollstuhlbeförderung in den Fahrgasträumen gegeben. Ein Teil der Triebwagen wird als Doppeltriebwagen bestehend aus zwei motorisierten Einzelfahrzeugen eingesetzt.

Die Triebwagen haben an den Führerstandsenden jeweils eine normale Zug- und Stoßeinrichtung. Für den kombinierten Einsatz mehrerer Einheiten sind sie mit einer Vielfachsteuerung ausgerüstet.

*Abbildung: Dieseltriebzug der BR 628/928.*

*Abbildung: Fahrgastraum 2. Klasse.*

| Technische Daten: | BR 627 | BR 628.1 | BR 628.2-5 |
|---|---|---|---|
| **Anzahl Fahrzeuge je Zug:** | 1 | 2 | 2 |
| **Höchstgeschwindigkeit:** | 120 km/h | 120 km/h | 120 km/h |
| **Leistung:** | 290 kW | 360 kW | 410 – 450 kW |
| **Länge über Kupplung:** | 23,6 m | 45,15 m | 45,15 m |
| **Sitzplätze:** | 70 | 146 | 146 |
| **Gewicht:** | 36 t | 61 t | 61 t |
| **Erstes Baujahr:** | 1974 | 1981 | 1986 |

## BR 640/648

Dieser Dieseltriebwagen wird als einteiliges Drehgestellfahrzeug mit einem Trieb- und einem Laufdrehgestell, oder als zweiteiliger Gelenktriebwagen eingesetzt. Das Fahrzeug ist durch einen Niederflurteil in der Mitte und Hochflurteilen an den Enden gekennzeichnet. Aus Gründen der besseren Zugänglichkeit befinden sich die beiden Einstiegtüren jeder Seite im Niederflurbereich.

*Hersteller-bezeichnung: LINT*

*Abbildung: Dieseltriebwagen der BR 640.*

Der Aufbau des Fahrzeuges erfolgt in Stahlleichtbauweise. Überwiegend werden nicht rostende Stähle und gewichtssparende Komponenten verwendet. Pro Fahrzeugseite gestatten zwei doppelflügelige Einstiegtüren einen raschen Fahrgastwechsel. Die Fahrzeuge verfügen über einen großen Mehrzweckraum, in dem eine rollstuhlgerechte Toilettenbox mit Vakuum-WC installiert ist. Beim einteiligen LINT beschränkt sich der Niederflurbereich auf diesen Mehrzweckraum und ein angrenzendes 2. Klasse-Abteil während sich die übrigen Sitze im Hochflurbereich befinden.

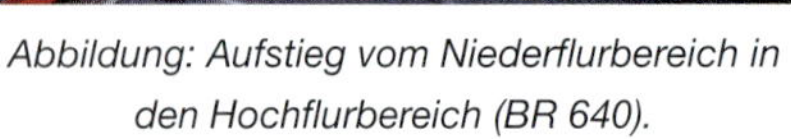

*Abbildung: Aufstieg vom Niederflurbereich in den Hochflurbereich (BR 640).*

*Abbildung: Mehrzweckraum mit behindertenfreundlicher Toilette im Niederflurbereich.*

*Fahrzeugantrieb*

Der Einbau von schadstoffarmen Antriebsaggregaten mit geringem Kraftstoffverbrauch und die Nutzung der Abwärme der Antriebsanlage für die Fahrzeugheizung dienen der Senkung des Energieverbrauchs und der Reduzierung der Schadstoffemissionen.

Der Motor, das Getriebe, die Kühlanlagen, der Abgasschalldämpfer und Teile der Luftansaugung befinden sich auf einem gemeinsamen Tragrahmen, der über vier Lager am Untergestell aufgehängt ist. Die Schallemission wird durch Verwendung von Schürzen und einem akustisch optimierten Fußbodenaufbau reduziert. Die Antriebsanlage überträgt die Antriebskraft mittels Gelenkwelle auf die Achsgetriebe im angrenzenden Triebdrehgestell.

*Drehgestell*

Der Wagenkasten stützt sich über zwei niveaugesteuerte Luftfedern auf dem H-Rahmen der Drehgestelle ab. Die Übertragung der Kräfte erfolgt über eine mittig angeordnete Anlenkstange. Die Bauart des Laufdrehgestelles entspricht dem des Triebdrehgestelles. Die beiden Wagenkästen des Gelenktriebwagens ruhen fahrzeugmittig auf einem gemeinsamen Jakobsdrehgestell.

| Technische Daten: | BR 640 | BR 648 | Version LNVG/DEG[1] |
|---|---|---|---|
| **Höchstgeschwindigkeit:** | 120 km/h | 120 km/h | 120 km/h |
| **Leistung:** | 315 | 2 x 315 kW | 2 x 315 kW |
| **Länge über Puffer:** | 27,26 | 41,81 m | 41,81 m |
| **Einstiegshöhe:** | 580 mm | 780 mm | 540/780 mm |
| **Sitzplätze:** | 73 | 129 | 129/131 |
| **Fahrzeuggewicht:** | 40,9 | 63,5 | 63,5/65 |
| **Erstes Baujahr:** | 2000 | 2000 | 2000 |

*[1] LNVG = Landesnahverkehrsgesellschaft Niedersachsen*
*DEG = Deutsche Eisenbahn Gesellschaft*

### BR 641

*Hersteller-bezeichnung: TER*

Einteiliger Triebwagen für den Einsatz auf Nebenstrecken in ländlichen und dünn besiedelten Gebieten. Bei dieser Baureihe handelt es sich um einen Leichttriebwagen mit unterflur angeordneter Antriebsanlage. Im Gegensatz zum VT 640 ist die Baureihe 641 mit zwei Antriebsanlagen ausgestattet und auf Grund der guten Motorisierung auch für steigungsreiche Strecken vorgesehen.

*Fahrzeugteil*

Der Wagenkasten setzt sich aus der Fahrgastzelle und zwei GFK-Vorbauten zusammen. Dabei fungieren die Vorbauten als „Knautschzone", sie fangen im Kollisionsfall die Aufprallenergie weitgehend ab. Die zwei Schwenkschiebetüren je Fahrzeugseite sind nicht doppel-, sondern nur einflügelig ausgeführt. An einen der Einstiegräume schließt sich ein kleiner Mehrzweckraum an, in den eine behindertenfreundliche Sanitärzelle integriert ist.

| Technische Daten: | BR 641 |
|---|---|
| **Höchstgeschwindigkeit:** | 120 km/h |
| **Leistung:** | 2 x 257 kW |
| **Länge über Kupplung:** | 28,1 m |
| **Sitzplätze:** | 80 |
| **Fahrzeuggewicht:** | 48,2 t |
| **Erstes Baujahr:** | 2000 |

## BR 642

*Hersteller-bezeichnung: DESIRO*

Zweiteiliger Diesel-Triebzug in Aluminium-Leichtbauweise für Strecken mit geringem Fahrgastaufkommen. Die GFK-Schalen der Fahrzeugköpfe sind mit dem Wagenkasten-Rohbau verklebt. Die Trieb- und Laufdrehgestellrahmen setzen sich aus geschweißten Kastenprofilen zusammen. Fahrzeugmittig ruhen die beiden Wagenkästen auf einem gemeinsamen Jakobsdrehgestell. Ein Doppelwellenbalg stellt den Übergang zwischen den Wagen her.

Unter den Hochflurbereichen zwischen Einstieg und Triebdrehgestell befindet sich je eine Maschinenanlage mit einem Sechszylinder-Dieselmotor.

Auf jeder Fahrzeugseite sind zwei doppelflügelige Schwenk-Schiebetüren vorhanden. In einem Wagen führen sie in einen großen Mehrzweckraum mit. Im Mehrzweckraum befindet sich auch ein mit geschossenem WC-System. Die 2. Klasse-Großräume sind bestuhlt, im Wagen

Die Konfiguration eines Doppeltriebwagens sieht folgendermaßen aus:

- **Fahrzeug 1:** Großraum 2. Klasse mit vis-á-vis angeordneten 2+2-Sitzen, Mehrzweckraum mit Abstellmöglichkeiten und fensterloser, auch für Rollstuhlfahrer geeigneter Sanitärraum.
- **Fahrzeug 2:** Großraum 2.-Klasse mit vis-á-vis angeordneten 2+2-Sitzen und Großraum 1.-Klasse mit 2+1-Sitzen.

*Abbildung: Dieseltriebzug der BR 642.*

| Technische Daten: | BR 642 |
|---|---|
| **Höchstgeschwindigkeit:** | 120 |
| **Leistung:** | 2 x 275 kW |
| **Länge über Kupplung:** | 41,7 m |
| **Sitzplätze:** | 123 |
| **Stehplätze:** | 90 |
| **Fahrzeuggewicht:** | 64 t |
| **Erstes Baujahr:** | 2000 |

Zur modular aufgebauten DESIRO-Familie zählen auch zahlreiche für ausländische Verwaltungen gebaute Diesel- und Elektrotriebzüge zum Teil in bis zu sechsteiliger Ausführung mit Geschwindigkeiten bis zu 160 km/h.

### BR 643/644

Der modular aufgebaute Dieseltriebzug ist in ein- zwei- oder dreiteiliger Ausführung mit diesel-mechanischen oder diesel-elektrischen Antrieb und verschiedenen Fußbodenhöhen und Motorisierungen erhältlich. Der Dieseltriebzug „Talent" wird auch bei einigen anderen Bahnen eingesetzt.

*Hersteller-bezeichnung: Talent*

*Abbildung: Dieseltriebzug Talent.*

Bei diesem Triebzug wurden auf dem geschweißten Untergestell ein Stahlgerippe montiert, auf dem eine Kunststoff-Außenhaut aufgeklebt wurde. Das Dachmodul und die charakteristischen Fahrzeugköpfe bestehen aus GFK-Formteilen, während die Fenster grundsätzlich eingeklebt sind.

Die Konfiguration eines dreiteiligen Triebzuges der Baureihe 643 sieht folgendermaßen aus:

- **Fahrzeug 1:** Großraum 2.-Klasse mit vis-á-vis angeordneten 2+2-Sitzen, Mehrzweckraum mit Klappsitzen und und Sanitärraum.
- **Fahrzeug 2:** Großraum 2.-Klasse mit vis-á-vis angeordneten 2+2-Sitzen und Mehrzweckraum mit Klappsitzen (BR 943).
- **Fahrzeug 3:** Großraum 1.- und 2.-Klasse mit vis-á-vis angeordneten 2+2-Sitzen.

*Antrieb*

Angetrieben sind immer zwei Drehgestelle je Einheit. Die Antriebsausrüstung ist entsprechend den jeweiligen Einsatzbedingungen der Fahrzeuge grundverschieden.

*S-Bahn-Mischbetrieb*

Die dieselelektrische Baureihe 644 ist auf Grund ihrer spurtstärkeren Zwölfzylinder-Motoren auch für den Mischbetrieb mit elektrischen S-Bahn-Zügen geeignet. Die Drehstrom-Asynchron-Fahrmotoren werden über die auf dem Dach angeordneten Wechselrichter mit Traktionsenergie versorgt. Im Gegensatz zu den übrigen dreiteiligen Fahrzeugen der BR 643, die auf jeder Seite drei doppelflügelige Schwenk-Schiebetüren besitzen, sind die Fahrzeuge der BR 644 mit sechs derartigen Türen ausgestattet.

Die zweiteiligen Talente der Regiobahn sind mit einer Einstieghöhe von 960 mm den S-Bahnsteigen angepasst. Beide auch auf S-Bahn-Strecken eingesetzte Fahrzeuge bieten in einem Endwagen einen besonders großen Mehrzweckraum mit viel Platz für Rollstühle, Kinderwagen und Fahrräder.

*Abbildung: Großraum 2. Klasse (VT 644).*

| Technische Daten: | BR 643[1] | BR 644 | Version RB[2] |
|---|---|---|---|
| **Höchstgeschwindigkeit:** | 120 km/h | 120 km/h | 120 |
| **Leistung:** | 2 x 315 kW | 2 x 505 kW | 2 x 315 kW |
| **Länge über Kupplung:** | 48,36 m | 52,16 m | 34,6 m |
| **Einstieghöhe:** | 590 mm | 800 mm | 960 mm |
| **Sitzplätze:** | 137 | 161 | 98 |
| **Stehplätze:** | 150 | 150 | 100 |
| **Fahrzeuggewicht:** | 72 | 87 t | 55 t |
| **Erstes Baujahr:** | 1999 | 1998 | 1999 |

[1] *Weitgehend baugleich mit OME-(Ostmecklenburgische Eisenbahn) und DME-(Dortmund-Märkische Eisenbahn)Version.*
[2] *Zweiteiliger Triebzug der Regiobahn.*

## BR 646

Diesel-elektrischer Niederflur-Gelenktriebwagen (GTW). Charakteristisch für GTW-Fahrzeuge ist die konsequente Trennung der Fahrzeugsegmente entsprechend ihrer Funktion in kompakte Antriebsmodule und angrenzende Fahrgastmodule, die in der Ausführung als Endwagen mit Laufdrehgestellen ausgerüstet werden.

*Herstellerbezeichnung: GTW*

Die Konfiguration eines Triebzuges der BR 646 sieht folgendermaßen aus:

- **Fahrzeug 1:** Fahrgastendmodul 1.
- **Fahrzeug 2:** Antriebmodul.
- **Fahrzeug 3:** Fahrgastendmodul 2.

Der modulare Fahrzeugaufbau führte bei anderen Bahnen zur Realisierung weiterer Varianten. Einige Fahrzeugtypen besitzen ein elektrisches Antriebmodul, andere sind mit zusätzlichen Fahrgastzwischenmodulen ausgerüstet. Auch wurden verschiedene Längenvarianten, Fahrzeugbreiten und Spurweiten realisiert.

*Abbildung: Der Dieseltriebzug GTW der Usedomer Bäderbahn ist weitgehend identisch mit der Baureihe 646.*

*Antriebsmodul*

Die Konzentration der Antriebsanlage über den Triebfahrwerken und zusätzlich die teilweise Abstützung der Fahrgastmodule darauf verleihen dem Fahrzeug ein gutes Beschleunigungsvermögen.

Der Wagenkasten des Antriebsmoduls ist als geschweißte und verwindungssteife Stahlkonstruktion in Gerippebauweise ausgeführt. Der asymmetrisch angeordnete Durchgang gestattet eine durchgehende Begehbarkeit des Zuges. Er teilt das Antriebsmodul in Längsrichtung in zwei unterschiedlich große Maschinenräume auf. Die einzelnen Komponenten der Antriebsanlage sind durch ausreichend große Klappen von außen oder von innen zugänglich. Im größeren Maschinenraum befinden sich beim dieselelektrischen GTW der

Dieselmotor-Generator-Block mit Stromrichtereinheit, Kühlanlage, Kühlwasser-Vorheizgerät und Hydrostatikanlage. Im kleinen Maschinenraum wurden die Schaltgerüste, die Leittechnik, die Batterieanlage und die Druckluftanlage untergebracht. Unter dem kleinen Maschinenraum ist der Zweikammertank für Dieselkraftstoff und Heizöl angeordnet.

*Abbildung: Fahrgastraum mit vis-á-vis angeordneten 2+3-Sitzen in der 2.- Klasse.*

*Abbildung: Durchgang im Antriebsmodul.*

*Fahrzeugaufbau*

Das Triebfahrwerk ist mittig unter dem relativ kurzen Antriebsmodul angeordnet. Dadurch entfällt die für Drehgestelle typische Forderung, gegenüber dem Fahrzeugkasten große Drehbewegungen um die Fahrzeughochachse ausführen zu müssen. Somit konnte es als rahmenloses Fahrwerk ausgebildet werden. Die zweiachsigen Laufdrehgestelle an den Fahrzeugenden sind über Zug-Druck-Stangen am Wagenkasten angelenkt.

Während die Rohbaustruktur der Fahrgastmodule vollständig aus Aluminium besteht, sind die Köpfe aus glasfaserverstärktem Kunststoff (GFK) hergestellt. Die Verbundglasfenster sind außenbündig mit der Seitenwandstruktur verklebt.

| Technische Daten: | BR 646.0 | BR 646.1[1] |
|---|---|---|
| **Höchstgeschwindigkeit:** | 120 km/h | 120 km/h |
| **Leistung:** | 550 kW | 550 kW |
| **Länge über Puffer:** | 38,66 m | 38,66 m |
| **Sitzplätze:** | 108 | 124 |
| **Fußbodenhöhe:** | 760 mm | 585 mm |
| **Fahrzeuggewicht:** | 55,6 | 56,1 t |
| **Erstes Baujahr:** | 2000 | 2000 |

*[1] Weitgehend baugleich mit HLB-Version (Hessische Landesbahn).*

## VT 650

*Hersteller-bezeichnung: RS*

Beim Regio-Shuttle (RS) handelt es sich um einen einteiligen Diesel-Triebzug der in großer Stückzahl für verschiedene Bahnen hergestellt wurde. Wegen der hohen Antriebsleistung der beiden Motoren ist das Fahrzeug besonders spurtstark. Ausstattungsunterschiede sind bei den Fahrzeugen besonders stark ausgeprägt.

*Fahrzeug-aufbau*

Der Wagen besitzt nur Sitzplätze 2.-Klasse. Die Einstiegs- bzw. Fußbodenhöhen sind unterschiedlich. Breite Doppelschwenkschiebetüren auf jeder Wagenseite unterstützen einen schnellen Fahrgastwechsel. Generell ist in allen Triebwagen ein Mehrzweckraum vorgesehen.

*Antrieb*

Die Fahrzeuge verfügen über zwei Fünf- oder Sechszylinder-Motoren, die ihre Kraft über ein automatisches Getriebe sowie nachgeschaltete Gelenkwellen und Achswendegetriebe übertragen. Die Vielfachsteuerung erlaubt die Steuerung von bis zu fünf Fahrzeugen von einen Führerstand aus.

*Abbildung: Dieseltriebwagen Regio Shuttle.*

| Technische Daten: | VT 650 | Version WEG [1] |
|---|---|---|
| **Höchstgeschwindigkeit:** | 120 km/h | 120 km/h |
| **Leistung:** | 2 x 228 kW | 2 x 228 kW |
| **Länge über Puffer:** | 25,5 m | 25,5 m |
| **Einstieghöhe:** | 600 mm | 760 mm |
| **Sitzplätze:** | 72 | 72 |
| **Stehplätze:** | 83 | 94 |
| **Fahrzeuggewicht:** | 40 t | 40 t |
| **Erstes Baujahr:** | 1999 | 1996 |

[1] *WEG = Württembergische Eisenbahn-Gesellschaft.*

### RegioSprinter

*Leichttriebwagen*

Der RegioSprinter besteht aus drei gelenkig miteinander verbundenen Teilen. Die beiden baugleichen Triebzugteile sind mit je einem Führerstand und breiten Niederflureinstiegen auf beiden Seiten ausgestattet. Je eine kompakte Unterfluranlage, bestehend aus Dieselmotor sowie Fünf-Gang-Getriebe mit Retarder und Kühler lassen eine hohe Beschleunigung zu. Beide Endteile stützen sich auf ein kurzes antriebsloses zweiachsiges Mittelteil auf. Die Fahrzeugbreite lässt eine Sitzanordnung von 2+3-Sitzen je Reihe zu.

Bei der Konstruktion des Wagenkastens wurden bewährte Bauteile aus der Omnibusfertigung berücksichtigt. Ein Teil der Fahrzeuge der RBG entsprechen den Forderungen der BOStrab. Sie können deshalb gemeinsam mit Straßenbahnfahrzeugen im Straßenverkehr eingesetzt werden.

*Abbildung: RegioSprinter der Dürener Kreisbahn.*

| Technische Daten: | Version DKB[1] | Version RGB[2] |
| --- | --- | --- |
| **Höchstgeschwindigkeit:** | 120 km/h | 120 km/h |
| **Leistung:** | 2 x 198 kW | 2 x 228 kW |
| **Länge über Puffer:** | 24,8 m | 25,17 m |
| **Einstieghöhe:** | 530 mm | 530 mm |
| **Sitzplätze:** | 74 | 80 |
| **Stehplätze:** | 100 | 84 |
| **Fahrzeuggewicht:** | 31,5 t | 31,9 t |
| **Erstes Baujahr:** | 1995 | 1996 |

[1] *DKB = Dürener Kreisbahn.*
[2] *RGB = Regenttal-Bahnbetriebs GmbH*

## LVT/S

*Schienenomnibus*

Der zweiachsige voll bahntaugliche LVT/S (Leichtverbrennungstriebwagen und Schienenbus) ist für weniger stark frequentierte Nebenstrecken bestimmt. Durch den Einsatz bewährter Großserienkomponenten aus dem Bus- und Straßenbahnbau ist das Fahrzeug kostengünstig in Anschaffung, Betrieb und Wartung.

*Antrieb und Laufwerk*

Das angetriebene und das antrieblose Einzelradsatz-Fahrwerk sind vom Aufbau her nahezu gleich und radial einstellbar. Für den Antrieb sorgt ein liegender Sechszylinder-Dieselmotor. Der Wagenkasten stützt sich über Schraubenfedern auf den beiden Fahrwerksrahmen ab.

*Inneneinrichtung*

Pro Wagenseite ist eine zweiflüglige Schwenkschiebetür angeordnet, die in den mittigen Niederflurbereich führt. Rollstühle, Kinderwagen und Fahrräder lassen sich im Einstiegraum abstellen. Mobilitätseingeschränkte Fahrgäste können ein transportables Rampenblech nutzen. Die im Niederflur- und in den angrenzenden Hochflurbereichen montierten 2+3-Sitze sind hintereinander oder vis-á-vis angeordnet. KEG-Triebwagen verfügen über ein WC mit geschlossenem System.

*Abbildung: Dieseltriebwagen LVT/S.*

| Technische Daten: | Version KEG[1] |
|---|---|
| **Höchstgeschwindigkeit:** | 100 km/h |
| **Leistung:** | 265 kW |
| **Länge über Puffer:** | 16,54 m |
| **Einstieghöhe:** | 600 mm |
| **Sitzplätze:** | 59 |
| **Stehplätze:** | 40 |
| **Fahrzeuggewicht:** | 24 t |
| **Erstes Baujahr:** | 1998 |

*[1] KEG = Karsdorfer Eisenbahngesellschaft. DB-interne Numer: BR 672.*

### Integral

*Gliederzug*

Beim Triebwagen Integral ermöglicht ein ausgeklügeltes Baukastensystem verschiedene Kombinationsmöglichkeiten die von der dreiteiligen Einheit bis zur elfteiligen Garnitur reichen. Dabei handelt es sich beim Integral um einen Gliederzug, bei dem zwischen Antriebs- bzw. Laufwagenmodulen radlose Fahrgastzellen eingehängt sind, die je nach Bedarf ein oder doppelstöckig ausgeführt werden können.

Stirnseitige Portalrahmen der Trieb- und Laufwagen nehmen die von einem Hydrauliksystem gesteuerten Gelenke auf. Wegemesssysteme überwachen die Gelenkfunktionen und steuern die Radialeinstellung der Einachsfahrwerke. Alle Fahrzeugmodule sind als selbsttragende Schweißkonstruktion in Stahl-Leichtbauweise hergestellt. Die Fahrzeugköpfe sind in GFK-Sandwichbauweise gefertigt. Zwischen den Fahrzeugmodulen gewährleisten Doppelwellenbalge den Übergang.

*Abbildung: Dieseltriebzug Integral.*

| Technische Daten: | Version ID 5[1] |
|---|---|
| **Höchstgeschwindigkeit:** | 140 km/h |
| **Leistung:** | 3 x 315 kW |
| **Länge über Puffer:** | 52,99 m |
| **Einstieghöhe:** | 780 mm |
| **Sitzplätze:** | 161 |
| **Stehplätze:** | 200 |
| **Fahrzeuggewicht:** | 82 t |
| **Erstes Baujahr:** | 1998 |

[1] *Fünfteilige Einheit bestehend aus zwei Triebwagen, einem Zwischenwagen und zwei Fahrgastzellen.*

## 4.3. Triebwagen für den Stadtverkehr

### 4.3.1. Straßenbahn- und Stadtbahnfahrzeuge

*Überblick*

Der Fahrzeugpark der verschiedenen Straßenbahn- und Stadtbahnbetriebe umfasst eine große Vielzahl von unterschiedlichen Fahrzeugtypen. Moderne Fahrzeuge zeichnen sich durch eine hohe Beschleunigung und Bremsverzögerung, hohe Fahrgeschwindigkeiten sowie geräumige Türen und Auffangräume zur Beschleunigung des Fahrgastwechsels aus.

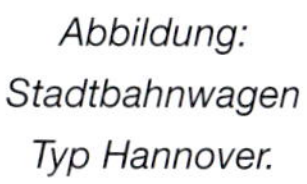
*Abbildung: Stadtbahnwagen Typ Hannover.*

## Einsystemfahrzeuge

*Grunddaten und Merkmale*

Die nachfolgende Tabelle enthält Anhaltswerte für die technischen Daten einiger gängiger Straßenbahn- und Stadtbahnfahrzeuge. Meist dominiert die Zweirichtungsbauweise da es in vielen Netzen keine Wendeschleifen gibt. Von wenigen Ausnahmen abgesehen werden Triebwagen in Einfach- oder Mehrfachtraktion eingesetzt.

| | Hochflur-Fahrzeug | | Niederflur-Fahrzeug | |
|---|---|---|---|---|
| | kurz | lang | kurz | lang |
| Fahrzeuglängen über Stirnwand | ca. 27 m | ca. 37 m | ca. 21 m | ca. 30 m |
| Fahrzeugbreite | 2.650 mm | | 2.400 (2.300 mm) | |
| Fußboden-/Einstiegshöhe über SO | > 1.000 mm | | < 350/300 mm | |
| Höchstgeschwindigkeit | 80 – 100 km/h | | 60 – 80 km/h | |
| Fahrdrahtspannung | 600 oder 750 V = | | 600 oder 750 V = | |
| Motorleistung | 500 – 1.000 kW | | 350 – 500 kW | |
| Kleinster befahrbarer Gleisbogen | 25 m | | 18 m | |
| Größte statische Radsatzlast | 100 kN | | 100 kN | |
| Fahrgastplätze insgesamt | ca. 170 | ca. 240 | ca. 115 | ca. 180 |
| Sitzplatzanteil | ca. 45 % | | ca. 45 % | |

*Abbildung: Niederflurstraßenbahn der Stadt Nürnberg (Typ GT 6 N).*

Die Fahrzeuge sind herstellerseitig in der Regel für mehrere Spurweiten lieferbar. Die Bezeichnung N in der Bauartbezeichnung steht für Normalspur (1.435 mm) während die Bezeichnung M für Meterspur (1.000 mm) steht.

*Normal- oder Meterspur*

Wenn es die Infrastruktur der Netze erlaubt werden die Fahrzeuge mit einer Breite von 2,65 m ausgeführt. In Netzen mit geringerem Gleismittenabstand und kleinerer Lichtraumumgrenzung beträgt die Fahrzeugbreite mindestens 2,30 m.

## Zweisystemfahrzeuge

Mit diesen Fahrzeugen ist ein durchgehender Einsatz auf Stadtbahn- und Eisenbahnstrecken möglich. Erstmals wurde dies in Karlsruhe mit dem Stadtbahnwagen GT8-2S (DB-Baureihe 450) realisiert. Bei diesem Stadtbahnfahrzeug handelt es sich um einen Zweirichtungs-Gelenktriebwagen. Es ist als dreiteiliges Fahrzeug mit Triebdrehgestellen unter den Endwagenteilen und Laufdrehgestellen unter den Gelenken konzipiert.

*Stadtbahn- und Eisenbahnstrecken*

Das in Saarbrücken eingesetzt Zweisystemfahrzeug Tram-Train besitzt Niederflureinstiege und nützt somit die Vorteile von Eisenbahn und Straßenbahn gleichermaßen. Das für unterschiedliche Stromsysteme, aber auch mit Dieselantrieb erhältliche Fahrzeug ist der 2,65 m-Klasse zugeordnet und mit Allachsantrieb ausgerüstet. Auf ca. 50 Prozent seiner Nutzlänge ist das Fahrzeug niederflurig (Fußbodenhöhe 400 mm über SO). Bei unterschiedlichen Abständen zum Bahnsteig überbrücken ausfahrbare Trittbretter den Abstand zum Fahrzeug.

*Abbildung: Zweisystemfahrzeug (GT8-2S) für 750 V = und 15 kV $^{2}/_{3}$ Hz.*

*Abbildung: Zweisystemfahrzeug Tram-Train (Stadtbahn Saar).*

## 4.3.2. U-Bahn-Fahrzeuge

*Überblick*

Stellvertretend für die in den verschiedenen Netzen eingesetzten Fahrzeuge sind nachfolgend die jeweils neuesten U-Bahn Fahrzeuge beschrieben. Allen Systemen gemeinsam ist der Betrieb mit 750 V Gleichspannung sowie die Stromzuführung über eine seitliche Stromschiene. Die Strecken sind in Normalspur ausgeführt und weisen historisch bedingt unterschiedliche Profile auf.

| Bezeichnung: | Typ H | DT 4 | Typ C | Typ DT 2 |
|---|---|---|---|---|
| **U-Bahn-System:** | Berlin | Hamburg | München | Nürnberg |
| **Leistung:** | 24 x 90 kW | 8 x 125 kW | 24 x 100 kW | 8 x 109,5 kW |
| **Länge über Kupplung:** | 98,7 m | 60 m | 114 m | 37,5 |
| **Breite:** | 2,65 m | 2,58 m | 2,9 m | 2,9 m |
| **Fahrzeugleergewicht:** | 138,5 t | 76,8 t | 160 t | 55 t |
| **Sitzplätze/Stehplätze:** | 208 | 182 | 252 | 82 |
| **Erstes Baujahr:** | 1997 | 1988 | 2000 | 1993 |

### Berlin: Typ H

*Sechsteiliger Triebzug*

Bei den Triebzügen des Typs H sind die Einzelwagen mit begehbaren Übergängen verbunden. Der in Aluminium-Integralbauweise ausgeführte Wagenkasten ist als „leere Röhre“ ausgeführt. Die Geräte sind hier weitgehend im Dach-, Führerstands- und Untergestellbereich untergebracht. Die elektrische Ausrüstung wurde in mondernster Steuer- und Leittechnik ausgeführt. Sie ist bereits für den automatischen Betrieb ausgelegt. Für die gesamte Fahrzeugsteuerung sind zwei zentrale Steuergeräte verantwortlich. Die Kommunikation mit den Subsystemen erfolgt über je einen seriellen Fahrzeugbus.

*Abbildung: Sechsteiliger Triebzug Typ H der Berliner U-Bahn.*

*Laufwerk und Antrieb*

Die schwarz eingefassten Glasscheiben im Frontbereich sind weit nach unten herabgezogen und verleihen dem Fahrzeug ein charakteristisches Aussehen. Auf jeder Seite sind drei elektrisch angetriebene, doppelte Außenschwenkschiebetüren vorgesehen. Die mit Faltenbälgen verkleideten Übergänge sind nur unmerklich eingezogen. Der Innenraum wirkt dadurch großzügig und dem Reisenden wird ein Sicherheitsgefühl vermittelt.

Die neuentwickelten Drehgestelle zeichnen sich durch eine Verringerung der unabgefederten Massen und eine geringe Geräuschentwicklung aus. Die sekundäre Luftfederung verbessert den Fahrkomfort erheblich. Das Fahrzeug wird von insgesamt 24 quer liegenden Drehstromasynchronmotoren angetrieben. Neben der Nutz- und Widerstandsbremse sind die elektropneumatische Bremse sowie pro Drehgestell eine Federspeicherbremse vorhanden.

## Hamburg: DT 4

*Vierteiliger Triebzug*

Dieser vierteilige Triebzug besteht aus zwei Endwagen mit je einem Führerstand und zwei Mittelwagen. Jeweils ein End- und ein Mittelwagen bilden einen „Halbzug", dessen Einzelwagen über ein mittleres, nicht angetriebenes Jakobsdrehgestell verbunden sind. Die beiden Halbzüge sind kurzgekuppelt und können nur für Werkstattfahrten getrennt werden.

Die Wagenkästen sind in Stahlleichtbauweise erstellt. Für die Kastenaufbauten wurde Nirosta-Stahl verwendet. Die Schwenkschiebetüren sind außenbündig vorgesehen. Pro Einzelwagen sind zwei Doppeleinstiege vorgesehen. Zwischen den einzelnen Fahrzeugen konnten keine Übergänge angebracht werden, jedoch ermöglichen Fenster in den Zwischenwänden eine Durchsicht durch den Zug.

*Abbildung: Vierteiliger DT4 der Hamburger U-Bahn.*

Jeder Halbzug verfügt über eine unabhängige Drehstromantriebsanlage. Die vier Triebdrehgestelle besitzen jeweils zwei quer liegende wassergekühlte Asynchronmotoren. Die Radsätze werden mittels Gummi-Kardan-Kupplungen und Hohlwellen angetrieben. Ein Wechselrichter wandelt den Gleichstrom in Drehstrom um.

Die über einem handbetätigten Sollwertgeber bediente Fahr- und Bremssteuerung wird mikroprozessorgesteuert. Die gemischte Netz- und Widerstandsbremse dient als Hauptbremse, die druckluftbediente Federspeicher-Scheibenbremse mit elektronischer Regelung als Zusatzbremse. Die beiden Bremssysteme weisen eine analoge Bremskraftvorgabe mit Gleitschutz und Lastkorrektur auf.

## München: Typ C

*Sechsteiliger Triebzug*

Das allachsgetriebene sechsteilige Fahrzeug besteht aus zwei Kopfeinheiten und vier Mitteleinheiten, die über Gelenke miteinander verbunden sind. Die Wagenkästen sind in Aluminium-Integral- sowie Differenzialbauweise gefertigt. Breite Übergänge zwischen den Wagen ermöglichen eine gute Durchsicht durch den ganzen Zug. Die Eingangsbereiche weisen großzügige Stehräume auf. Im Fahrzeuginnern wechseln sich konventionelle Sitzabteile mit gegenüber angeordneten Sitzgruppen ab. Für Rollstühle, Fahrräder und Kinderwagen sind besondere Plätze vorgesehen.

*Technik*

Die Drehstromausrüstung ist jeweils im Wagenboden untergebracht. Die Triebdrehgestelle sind mit voll abgefederten Einzelachs-Querantrieben ausgerüstet. Gebremst wird hauptsächlich über eine Nutz- und Widerstandsbremse während die Druckluftbremse mit Gleitschutzvorrichtung als Ersatzbremse, und die Federspeicherbremse als Feststellbremse dient.

## Nürnberg: Typ DT2

*Doppeltriebwagen*

Der Doppeltriebwagen DT 2 ist in Aluminium-Integralbauweise gefertigt. Er besteht aus zwei kurz gekuppelten, vierachsigen Endwagen. Die geräumigen Führerstände sind mit Außentüren versehen. Im Fahrgastinnenraum befinden sich große Steh- und Gepäckbereiche. Gepolsterte und ergonomisch geformte Sitze bieten einen großen Sitzkomfort. Auf jeder Seite sind pro Einzelwagen drei zweiflüglige, getrennt vom Fahrgast zu öffnende Schwenkschiebetüren eingebaut. Das Schließen der Türen erfolgt zentral vom Fahrer.

*Antrieb und Bremse*

Die Drehgestelle besitzen quer zur Fahrtrichtung angeordnete voll abgefederte Drehstrommotoren mit Einzelachsantrieb. Eine Luftfederung hält den eingestellten Pufferstand selbsttätig auf gleicher Höhe. Als Bremseinrichtung sind eine Widerstands- bzw. Nutzbremse, Druckluftbremse sowie Federspeicherbremse eingebaut. Die elektrische Ausrüstung des Fahrzeuges ist vollständig unter dem Wagenboden angeordnet.

Die Fahrzeugsteuergeräte sind in den Fahrerraumrückwänden jeder Wageneinheit untergebracht. Die beim Bremsen erzeugte elektrische Energie kann zurückgespeist werden.

## 4.4. Sonstige Fahrzeuge

### 4.4.1. Personenbeförderung

*Besondere Anwendungsfälle*

Für besondere Anwendungsfälle und zum Einsatz auf speziellen Strecken gibt es eine sehr große Anzahl weiterer Fahrzeuge die zum Teil nur in geringen Stückzahlen gebaut worden sind. Nachfolgend sind dafür zwei Beispiele aufgeführt:

**Schmalspurfahrzeuge**

*Meterspur*

Für den Eisenbahnbetrieb auf einigen Nordseeinseln, bei Zahnradbahnen und bei einigen anderen Bahnen wie beispielsweise bei der Brockenbahn werden schmalspurige Fahrzeuge eingesetzt. Dabei kommen auf den meist in Meterspur ausgeführten Strecken Triebwagen der verschiedensten Bauarten zum Einsatz. Bei einigen Bahnen werden auch lokbespannte Züge eingesetzt. Als Antriebsform dominiert meist der Dieselmotor.

| Technische Daten: | BR 187 | BZB[1)] |
|---|---|---|
| **Art:** | Schmalspurtriebwagen | Zahnradtriebwagen |
| **Spurweite:** | 1000 mm | 1000 mm |
| **Antrieb:** | Dieselmotor | Elektromotor |
| **Spannung:** | – | 1650 V = |
| **Höchstgeschwindigkeit:** | 50 km/h | Adhäsion 70 km/h<br>Zahnrad 21 km/h |
| **Leistung:** | 242 kW | 850 kW |

*1) BZB = Bayerische Zugspitzbahn.*

*Abbildung: Kurzgekuppelter Doppeltriebwagen mit Zahnrad- und Adhäsionsantrieb (BZB).*

## 4.4.2. Güterbeförderung

Auch im Güterverkehr werden für zahlreiche Sonderzwecke und spezielle Transportverfahren besondere Fahrzeuge eingesetzt.

### Schwerlastlokomotiven

*Braunkohletageabbau*

Schwerlastbahnen übernehmen im Braunkohletagebau den Transport von Kohle und Abraum. Dabei werden riesige Transportmengen erreicht. Zur halbautomatischen Beladung befahren diese Züge eine Beladebrücke, auf der ein Förderband läuft. Da der Lokführer während des Beladevorgangs den Zug nicht überblicken kann, wird dieser bei neueren Lokomotiven von einem auf der Ladebrücke sitzenden Beladewärter funkferngesteuert, so dass jeder Wagen punktgenau unter dem Verladetrichter zum Stehen kommt. Durch diesen Trichter wird dann die Kohle bzw. der Abraum in einem Schlag in den jeweiligen Wagen verfüllt.

*Abbildung: Schwerlastlokomotive EL 2000.*

Die im rheinischen Braunkohleabbau eingesetzte Schwerlastlokomotive EL 2000 gehört zu den modernsten Vertretern dieser außergewöhnlichen Lokomotivart. Die 140 Tonnen schwere sechsachsige Elektrolokomotive erreicht mit ihren Drehstrom-Asynchronfahrmotoren eine Anfahrzugkraft von bis zu 500 kN. Damit kann die EL 2000 eine Zug von 1960 Tonnen auch auf einer Steigung von 20,5 ‰ in Bewegung setzen. Eine Kraftschlussregelung sorgt dabei für eine maximale Ausnutzung des Reibwertes zwischen Rad und Schiene.

Um die Radsatzlast von 35 Tonnen zu bewältigen wurden besondere Drehgestelle eingesetzt. Die Führerstandskabine an der Lokfront ragt weit über die Seiten der Lok hinaus, um dem Lokführer auch bei der Rückwärtsfahrt die Streckensicht zu ermöglichen. Dadurch erreicht die EL 2000 eine Breite von 4,5 Meter. Unter den Verladebrücken verläuft die Fahrleitung seitlich, weshalb die eingesetzten Elloks auch Seitenstromabnehmer haben.

| Technische Daten: | EL 2000 |
|---|---|
| **Höchstgeschwindigkeit:** | 70 km/h |
| **Leistung:** | 2.800 kW |
| **Fahrdrahtspannung:** | 6 kV/50 Hz |
| **Anfahrzugkraft:** | 500 kN |
| **Fahrzeuggewicht:** | 140 t |
| **Radsatzlast:** | 5 t |
| **Erstes Baujahr:** | 1999 |

### Selbstfahrende Transporteinheit CargoSprinter

*LKW auf der Schiene*

Dieser fünfteilige Container-Triebzug vereint die zeitgemäße Transportleistung heutiger Lastkraftwagen mit allen Vorteilen des rationellen, besonders sicheren und umweltfreundlichen Schienenverkehrs. Das Transportgut wird sowohl auf die Triebköpfe als auch auf die Mittenwagen aufgesetzt und wie beim LKW-Transport gesichert. Mit dem CargoSprinter ist ein durchgehender ungebrochener Verkehr zwischen verschiedenen Gleisanschlüssen bzw. dezentralen Umschlaganlage möglich. Bis zu sieben einzelne CargoSprinter mit einer Einzellänge von ca. 91 m sind mit der ZAK in Minutenschnelle automatisch kuppelbar.

*Die Fahrzeuge*

Die so genannten Triebköpfe besitzen zwei Drehgestelle, von denen die jeweils fahrzeuginneren Achsen angetrieben sind. In beiden Triebköpfen sind insgesamt vier Antriebsmodule mit je einem serienmäßigen LKW-Dieselmotor und einem Getriebe untergebracht. Die Mittelwagen sind als zweiachsige Cargowagons ausgebildet und nehmen Wechselbehälter oder Container auf. Die Bedienung und Steuerung des Fahrzeuges erfolgt von den jeweils stirnseitig angeordneten Fahrerkabinen.

*Varianten*

Die technische Basis des CargoSprinters bietet zahlreiche Varianten und vielseitige Möglichkeiten zur Konstruktion besonderer Fahrzeuge. So sind bei einigen Bahnen Fahrdrahtinstallations- und Gleisbaufahrzeuge, Tunnelreinigungs- und Feuerlöschfahrzeuge im Einsatz.

*Abbildung: CargoSprinter.*

| Technische Daten: | Version Windhoff |
|---|---|
| **Höchstgeschwindigkeit:** | 120 km/h bei 160 t Zuladung |
| **Leistung:** | 4 x 265 kW |
| **Länge über Puffer:** | 90,36 m |
| **Eigengewicht:** | 118 t |
| **Zuladung:** | 160 t |
| **Erstes Baujahr:** | 1998 |

## 4.4.3. Fahrzeuge für Bahndienstzwecke

Für die Wartung und Instandhaltung der Bahnanlagen sowie für besondere Einsatzfälle werden spezielle Fahrzeuge eingesetzt. Die nachfolgenden Beispiele geben einen kleinen Überblick über die Vielzahl der verschiedenen Bauarten.

*Abbildung: Profil-Messtriebwagen.*

## Fahrleitungs-Instandhaltungsfahrzeuge

*Turmtriebwagen BR 701/702*

Anfang der Fünfzigerjahre wurde auf Basis eines Schienenbusses der zweiachsige Turmtriebwagen der Baureihe 701/702 entwickelt. Das Fahrzeug beinhaltet außer den beiden Führerständen einen großen Werkstatt- und Geräteraum. Auf dem Dach wurden eine seiten- und höhenbewegliche Arbeitsbühne sowie ein Stromabnehmer zur Erdung während der Fahrleitungsarbeiten sowie zur Spannungsmessung montiert. Ende der Siebzigerjahre wurde mit der Baureihe 704 auch eine vierachsige Variante entwickelt.

*Abbildung: Zweiachsiges Fahrleitungs-Instandhaltungsfahrzeug (Turmtriebwagen).*

### Oberleitungsmontagefahrzeug

Oberleitungsmontagefahrzeuge sind für die Montage, Instandhaltung und Wartung von Oberleitungen konzipiert. Das in Regelfahrzeug-Bauart ausgeführte Drehgestellfahrzeug der Baureihe OMF 1 verfügt über einen, über die gesamte Länge gehenden Kabinenaufbau, der sich aufteilt in zwei Führerräume, den Sozialraum und den Werkstatt- und Lagerbereich.

*Herstellerbezeichnung: OMF*

*Abbildung: Oberleitungsmontagefahrzeug OMF 1 für die Montage und Instandhaltung von Oberleitungen.*

Ein Hilfsaggregat versorgt den hydrostatischen Arbeitsfahrantrieb sowie einen Luftpresser und ein Hydraulikaggregat für das Betreiben aller Arbeitsprozesse während des Montage und Instandhaltungsprozesses. Weitere Ausstattungsmerkmale sind der Messstromabnehmer, die Tragseil- und Fahrdrahtanhebevorrichtungen, die freischwenkbare Hubbühne, der Kran mit Arbeitskorb und ein Diesel-Elektroaggregat.

### Gleisarbeitsfahrzeug

*Herstellerbezeichnung: GAF 200*

Zweiachsige Gleisarbeitsfahrzeuge dienen der Wartung und Instandhaltung des Oberbaues. Der Antrieb erfolgt mittels Dieselmotor über ein hydrodynamisches Automatikgetriebe zu den Radsatzgetrieben der beiden Achsen. Das mit Regelzug- und Stoßeinrichtung, Ladeplattform, Kran, Stromversorgungseinheit, Arbeitsfahrantrieb, Sifa, Indusi und Zugfunk ausgerüstete Fahrzeug erreicht eine Höchstgeschwindigkeit von 120 km/h und ist für eine maximale Anhängelast von 80 t ausgelegt.

*Weitere Fahrzeuge*

Für weiter gehende Wartungsarbeiten gibt es noch eine Vielzahl von Fahrzeugen der unterschiedlichsten Bauart, die meistens in geringen Stückzahlen zum Einsatz kommen.

### Rangierfahrzeug

*Herstellerbezeichnung: FERA*

Beim Rangierfahrzeug handelt es sich um ein Zugfahrzeug besonderer Bauart für das Bewegen von Wageneinheiten an Be- und Verladeanlagen sowie von Lokomotiven, Triebzügen und Wagengruppen in Unterhaltungsstellen oder Fahrzeug-Waschanlagen.

Auf Wunsch erfolgt der Antrieb elektrisch bei verschiedenen Möglichkeiten der Energiezuführung bzw. diesel-hydraulisch mit hydrostatischer Kraftübertragung. Das Fahrzeug kann entsprechend den zu entwickelnden Zugkräften zwei- oder mehrachsig sein. Die Radsätze sind für das Fahren bei nicht optimaler Gleislage federnd ausgeführt. Entsprechend dem jeweiligen Anwendungsfall sind die Stirnseiten wahlweise mit normaler Zug- und Stoßeinrichtung oder automatischer Rangierkupplung ausrüstbar. Für die Steuerung des Rangierwagens sind eine oder mehrere Bedienstellen, auch auf dem Fahrzeug realisierbar. Die Signalübertragung der Steuerbefehle zum Rangierfahrzeug erfolgt per Kabel oder Funk.

*Abbildung: Gleisarbeitsfahrzeug GAF 200.*

*Abbildung: Rangierfahrzeug FERA.*

**Rettungszüge**

*Baureihe 714*

Einige der Tunnel der Schnellfahrstrecken befinden sich in schwer zugänglichen Gebieten. Deshalb ist eine Straßenzuführung in einigen Fällen nicht möglich. Zur Durchführung von Fremdrettungsmaßnahmen werden deshalb an speziellen Standorten spezielle Rettungszüge einsatzbereit gehalten. Diese sind an jedem Ende mit einer Diesellokomotive der Baureihe 714 bespannt. Diese speziellen Fahrzeuge sind wendezug- und doppeltraktionsfähig und mit Wärmekamera, Fern- und Breitenscheinwerfer, gelber Rundumleuchte und 800 MHz-Tunnelfunk ausgerüstet.

Die Führerstände befinden sich in den gasdichten Transportwagen. Von hier aus wird der Zug in den Tunnel gefahren wird.

*Abbildung: Diesellokomotive der Baureihe 714.*

# Anhang

## Abkürzungen

| | |
|---|---|
| **A** | **A**utomatische Lastabbremsung |
| **A** | **A**mpere (Einheit für Stromstärke) |
| **AC** | **A**lternating **C**urrent (Wechselstrom) |
| **Ah** | **A**mpere **S**tunde |
| **AK** | **A**utomatische **K**upplung |
| **ALS** | **A**b**l**auf**s**teuerung |
| **AZ** | **A**n**z**eigevorrichtung |
| | |
| **BA** | **B**au**a**rt |
| **BC** | **B**uskoppler |
| **BGT** | **B**au**g**ruppen**t**räger |
| **BGE** | **B**rems**g**eräte**e**inheit |
| **BLG** | **B**atterie**l**ade**g**erät |
| **BNV** | **B**ord**n**etz**v**ersorgung |
| **BRA** | **Br**ems**a**rt |
| **Brh** | **Br**ems**h**undertstel |
| **BSG** | **Br**ems**s**teuer**g**erät |
| **BR** | **B**au**r**eihe |
| **BT** | **B**remsgeräte**t**afel |
| **BZ** | **B**rems**z**ylinder |
| | |
| **C-Druck** | Bremszylinderdruck |
| **Cv-Druck** | Vorsteuerdruck |
| **CAN** | **C**ontroller **A**rea **N**etwork |
| **CPU** | **C**entral **P**rocessing **U**nit (Rechner) |
| **CSK** | Saugkreiskondensator |
| | |
| **DAG** | **D**igitales **A**nsage**g**erät |
| **DC** | **D**irekt **C**urrent (Gleichstrom) |
| **DCF** | Funkuhr |
| **DCPU** | **D**rivers **C**ab **P**rocessor **U**nit |
| **DDS** | **D**iagnose **D**aten**s**atz |
| **de** | **d**ruck**e**rtüchtigt |
| **DG** | **D**reh**g**estell |
| **DM** | **D**iesel**m**otor |
| **DRV** | **D**oppel**r**ückschlag**v**entil |
| **Dü** | **D**ruck**ü**bersetzer |
| | |
| **E** | **E**lektrische Bremse |
| **EBO** | **E**isenbahn-**B**au- und Betriebs**o**rdnung |

| | |
|---|---|
| **EBuLa** | **E**lektronischer **Bu**chfahrplan und **La** |
| **EDG** | **E**ndtrieb**d**reh**g**estell |
| **ELA** | **E**lektroakustische **L**autsprecher**a**nlage |
| **ep** | **e**lektro**p**neumatische Bremse |
| **EP** | **E**lektro**p**neumatisch |
| **EPZ** | **E**lektro**p**neumatische **Z**usatzeinrichtung |
| **ERTMS** | **E**uropean **R**ail **T**rafic **M**anagement **S**ystem |
| **ETCS** | **E**uropean **T**rain **C**ontrol **S**ystem |
| **ES** | **E**lektronik**s**chrank |
| **ET** | **E**lektrischer **T**riebwagen |
| **ETCS** | **E**uropean **T**rain **C**ontrol **S**ystem |
| **ETW** | **E**nd**t**rieb**w**agen |
| **EZ** | **E**nergie**z**ähler |
| | |
| **FbrV** | **F**ührer**br**ems-**V**entil |
| **FBS** | **F**ahr-/**B**rems**s**chalter |
| **FGE** | **F**eststellbrems**g**eräte**e**inheit |
| **FGKü** | **F**ahr**g**astraum-**Kü**hlung |
| **FGLü** | **F**ahr**g**astraum-**Lü**ftung |
| **FGR** | **F**ahr**g**ast**r**aum |
| **FIS** | **F**ahrgast **I**nformations**s**ystem |
| **FLG** | **F**ahrzeug **L**eit**g**erät |
| **FR** | **F**ührer**r**aum |
| **FRKG** | **F**ührer**r**aum **K**lima**g**erät |
| **FRS** | **F**ührerraum**r**ückwand**s**chrank |
| **Fsp** | **F**eder**sp**eicherbremse |
| **FT** | **F**ührer**t**isch |
| | |
| **G** | **G**üterzug (Bremsstellung) |
| **GMS** | **G**lobal System for **m**obile Communication |
| **GPS** | **G**lobal **P**ositioning **S**ystem |
| **GS** | **G**eräte**s**chrank |
| **GT** | **G**eräte**t**afel |
| **GTW** | **G**elenk **T**rieb**w**agen |
| | |
| **H** | **H**ydrodynamische Bremse |
| **HBG** | **H**ilfs**b**etriebe**g**enerator oder **H**ilfs**b**etriebe**g**erüst |
| **HBL** | **H**auptluft-**B**ehälter**l**eitung |
| **HBLü** | **H**ilfs**b**etriebe**lü**fter |
| **HBU** | **H**ilfs**b**etriebe**u**mrichter |
| **HBPu** | **H**ilfs**b**etriebe**pu**mpe |
| **Hg** | **H**öchst**g**eschwindigkeit |
| **HL** | **H**auptluft-**L**eitung |
| **HS** | **H**aupt**s**chalter |
| **HSF** | **H**och**s**pannungs**f**eld |
| **HSG** | **H**och**s**pannungs**g**erüst |

| | |
|---|---|
| **IBIS** | **I**ntegriertes **B**ord **I**nformations**s**ystem |
| **IFZ** | **I**ntegrierter **F**ahrzeug **Z**ubringerbus |
| **ISG** | **I**ntegriertes **S**teuer**g**erät |
| **ITA** | **I**ntegrierter **T**riebwagen**a**ntrieb |
| | |
| **JLDG** | **J**akobs**l**auf**d**reh**g**estell |
| **JTDG** | **J**akobs**t**rieb**d**reh**g**estell |
| | |
| **K** | **K**norr-Bremse |
| **KE** | **K**norr-Bremse mit **E**inheitswirkung |
| **KT** | **K**ühl**t**urm |
| **kV** | **K**ilo**v**olt (Einheit für Spannung) |
| **kW** | **K**ilo**w**att (Einheit für Leistung) |
| **KWPU** | **K**ühl**w**asser**pu**mpe |
| | |
| **L** | **L**eitung |
| **LDG** | **L**auf**d**reh**g**estell |
| **LED** | **Le**ucht**d**iode |
| **LG** | **L**uft**g**erüst |
| **LIM** | **L**ine **I**nterface **M**onitor |
| **LINT** | **L**eichter **I**nnovativer **N**ahverkehrs-**T**riebzug |
| **LM** | **L**eucht**m**elder |
| **LSS** | **L**eitungs**s**chutz**s**chalter |
| **LTG** | **L**okales **T**ürsteuer**g**erät |
| **LuPre** | **Lu**ft**pre**sser |
| **LWL** | **L**icht**w**ellen**l**eiter |
| **LZB** | **L**inien**z**ug**b**eeinflussung |
| **LüP** | **L**änge **ü**ber **P**uffer |
| **LVT** | **L**eicht-**V**erbrennungs-**T**riebwagen |
| **LVT/S** | **L**eicht-**V**erbrennungs-**T**riebwagen und **S**chienenbus |
| **L/R** | **l**inks/**r**echts |
| | |
| **M** | **M**otorbremse |
| **M/S** | **M**aster/**S**lave |
| **MFA** | **M**odulare **F**ührerstands**a**nzeige |
| **MG** | **Mag**netschienenbremse |
| **MICAS** | **Mi**kro**c**omputer **A**utomatisierungs**s**ystem |
| **MITRAK** | Leittechnikgeräte-Familie |
| **MLT** | Fahr**m**otoren **L**üfter**t**urm |
| **MRP** | **M**annesmann **R**exroth **P**ersonenzugbremse |
| **MS** | **M**a**s**ter |
| **MSS** | **M**otor**s**chutz**s**chalter |
| **MTW** | **M**ittel**t**rieb**w**agen |
| **MV** | **M**agnet**v**entil |
| **MVB** | **M**ultifunktion **V**ehicle **B**us (Fahrzeugbus) |
| **MVD** | **M**otor**v**or**d**rossel |

| | |
|---|---|
| **MVDS** | **M**otor**v**or**d**rossel**s**chrank |
| **mZ** | **m**it **Z**usatzbremse |
| | |
| **NBÜ** | **N**ot**b**rems**ü**berbrückung |
| **NFS** | **N**icht**f**lüchtiger **S**peicher |
| **NSG** | **N**ieder**s**pannungs**g**erüst |
| | |
| **OSPW** | **O**ber**sp**annungs**w**andler |
| **OSW** | **O**ber**s**trom**w**andler |
| | |
| **P** | **P**ersonenzug (Bremsstellung) |
| **PBG** | **P**neumatisches **B**rems**g**erät |
| **PWR** | **P**uls**w**echsel**r**ichter |
| **PZB** | **P**unktförmige **Z**ug**b**eeinflussung |
| | |
| **R** | **R**apid (Bremsstellung) |
| **RKLü** | **R**ück**k**ühler**lü**fter (Abluft) |
| **RS** | **R**egio-**S**huttle |
| **RSW** | **R**ück**s**trom**w**andler |
| | |
| **SA** | **S**icherungs**a**utomat |
| **SBS1** | **S**chnell**b**rems**s**chleife (Einspeiseschleife) |
| **SBS2** | **S**chnell**b**rems**s**chleife (Auslöseschleife) |
| **Sifa** | **Si**cherheits**fa**hrschaltung |
| **SR** | **S**trom**r**ichter |
| **SRG** | **S**trom**r**ichter**g**erät |
| **SST** | **S**chwenk**s**chiebe**t**ür |
| **STM** | **S**pecific **T**ransmission **M**odule |
| **SV** | **S**chalt**v**entil |
| | |
| **Talent** | **Ta**lbot-**Le**ichtbau-**N**iederflur-**T**riebzug |
| **TB** | **T**ür**b**lockierung |
| **TDG** | **T**rieb**d**reh**g**estell |
| **TER** | **T**ransport **E**xpress **R**égionaaux |
| **TR** | **Tr**aktionswicklung |
| **TöPu** | **T**rafo**öl**pu**mpe |
| | |
| **U** | Spannung (Akkürzung) |
| | |
| **VCU** | **V**ehicle **C**ontrol **U**nit (Rechner Fahrzeugleitelektronik) |
| **VT** | **V**erbrennungs **T**riebwagen |
| | |
| **WB** | **W**irbelstrom**b**remse |
| **WG** | **W**a**g**enteil |
| **WR** | **W**echsel**r**ichter |

| | |
|---|---|
| **WS** | **W**erkzeug**s**chrank |
| **WTB** | **W**ired **T**rain **B**us (Zugbus) |
| | |
| **ZDE** | **Z**ug**d**aten**e**insteller |
| **ZDS** | **Z**eitmultiplexe **D**oppeltraktions**s**teuerung |
| **ZF** | **Z**ug**f**unk |
| **ZMS** | **Z**eitmultiplexe **M**ehrfachtraktions**s**teuerung |
| **ZWS** | **Z**eitmultiplexe **W**endezug**s**teuerung |
| **ZS** | **Z**ugsammel**s**chiene |
| **ZSG** | **Z**entral**s**teuer**g**erät |
| **ZSL** | **Z**ug **S**teuer**l**eitung |
| **ZSS** | **Z**ug**s**icherungs**s**chrank |
| | |
| **4q-S** | **Vierq**adranten-**S**teller |
| = | Zeichen für Gleichstrom |
| ~ | Zeichen für Wechselstrom |

## Stichwortverzeichnis